KB067929

친절한

과학사전

친절한 과학사전

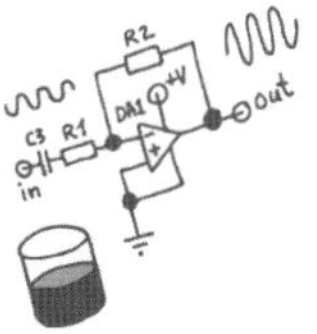

물리편

신우철 지음

북카라반
CARAVAN

"

2015 개정 교육과정은 문과와 이과의 통합형 교육과정으로 2018년부터 시작됩니다. 그 특징을 살펴보면 인문학적 상상력과 과학기술 창조력을 갖추고 바른 인성을 겸비하여 새로운 지식을 창조하고 다양한 지식을 융합하여 새로운 가치를 창출하는 사람을 육성하고자 핵심역량(key competency)과 핵심개념(big ideas)을 강조하고 있습니다.

핵심역량은 급변하는 미래사회에 대응하여 육성해야 할 지적능력·인성·기술을 포함하는 다차원적인 개념으로 기본적이고 보편적이며 공통적인 능력을 의미합니다. 또한 교과역량에는 과학적 사고력, 과학적 탐구 능력, 과학적 문제해결 능력, 과학적 의사소통 능력, 과학적 참여와 평생학습 능력이 있습니다.

핵심개념은 학생들이 학습 내용의 세부 사항을 잊어버린 후에도 지속되길 원하는 개념으로 특정 학문 분야에 한정하지 않고 여러 학문을 아우르는 개념 원리로 다양한 현상을 설명할 수 있도록 통합 과정에서 핵심개념이 등장합니다. 물리 사전도 핵심개념을 중심으로 서술했으며 물리적 개념을 쉽게 이해할 수 있도록 구성했습니다.

물리의 기본은 두 물체가 상호작용을 하면 변화를 만들어내고 이런 변화는 새로운 변화를 유도하는 것입니다. 지속적인 상호작용은 속도, 운동량, 에너지 등을 변화시키며 시스템의 새로운 변화를 유발시킵니다. 만약 두 물체가 상호작용을 했는데도 불구하고 변화를 유발하지 못하면 물리적으로 의미가 없습니다. 그러므로 어떻게 상호작용하며 어떻게 새로운 변화를 만들어내는지 관심을 가지고 학습해야 합니다.

머리말

물리에는 거리=속도×시간, 일=힘×이동거리, 운동량=질량×속도 등과 같은 공식이 많은데, 이러한 공식을 3단 공식이라 이름 짓고 물리적 · 수학적으로 해석했습니다. 3단 공식에는 그래프 4개를 그릴 수 있으며 y절편이 0인 1차 함수로 이해해야 하며, 비례는 기울기로 표현하고 반비례는 면적으로 표현할 수 있습니다. 또한 공식을 Blv(벌려봐), F=ma(파마), Q=cmt(시멘트), V=IR(비니루)로 쉽게 표현하여 한번 보기만 해도 오래 지속될 수 있도록 표현했습니다.

끝으로 핵심개념을 머릿속에서만 알고 있는 것으로는 다양한 미래 변화에 대응하기란 매우 어렵습니다. 미래가 가는 방향을 예상하고 대비하고 융합하는 능력과 아울러 인성은 자신을 성장시키는 중요한 미래 역량입니다. 인성은 소통하고 협력하는 능력으로 자기존중, 성실, 배려·소통, 책임, 예의, 정직·용기, 자기조절, 지혜, 정의, 시민성으로 면접을 통하여 학생들을 선발하는 데 중요하게 이용되며, 대학 수시전형에서 더욱 중요한 핵심 요소가 될 것입니다. 스스로 생각한 것을 표현하고 스스로 구상한 것을 만들 수 있는 창조적 핵심역량이 어느 때보다 필요한 능력이 될 것입니다.

지은이 신우철

친절한
과학사전
—
물리

contents

거울에 의한 상

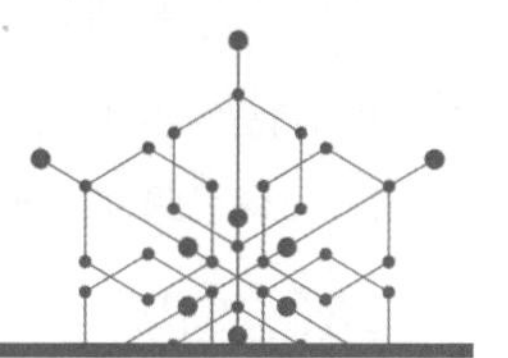

정의 거울의 반사의 법칙에 의해 상을 작도하면 실상, 허상, 도립상, 정립상을 만들어낼 수 있으며 거울의 종류에는 평면 거울, 오목 거울, 볼록 거울이 있다.

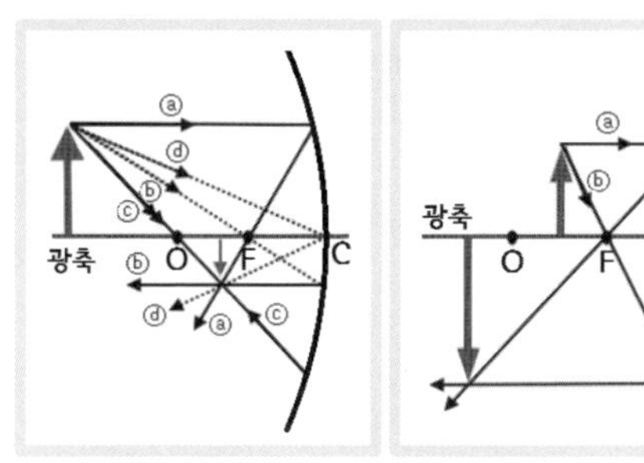

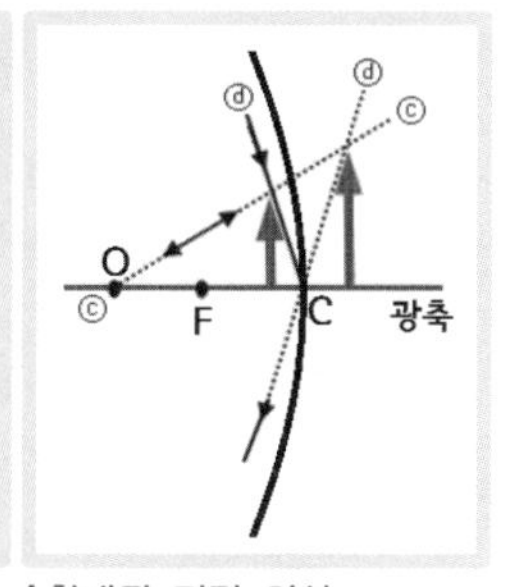

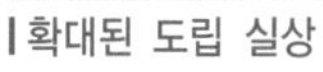

|축소된 도립 실상 |확대된 도립 실상 |확대된 정립 허상

해설 구의 일부분을 이용하여 만든 반사면이 오목한 거울을 말하며 오목 거울이 만드는 물체의 상은 축소된 도립 실상, 확대

된 도립 실상, 확대된 정립 허상 등 다양한 상을 만들 수 있다. 오목 거울에 의한 상의 작도법은 다음과 같다.

1. 거울 축에 평행하게 입사한 광선은 반사 후 반사의 법칙에 의해 초점을 지난다. ⓐ
2. 거울 중심으로 입사한 광선은 입사각과 같은 각으로 반사한다. ⓓ
3. 초점(F)을 향해 입사한 광선은 거울 축에 평행하게 반사한다. ⓑ
4. 구심(0)으로 입사한 광선은 입사한 경로를 따라 되돌아간다. ©
5. 거울에 의한 상
   - 실상: 실제 진항하는 빛이 모여서 보이는 상
   - 허상: 실제 진행하는 빛의 연장선이 모여 보이는 상
   - 정립상: 물체의 상이 똑바로 선상
   - 도립상: 물체의 상이 뒤집힌 상
6. 평면 거울: 빛을 반사하는 면이 평면인 거울로 크기가 같은 배율이 1인 정립 허상이 생긴다.
7. 오목 거울: 볼록 렌즈와 생기는 상이 유사하며 축소된 도립 실상, 확대된 도립 실상, 확대된 정립 허상이 생긴다.
8. 물체에서 거울까지의 거리를 a, 거울에서 상까지의 거리를 b, 거울에서 초점거리까지의 거리를 f, 구심 반지름을 r이라고 할 때 다음과 같은 관계식이 성립한다.

$$\frac{1}{a} + \frac{1}{b} = \frac{1}{f} = \frac{2}{r}$$

9. b와 f는 상과 초점이 각각 거울 앞에 있는 경우 (+) 값을 갖고 실상과 실초점이라 하며 거울 뒤에 있는 경우 (-) 값을 가지며 허상과 허초점이라고 한다.

10. 배율(m) = $\dfrac{\text{상의크기}}{\text{물체의크기}} = \dfrac{b}{a}$이며 배율 〉 0이면 상이 거꾸로 된 도립상, 배율 〈 0이면 상이 똑바로 선 정립상이 생긴다.

11. 볼록 거울: 오목 렌즈와 생기는 상이 유사하며 항상 축소된 정립 허상만이 생긴다.

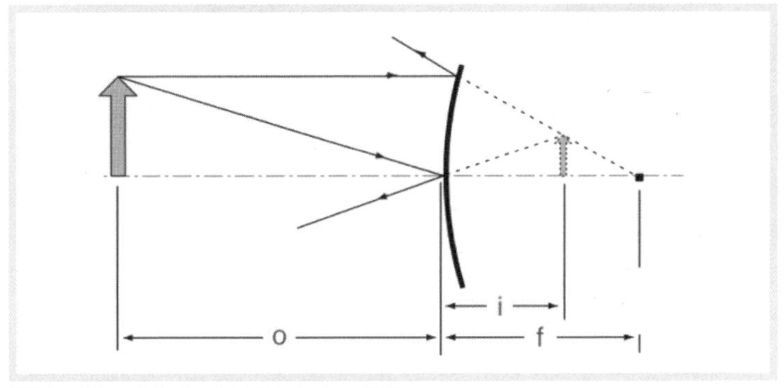

❙볼록 거울: 항상 축소된 정립 허상이 생김

12. 구의 일부분을 이용하여 만든 반사면이 볼록한 거울로 거울 축에 나란하게 빛을 입사시키면 반사면에서 반사의 법칙에 따라 반사된 빛은 거울 뒤의 한 점에서 나온 것처럼 진행한다. 이 점을 볼록 거울의 허초점이라고 하고, 거울의 중심에서 허초점까지의 거리를 초점 거리라고 한다. 볼록 거울에서 빛은 다음의 경로를 따른다.

- 거울 축에 나란하게 입사한 광선은 반사한 후 허초점에서 나온 것처럼 진행한다.
- 허초점을 향하여 들어온 빛은 반사한 후 나란하게 나아간다.
- 구심을 향하여 들어온 빛은 반사 후 그대로 되돌아 나아간다.
- 거울의 중심에 입사한 광선은 반사 후 거울 축에 대하여 대칭인 방향으로 나아간다.

일상생활에서의 거울

볼록 거울

도로 반사경, 자동차 백미러, 가게 보안 거울 등

도로 반사경 / 자동차 백미러

- 볼록 거울의 쓰임: 빛을 분산시켜 특정 장소를 넓게 비추거나 눈으로는 볼 수 없는 사각지대인 차 후면을 비추는 데 쓰임. 전체를 한눈에 볼 수 있는 매장, 자동차, 도로 등 넓은 범위의 공간을 보는 데 주로 쓰임.

오목 거울

플래시, 올림픽 성화 채취용, 천체 망원경, 현미경 등

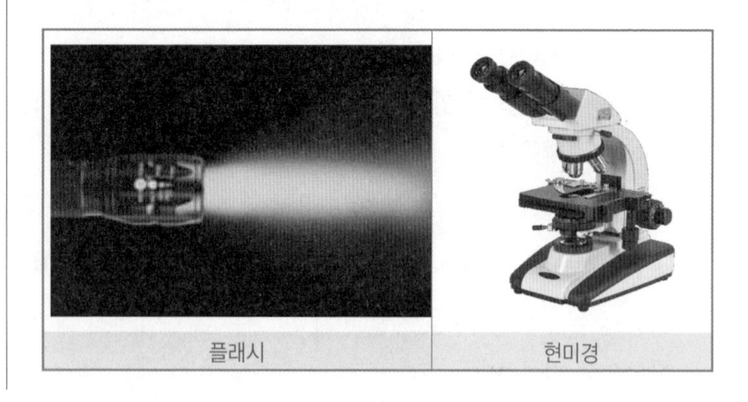

플래시 / 현미경

- 오목 거울의 쓰임: 빛을 한 곳에 모아 연구실, 병원 등 특정 공간이나 물체를 밝게 비추거나 눈으로 보기 힘든 작은 물체를 확대시켜 쉽게 보는 데 주로 쓰임.

과학 속 마술〔신기루(mirage) 허상〕

2개의 오목 거울로 인한 빛의 반사를 이용하여 돼지는 맨 아래 있지만 우리 눈에는 돼지가 위에 있는 것처럼 허상이 보인다.

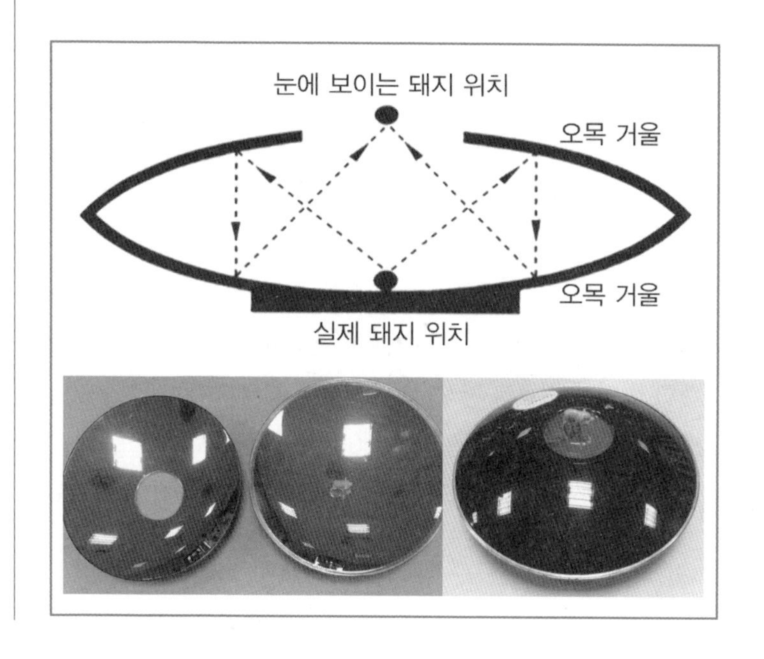

공명

정의 전파의 송수신 과정에서 전원장치의 주파수와 회로의 공진 주파수(共振周波數, resonant frequency)가 일치할 때 공명 현상이 일어나 회로에 가장 센 전류가 흐르게 된다. 또한 외부에서 고유 진동수의 진동을 줄이나 관에 가하면 보강간섭 현상으로 파동의 진폭이 커지는데, 이런 현상을 공명(共鳴, resonance)이라고 한다.

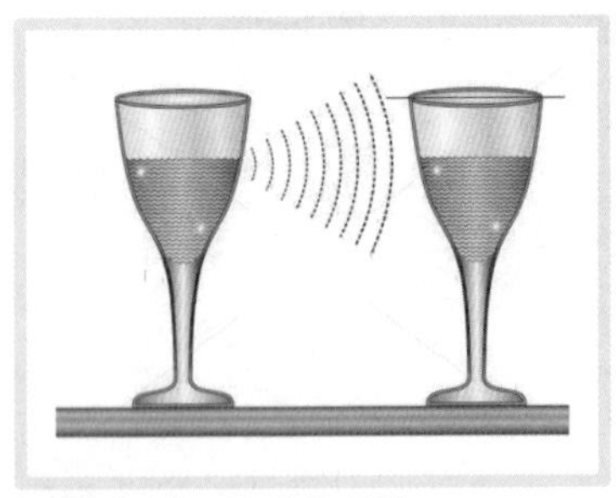

| 떨어져 있는 컵 간의 공명

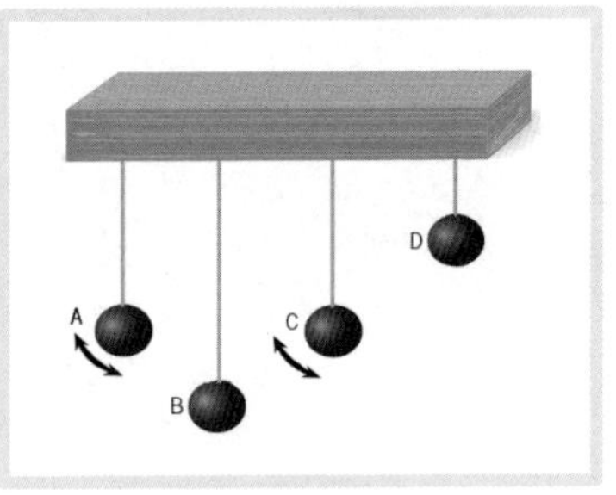

| 길이가 다른 추의 공명

해설 공진(共振)이라고도 하며, B의 진동체의 진동에 유도되어 A의 진동체가 B와 같은 진동수로 진동하는 현상으로, 공명으로 정상파가 만들어지면 진폭이 커져서 원래의 소리보다 더 큰 소리가 발생한다.

1. 진지의 공명: 앞의 그림에서 진자 A를 진동시키면 막대를 따라 파동이 다른 진자에 전달되는데 이때 진자 C는 진자 A의 실의 길이가 같아서 고유진동수가 같으므로 공명을 일으켜 진폭이 가장 크게 흔들린다.
2. 공진주파수(f_0): 다음 그림에서 f_0는 공진주파수로 전원장치의 주파수가 회로의 공진주파수와 일치할 때 공명현상이 일어나면서 전기회로에 가장 센 전류가 흐른다.

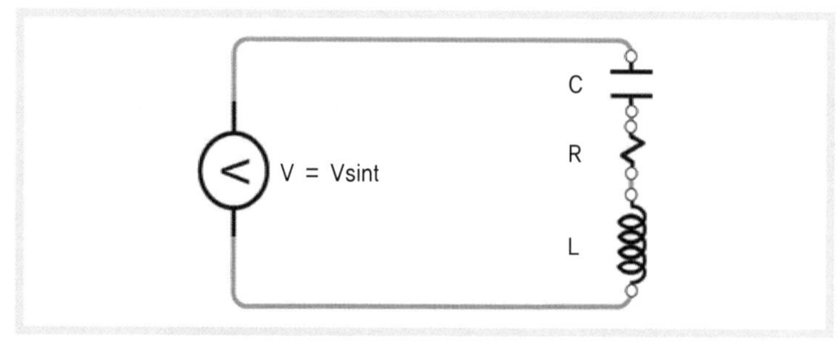

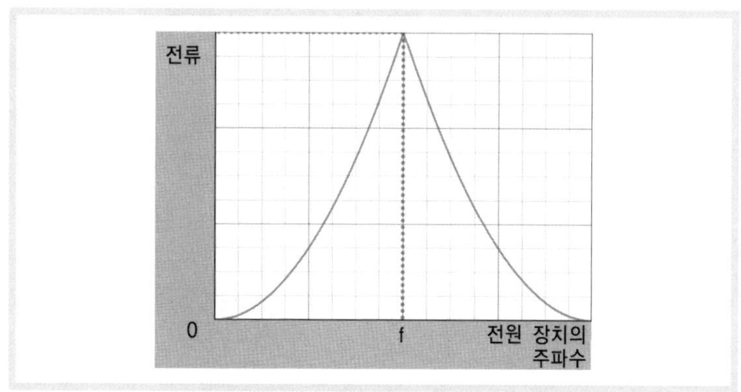

생.
각.
거.
리.

일상생활에서의 공명

공명통에 의한 공명

다음 그림에서 같은 진동수의 소리를 내는 두 소리굽쇠 A와 B를 이웃에 두고 A를 두드리면 B도 진동하는데, 이런 현상을 공명이라고 한다. 이는 두 소리굽쇠의 고유진동수가 같기 때문에 일어난다. 사람의 목소리는 다양한 진동수를 내는 데 비해, 소리굽쇠는 하나의 진동수 소리를 낼 수 있도록 고안된 장치다. 이는 그네를 탈 때 타이밍에 잘 맞춰 밀어주면 진동하는 그네의 폭이 점점 커지는 원리와 같다.

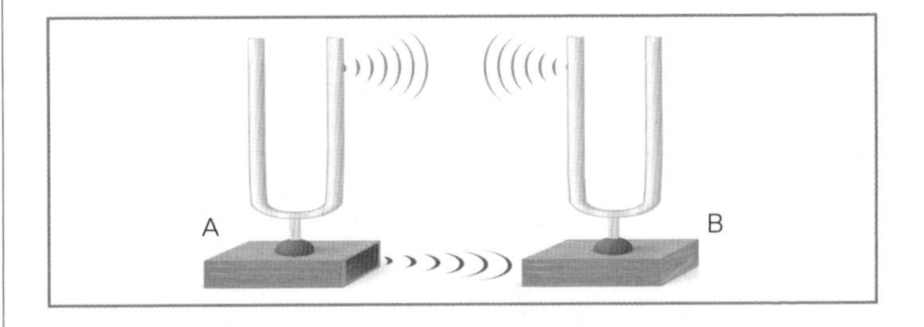

전자기파 공명

다음 그림에서 전파 발생장치와 수신장치의 공진주파수가 같을 때 공명현상이 발생하며, 회전에 전류가 잘 흐르게 된다.

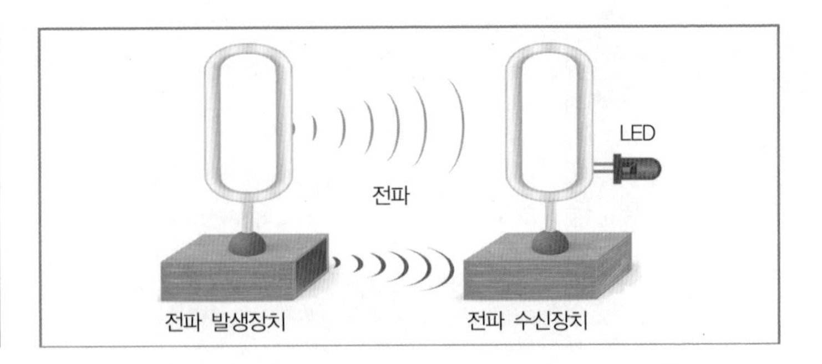

고유진동수

종을 치거나 기타 줄을 튕기거나 물속에 돌을 던지면 진동하면서 소리가 난다. 모든 물체는 특정한 진동수로 진동하는데, 이것을 고유진동수라고 한다. 예를 들어 물이 많이 든 유리잔을 문지를 때 물이 많아지면 잔의 관성이 증가하여 잔의 진동이 작기 때문에 낮은 소리기 난다. 반대로 물을 적게 담으면 잔의 관성이 감소하여 잔의 진동이 크기 때문에 높은 소리를 낸다. 결론적으로 소리를 낼 수 있는 물체는 저마다 고유진동수를 갖고 있어서 두드릴 때마다 특정한 진동수를 가진 특정한 높이의 소리를 내게 된다.

RFID(하이패스) 공명

전파를 이용하여 직접 접촉하지 않아도 태그와 안테나 사이에 공명현상을 이용하여 정보를 무선 인식하는 기술이다.

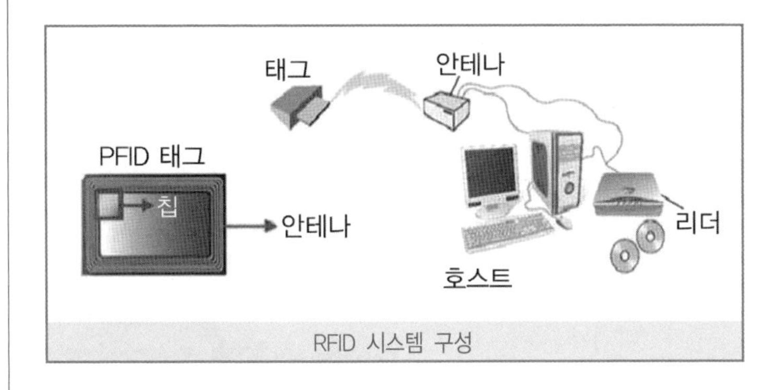

RFID 시스템 구성

물체의 모양과 소리

물체가 진동할 때 물체의 진동 모양과 크기에 따라 소리가 다르게 난다. 물체가 작고 가느다란 선일수록 높은 소리를 낸다. 현도 마찬가지로 가늘고 짧을수록 진동수가 늘어나 더 높은 소리를 낸다. 또한 전자기파에서 전파 발생장치와 수신장치의 공진주파수가 같을 때 공명현상이 발생하여 회로에 전류가 최대로 흐르게 된다.

기타의 공명

기타를 조율할 때는 440Hz 진동수의 라 음에 맞춰진 조율기를 사용한다. 기타의 한 음을 연주한 뒤에 그 소리와 조율기의 진동수를 비교하여 같은 진동수(높이)가 되도록 기타의 음을 조율하며 기타를 연주할 때 기타에서 나는 소리가 조율기의 고유 진동수와 일치하게 된다. 이처럼 물체의 고유 진동수와 같은 진동수로 계속 진동하게 하면 진폭이 크게 증가하는 현상을 공명이라고 한다.

공명의 다른 예들

제1차 세계대전에서 군대가 다리를 지나갈 때, 군인들의 발맞춰 가는 소리와 다리의 고유진동수가 같아 다리가 무너졌다. 또한 미국 워싱턴 주의 타코마 다리가 강풍으로 무너졌다. 타코마 다리는 55m/s에 강풍에도 견디도록 설계되었고 그날 바람의 세기는 고작 19m/s였다. 그러나 타코마 다리의 고유진동수도 그와 같아서 공명현상이 일어났다. 한 번의 강력한 바람에 무너진 것이 아니라 바람의 진동수가 다리가 흔들리는 진동수와 일치하면서 점점 더 거세게 흔들리다가 결국은 무너지고 만 것이다.

공명현상으로 무너져 내리는 타코마의 다리

유리잔의 공명

유리잔 앞에서 신호 발생기와 이 신호 주파수가 울릴 수 있는 스피커를 놓고 소리를 만들면 공기 중으로 소리 에너지가 전달된다. 그런데 유리잔의 공명주파수를 알아서 스피커에 같은 주파수를 울리면 유리잔이 공명을 하게 된다. 이렇게 되면 계속 유리잔에 전달되는 공명주파수 에너지가 유리잔에 축적되고 공명주파수와 맞지 않는 소리는 소멸된다. 유리잔이 떨리면서 공명을 하고 마침내 어떤 물리적 타격 없이 소리만으로도 유리잔이 깨진다.

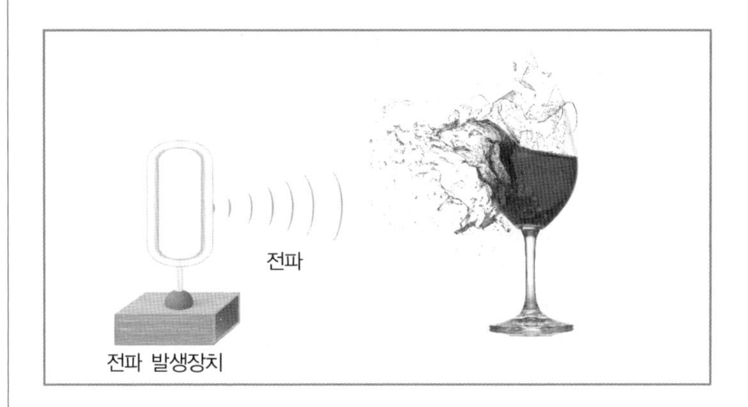

그렇다면 사람의 목소리로 유리잔을 깨는 것이 가능할까? 이론적으로는 얼마든지 가능하다. 그러나 사람의 목소리로 동일한 진동수를 연속해서 내기 어렵기 때문에 실제로는 매우 어렵다. 그러나 기계로 만든 소리 신호는 정확한 공명주파수만 알면 유리잔을 쉽게 깰 수 있을 것이다.

관성

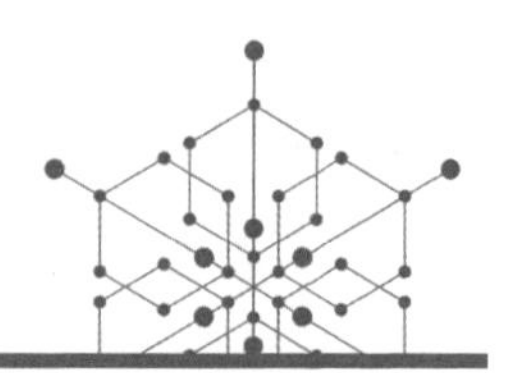

정의

관성((慣性, inertia)은 어떤 물체에 작용하는 힘이 없거나, 작용하는 힘들의 합이 0일 때 물체가 운동 상태를 그대로 유지하려는 성질을 말한다. 관성에는 정지 상태를 유지하려는 정지 관성(停止慣性)과 운동 상태를 유지하려는 운동관성(運動慣性)이 있다.

관성의 예

해설 관성은 물체의 운동 상태에 따라 정지관성과 운동관성으로 구분된다.

1. 정지관성: 정지 상태를 계속 유지하려는 성질
   - 이불을 막대기로 두드리면 먼지가 떨어진다.
   - 카드 위에 동전을 올려놓고 카드를 갑자기 튕기면 동전이 컵 안으로 떨어진다.
   - 무거운 추에 걸린 실을 갑자기 당기면 실의 아랫부분이 끊어지고 서서히 당기면 윗부분이 끊어진다.
   - 정지하고 있던 자동차가 갑자기 출발하면 사람은 차가 움직이는 반대 방향으로 넘어진다. (몸은 관성에 따라 정지하려고 하는데 차가 앞으로 출발하기 때문에 다리가 앞으로 진행하면 결국 뒤로 넘어지게 된다.)
2. 운동관성: 운동 상태를 계속 유지하려는 성질
   - 육상선수가 100m 결승선에 도착해도 달리던 방향으로 계속 달리게 된다.
   - 망치 자루를 내리치면 망치 머리가 자루에 꼭 낀다.
   - 달리던 자동차가 갑자기 정지하면 타고 있던 사람은 앞으로 넘어진다. (몸은 운동 방향으로 관성을 가지고 운동하려 하는데 차가 정지함에 따라 다리가 정지하려는 성질 때문에 결국 앞으로 넘어지게 된다.)
3. 관성의 크기: 질량이 큰 물체일수록 관성이 크다. 그러므로 관성의 크기는 질량과 같다. 이런 의미의 질량을 관성 질량이라고 한다.
4. 관성력: 가속도 방향에 반대로 작용하며 힘의 크기는 ma(m: 질량, a: 가속도)

5. 관성의 법칙: 물체에 작용하는 알짜 힘(합력)이 0일 때 물체는 자신의 운동 상태를 계속 유지하게 되는데 이를 뉴턴의 제1법칙이라고 한다.

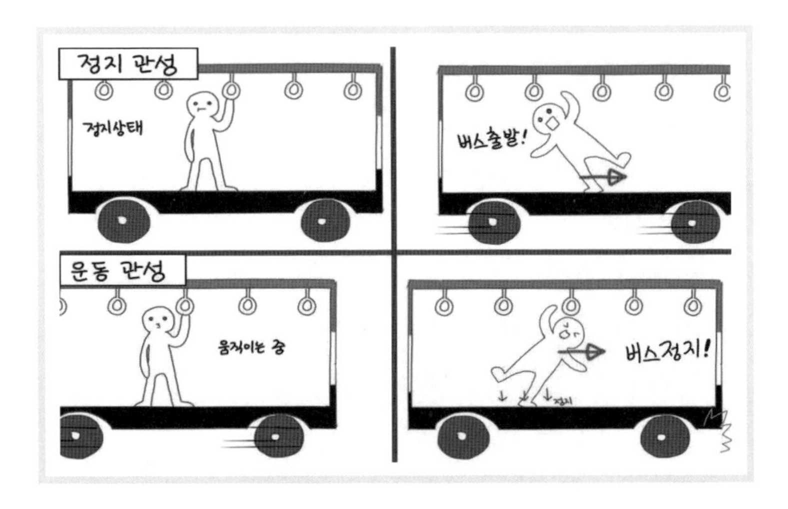

일상생활에서의 관성

관성력

가속 좌표계에서 뉴턴의 운동 제2법칙을 설명하기 위해 도입한 가상의 힘(imaginary force)으로, 가속도 방향이 반대 방향으로 작용하고 크기는 ma이다.

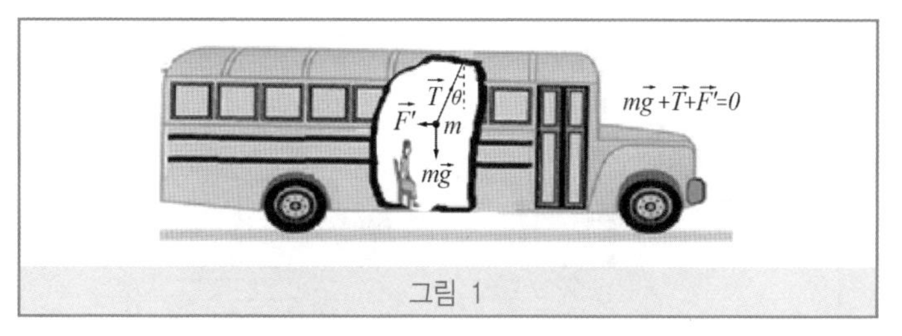

그림 1

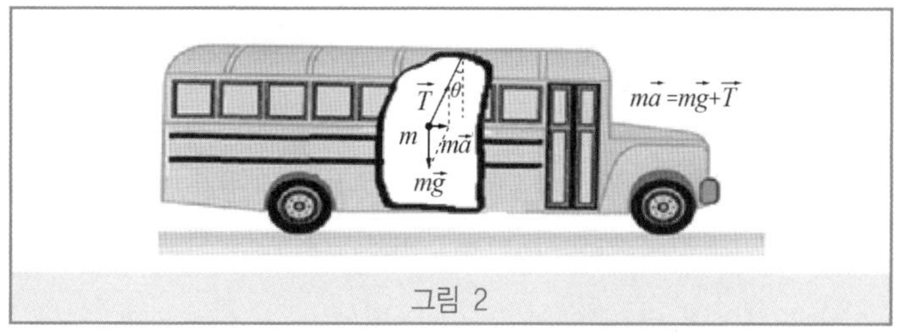

그림 2

- 그림 1은 가속도(a)로 운동하는 버스 밖의 정지한 관찰자가 본 추의 가속도 운동이다. 추는 중력 mg와 줄이 추를 당기는 힘(장력) T의 합력에 의해 가속도 a로 운동을 하며 추는 줄이 당기는 힘과 중력의 합력에 의해 버스와 같은 가속도 운동을 한다. $mg + T = ma$
- 그림 2는 버스 안의 관측자가 본 추의 가속도 운동이다. 추는 추에 작용하는 중력 mg와 줄이 추를 당기는 힘 T(장력), 버스의 가속도에 의한 관성력 F가 평형을 이루어 정지했다. $mg + T + F = 0$

- 관성력은 가상의 힘(imaginary force)으로 가속되는 좌표계 속에 놓여 있는 물체는 좌표계가 가속되는 방향과 반대 방향으로 힘을 받는 것처럼 느낀다. 가속도 a로 가속되는 좌표계 속에 있는 질량이 m인 물체는 $F=ma$ 만큼의 힘을 가속도의 반대 방향으로 받는 것처럼 느낀다.

가속 운동하는 버스

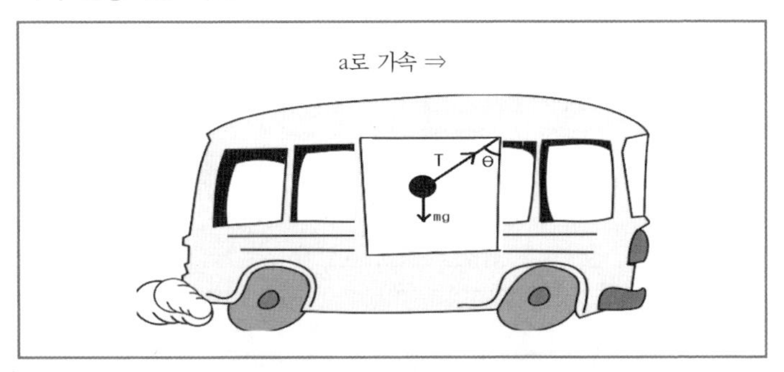

위 그림에서 버스가 오른쪽으로 가속도 운동을 하므로 관성력 ma는 왼쪽으로 작용하며, $T\sin\theta$와 평형을 유지하므로 $T\sin\theta = ma$와 $T\cos\theta = mg$에서 $a = g\tan\theta$

가속 운동하는 승강기

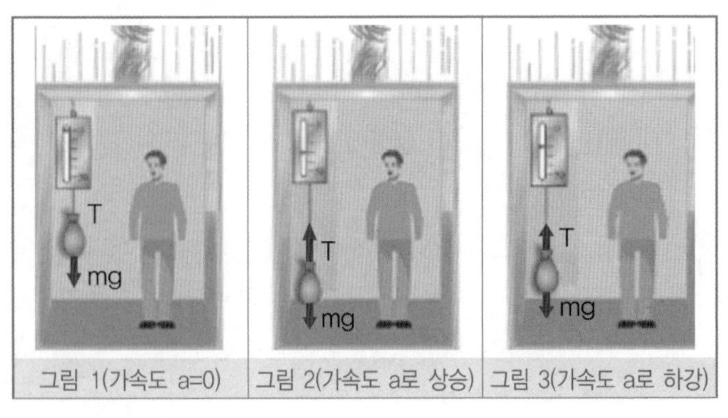

그림 1(가속도 a=0) 그림 2(가속도 a로 상승) 그림 3(가속도 a로 하강)

승강기가 가속도 a로 올라가려는 순간은 사람의 몸무게가 무거워지고, 내려가려는 순간은 몸무게가 가벼워지며, 등속인 경우 관성력이 0이므로 무게(W) = mg가 된다.

- 그림 1에서 가속도 a로 올라가는 경우 관성력 ma는 가속도 방향에 반대 방향이므로 아래로 작용하고, 중력이 아래로 작용하기 때문에 무게 W = mg+ma = m(g+a)로 증가한다.
- 그림 2에서 가속도 a로 내려오는 경우 관성력 ma는 가속도 방향에 반대 방향으로, 위로 작용하고 중력이 아래로 작용하기 때문에 무게 W = mg-ma=m(g-a)로 감소한다. 여기서 g=a가 되면 무게는 0이 되는 무중력 상태가 된다.
- 그림 3에서 등속운동이므로 관성력은 0이 되어 무게 W = mg가 된다.

원운동을 하는 커브 길

자동차가 커브 길을 돌 때 바깥쪽으로 몸이 기울어진다.

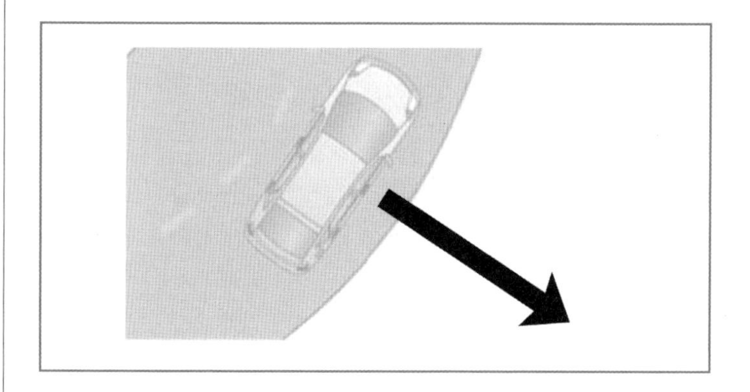

- 관성력이 원심력이 되기 때문에 $ma = m\frac{v^2}{r}$ ⇨ $a = \frac{v^2}{r}$

원운동에서의 관성력

- 구심력과 원심력: 구심력은 실제 힘이지만 원심력은 좌표계의 차이에 따른 가상의 힘(imaginary force)이다.

관성 좌표계와 가속 좌표계

- 등속운동으로 움직이는 모든 물체는 알짜 힘이 0이며 물체는 정지해 있거나 등속운동을 하며 관성의 법칙을 만족한다. 이때 좌표계를 관성 좌표계라고 한다.
- 가속 좌표계: 속도가 변하거나 방향이 계속 변하는 원운동은 알짜 힘이 0이 아니기 때문에 가속도가 생겨 비관성계로 이러한 물체의 운동을 기술하기 위해 사용하는 좌표계를 가속 좌표계라고 한다.

광전효과

정의 광전효과(光電效果, photoelectric effect)는 금속판에 진동수가 큰 빛(한계진동수 이상의 빛)을 비춰주면 금속판에 있던 전자들이 빛의 알갱이인 광자와 1:1로 충돌하여 튀어나오는 현상이다. 광전효과에 따라 흐르는 전류를 광전류라고 한다.

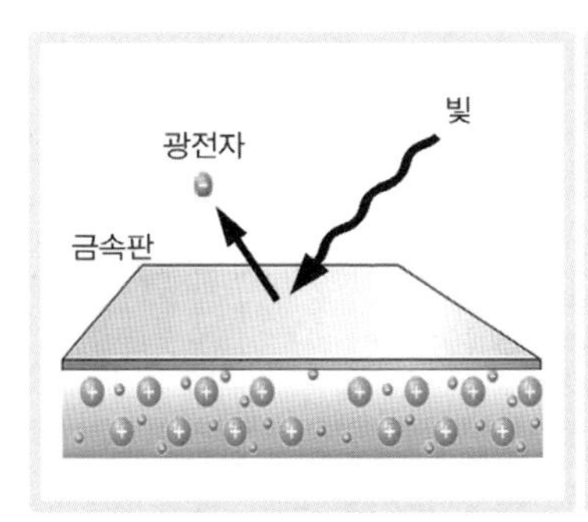

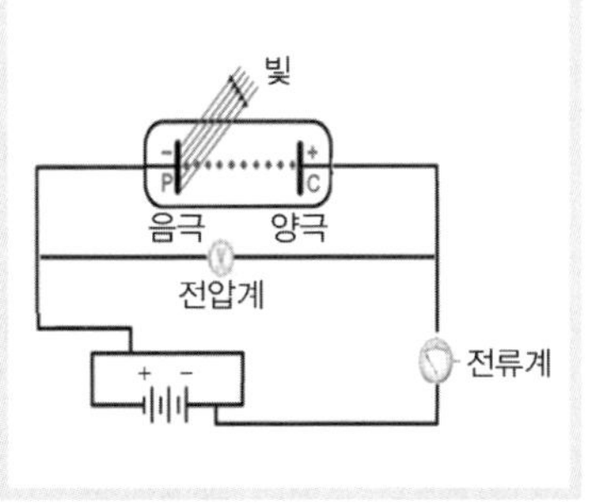

해설 빛의 입자성을 입증해주는 광전효과는 금속판에 빛을 쪼이면 표면에 전자가 방출하는 현상으로, 아인슈타인이 발견했다.

1. 바구니에 20개 정도의 탁구공(금속판 안에 있는 전자)이 있는데 야구공(쪼여주는 빛의 알갱이인 광자)을 탁구공이 있는 바구니 속으로 던지면 탁구공이 튀어나가며, 반대로 바구니 안에 야구공이 있는데 탁구공으로 치면 야구공은 바구니 밖으로 튀어나가지 못하는 것과 같은 원리다.
2. 충돌은 야구공과 탁구공이 1:1로 일어난다. 이때 야구공은 진동수(에너지)가 큰 빛으로 표현한 것이고 탁구공은 진동수(에너지)가 작은 빛으로 가정하면 이해하는 데 도움이 된다.
3. 앞의 그림에서 광전관에 빛을 비추면 음극을 이루는 금속판에서 광전자가 튀어나오고, 튀어나온 광전자는 양극에 도달하여 회로에 광전류가 흐르게 된다. 이때 쪼여주는 빛의 에너지(진동수)가 커야 전자를 튀어나오게 할 수 있다. (진동수 큰 빛 = 에너지가 큰 빛 = 파장이 작은 빛)
4. 광전효과의 특징을 살펴보면 다음과 같다.
   - 비추는 빛이 어떤 진동수 이상일 때에만 광전자가 방출되는데 이때 진동수를 문턱(한계)진동수라고 하며, 이보다 낮은 진동수의 빛은 아무리 세게 비추어도 전자가 튀어나오지 않는다.
   - 아무리 약한 빛이라도 문턱(한계) 진동수 이상의 진동수를 가진 빛을 쪼이면 즉시 전자가 튀어나온다.
   - 빛의 진동수가 증가하면 방출된 광전자의 최대 운동에너지도 증가한다. 그러나 광전자의 최대 운동 에너지는 빛의 세기와는 무관하다.
5. 빛의 알갱이(광자)와 전자는 1:1 충돌이기 때문에 빛의 세기는 빛

의 알갱이의 개수에 비례하기 때문에 밝기의 세기가 세면 빛의 알갱이가 많아지고 빛의 알갱이가 많으면 충돌하는 전자수도 많아지고, 그러면 튀어나오는 전자수도 증가한다. 그렇게 되면 광전류가 많이 흐르게 된다. 그러므로 단일 진동수의 빛을 비출 때 튀어나오는 전자의 수는 쪼여주는 빛의 세기에 비례한다.

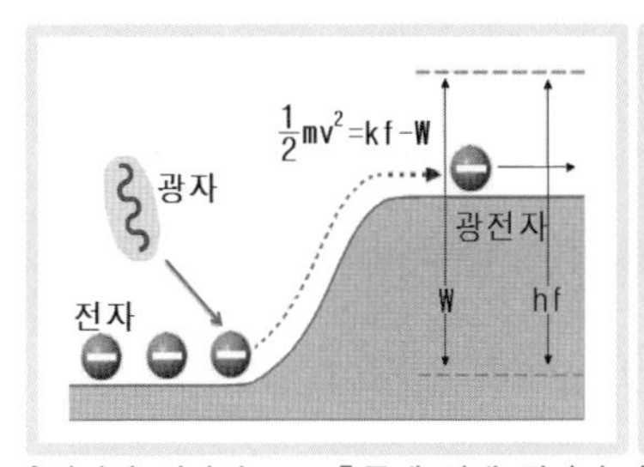

| 광자와 전자의 1:1 충돌에 의해 전자가 밖으로 튀어나오는 현상

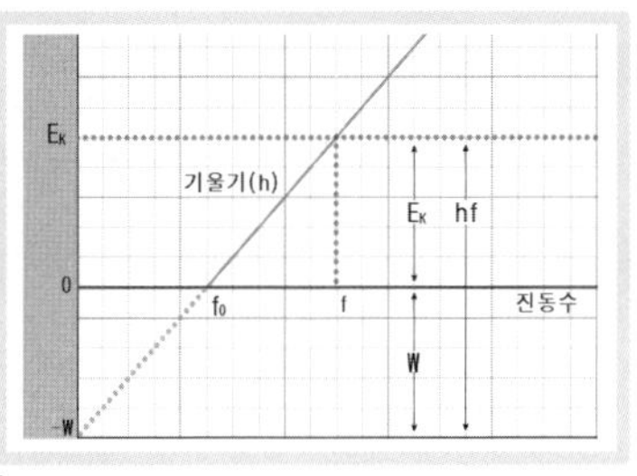

| Ek = hf − W

광전효과에서 전류의 흐름

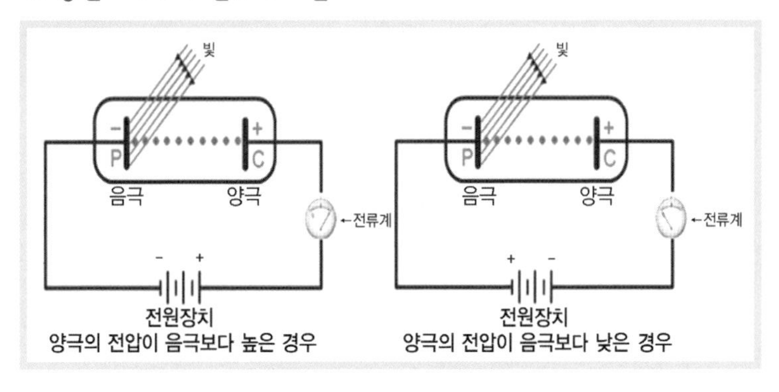

- 양극 전압이 높은 경우: 음극의 금속판에서 튀어나온 광전자는 자발적으로 양극으로 이동하여 광전류가 흐르게 된다.
- 양극 전압이 음극 전압보다 낮은 경우: 양극의 전압이 음극보다

낮은 경우 광전자들은 양극으로부터 전기적 반발력을 받는다. 이 경우 속도가 느린 광전자들이 양극으로 도달하지 못하여 광전류가 줄어든다. 양극에 걸어준 음(-)의 전압의 크기를 서서히 증가시키면 어느 순간 광전류가 더 이상 흐르게 되지 않는데, 이처럼 광전자가 양극에 도달하지 않게 되는 순간의 음극과 양극 사이의 전압을 정지 전압이라고 한다.

1차 함수로 해석하는 광전효과

전자가 금속 원자에서 탈출하는 데 필요한 에너지를 그 금속의 일함수 W라고 하고 금속에 공급된 빛에너지를 E=hf(히프), 방출된 광전자의 최대 운동에너지(E_k)를 $\frac{1}{2}mv^2$ 이라 하면 $\frac{1}{2}mv^2 = hf - W$, 여기서 $E_k = \frac{1}{2}mv^2$ 이므로 $E_k = hf - W$인 진동수 f에 대한 1차 함수 형태 ($y = ax + b$)가 된다.

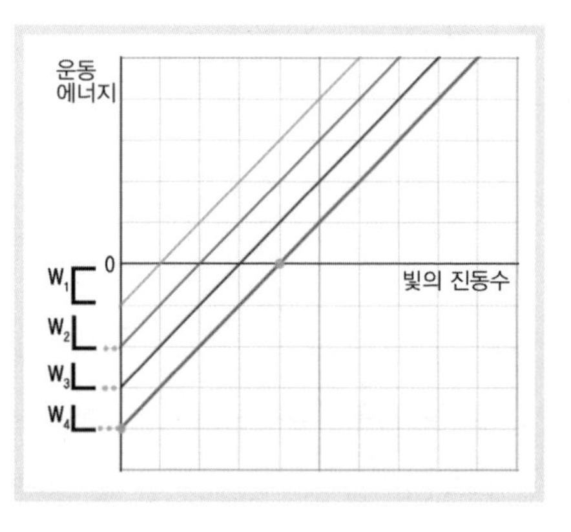

운동에너지 $E_k = y$, 플랑크 상수 h는 기울기 a, 일함수 w는 y절편인 b에 해당된다. h는 플랑크 상수이고 1차 함수에 기울기이므로 일정하며 y절편인 일함수(W)는 금속에 따라 값이 정해지는 상수다. 그러므로 x축으로는 광전효과는 비춰진 진동수(f)가 한계진동수(f_0)보다 클 때 y축으로는 광자의 운동에너지 $\frac{1}{2}mV^2$가 0보다 큰 구역에서만 광전효과가 일어남을 알 수 있다.

생. 각. 거. 리.

일상생활에서의 광전효과

광다이오드

빛의 신호를 전기신호로 바꾸어 주는 장치로 양극에서 음극 방향으로 전류가 흐르며 음극에서 양극으로는 전류가 흐르지 않는다.

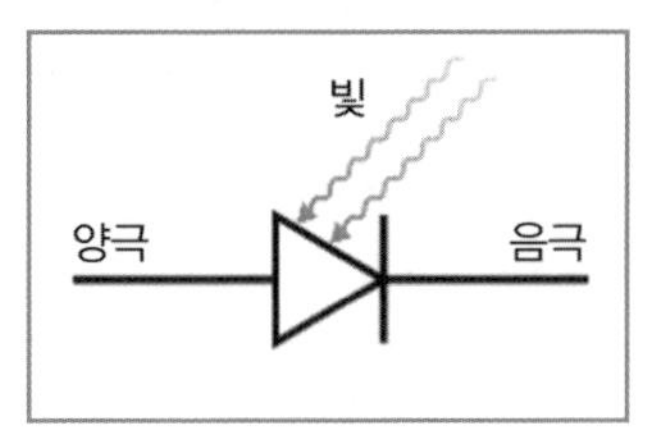

식물의 광합성

엽록체 안 엽록소 분자 내의 전자가 빛의 의해 에너지를 얻어 들뜬 상태가 되면 전자가 다른 분자로 이동하면서 에너지를 방출한다.

도난 경보기

광전관으로 빛이 들어오면 전류가 발생하여 전자석이 작동되면서 전자석이 쇠막대를 당기게 된다. 경보기 장치의 회로가 끊어지면 경보기가 울리게 된다.

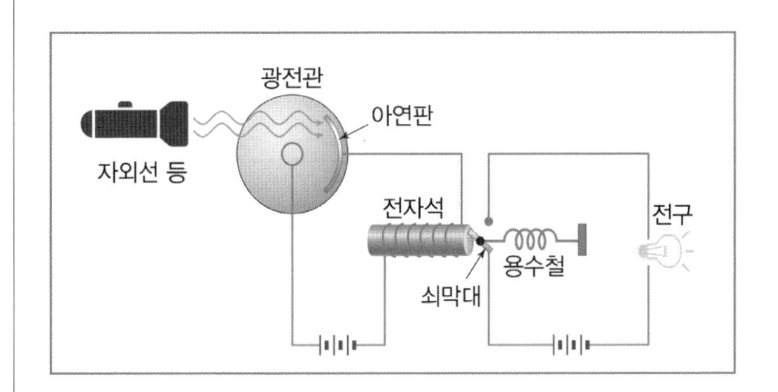

태양전지

P형 반도체와 N형 반도체를 사용하여 태양의 빛에너지를 전기에너지로 전환시키는 장치로, 태양전지에 빛을 쪼이면 광전효과에

의해 태양 전지 내부에 전자와 양공이 발생하여 P형 반도체에서 N형 반도체로 전류가 흐른다.

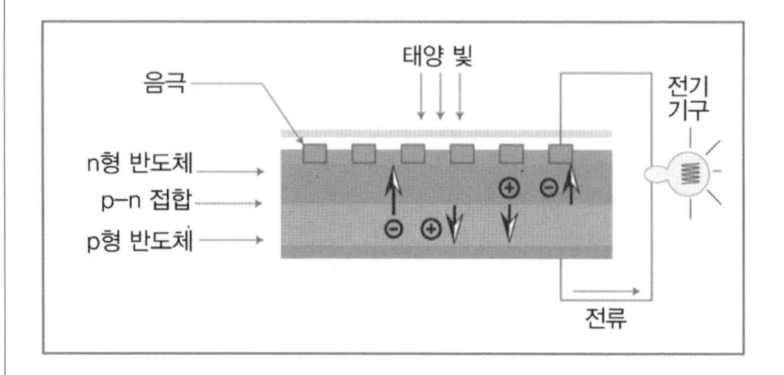

발광 다이오드

발광 다이오드 작동 원리는 P-N 접합 다이오드에 순방향(P형에는 +극이 연결되고, N형에서는 -극이 연결)으로 전류가 흐를 때 전도띠의 바닥에 있던 전자가 원자가 띠의 꼭대기에 있는 양공으로 떨어지면 그 사이 띠 틈에 해당하는 에너지만큼 빛으로 방출된다.

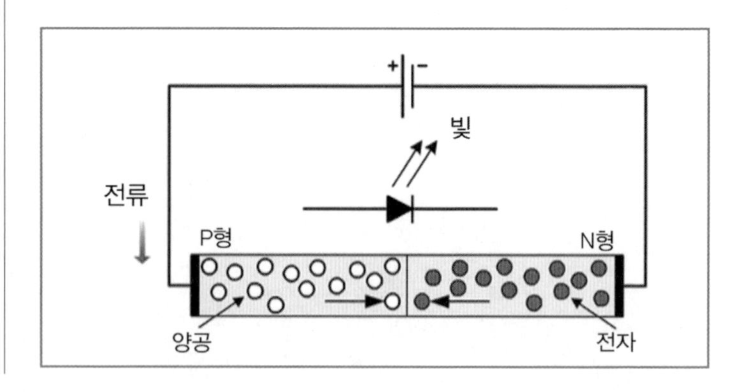

굴절의 법칙
(스넬의 법칙)

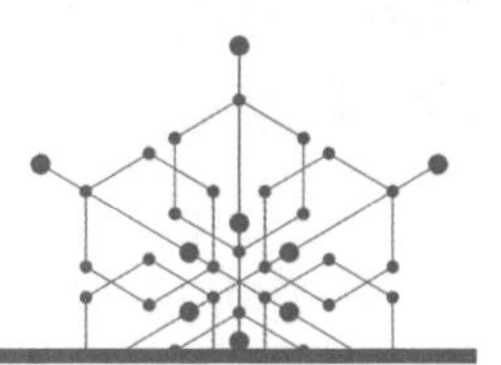

정의 빛이 한 매질에서 다른 매질로 진행할 때 경계면에서 진행 방향이 꺾이는 현상을 굴절이라 하며, 빛이 매질에서 다른 매질로 진행할 때 빛의 속력이 변하기 때문에 입사각, 굴절각, 파동의 속력, 파동의 파장 및 굴절률과의 관계를 나타낸 것이 굴절의 법칙이다.

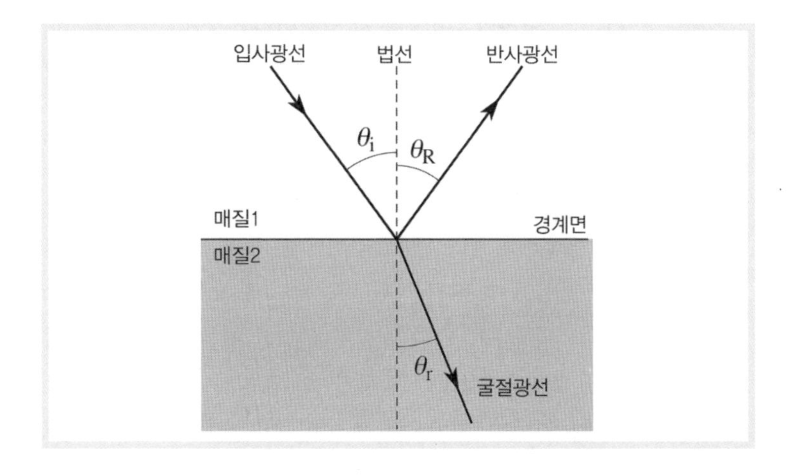

해설 굴절률이 다른 2개의 매질의 경계에서 빛이 굴절할 때 입사광선과 굴절광선의 방향(각각의 파면 법선의 방향) 사이에 성립되는 법칙으로, 스넬의 법칙(Snell's law)이라고도 한다.

1. 입사각과 굴절각의 사이에는 다음과 같은 관계식이 성립한다.
   - $\frac{\sin i}{\sin r} = \frac{v_1}{v_2} = \frac{\lambda_1}{\lambda_2} = \frac{n_2}{n_1} = n_{12}$ (매질1에서 매질2로 파동을 진행함)

   이때 n_{12}(매질1에서 매질2로 파동을 진행함)를 파장λ에서의 매질 1의 매질 2에 대한 굴절률 또는 상대굴절률이라 한다.
2. 파동의 속도는 굴절률이 큰 밀한 매질에서는 느리고 굴절률이 작은 소한 매질에서는 빠르다. (빛은 물속보다 공기 중에서 더 빠르게 진행한다. 사람이 100m를 뛸 때도 물에서 뛰는 것보다 공기 중에서 뛰는 것이 더 빠르다.)
3. 굴절이 일어날 때 진동수(f)는 불변이므로 파동의 속도(v)가 느려지면 파장(λ)은 짧아진다. $V = f\lambda$
4. 파동이 소한 매질에서 밀한 매질로 진행할 때 법선 쪽(밀한 매질 쪽)으로 꺾인다. 따라서 입사각보다 굴절각이 커진다.
5. 입사각과 굴절각의 사인의 비는 입사각의 크기에 관계없이 매질에 따라 그 값이 일정하다. 이 n을 굴절률이라고 한다.
6. 입사각 i가 커지면 굴절각 r도 커진다. 1620년경 네덜란드의 물리학자 스넬이 이 두 각 사이의 관계 $\frac{\sin i}{\sin r}$의 값이 일정하다는 것을 발견했다. 이것이 굴절의 법칙이다.
7. 파동이 소한 매질에서 밀한 매질로 진행할 때 굴절각은 입사각보다 작고 전파 속도도 느려지고 파장도 짧아져 굴절률(n)이 1보다 커진다. 그러나 진동수는 밀한 매질이나 소한 매질에서 변하지 않는다. 만약 굴절률이 1이라면 입사각 i와 굴절각 r이 같아지므로 파동은 굴절하지 않고 직진한다.

일상생활에서의 굴절현상

마찰력의 차이에 따른 굴절률

콘크리트에서 잔디 쪽으로 물체를 운동시키면 콘크리트는 저항이 작아 속력이 빠르게 오다가 잔디에서 저항이 증가하여 속력이 감소한다.

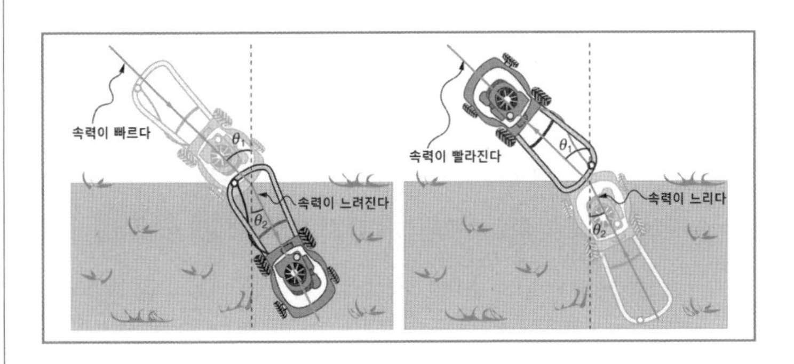

- 깊은 곳 A는 마찰이 작아 속력이 빠르고 얕은 곳 B는 마찰이 커져 속력이 감소한다.
- 공기 중에서 액체(물)로 빛이 들어가면 공기에서는 빛의 속력이 빨라지고 액체(물)에서는 빛의 속력이 느려진다.
- 낮에는 지면에 온도가 높아 음파의 속력이 빠르고 위에서는 속력이 느려져서 낮에는 소리가 위로 굴절되고 밤에는 아래로 굴절된다.

반사, 굴절, 회절, 간섭

- 반사: 파동(빛)이 물체에 반사되어 튀어나오는 것이다
- 굴절: 매질에 따른 파동(빛)의 속도 차이 때문에 파동(빛)이 꺾이는 것이다.
- 회절: 파동이 장애물을 넘어가는 것 또는 좁은 틈을 통과하는 것이다.

- 간섭: 두 파동이 중첩되어 진폭이 커지거나 작아지는 것이다.
- 분산: 빛이 나뉘는 현상이다.

매질의 차이에 따른 굴절률

사람이 100m를 뛸 경우 공기 속에서 뛰었을 때와 물속에서 뛰었을 때하고 비교해보면 공기 속에서 뛸 때가 더 빠르다. 빛도 마찬가지로 물속보다 공기 속에서 속력이 상대적으로 빠르기 때문에 속도가 빠른 공기는 소한 매질로 굴절률이 작고, 속도가 느려지는 물은 밀한 매질로 굴절률이 상대적으로 크다.

- 소한 매질 = 빛의 속력이 상대적으로 빠른 매질 = 굴절률이 작다.
- 밀한 매질 = 빛의 속력이 상대적으로 느린 매질 = 굴절률이 크다.
- 빛은 반사, 굴절을 하더라도 진동수(f)는 변하지 않는다.
- 빛이 굴절률이 작은 소한 매질에서 굴절률이 큰 밀한 매질로 입사할 때 입사각(i)이 굴절각(r)보다 크다 $(i > r)$

일상생활에서의 굴절

굴절현상으로 꺾여 보이는 컵 속의 빨대

빛의 굴절현상으로 카메라, 안경, 망원경 등에 쓰이고 있다. 실생활에는 물속에 들어가면 다리가 짧아 보인다든지 얕아 보이는 현상과 물이 든 페트병이 햇빛을 굴절시켜서 열을 모아 산불을 내는 일 등이 있다.

신기루

문학 용어로는 착시현상, 물리 용어로는 허상이라 하는데, 따뜻한 공기가 빛을 반사해 만든 현상으로, 땅 거울 현상이라고 한다.

■ 신비한 요술, 신기루

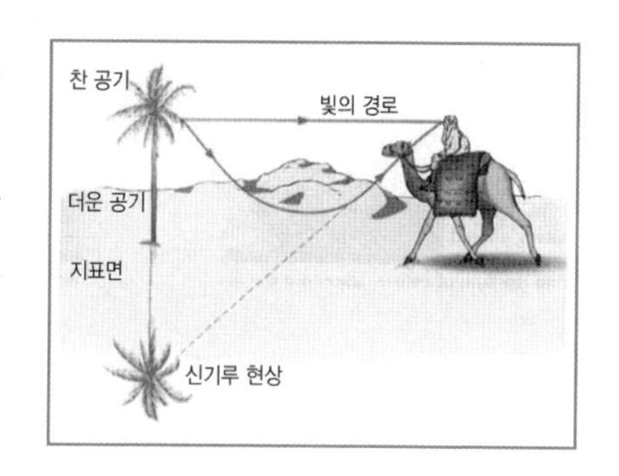

뜨거운 햇볕과 땅의 열기로 들끓는 사막을 지날 때 느닷없이 야자수가 나타나고 오아시스가 보이는 현상이 신기루다. 1798년 이집트에 원정한 나폴레옹 군은 사막을 행군하다가 야자수가 둘러선 오아시스를 보자 환호하지만 가도 가도 오아시스에 닿을 수 없었다. 곧 신기루(환상)라는 것을 알게 되었다. 그때 마침 나폴레옹 군에 동행했던 수학자 가스파르 몽주(1746~1818)가 신기루 현상의 원인을 규명했다. 뜨거워진 사막 모래 부근의 공기가 주변의 공기보다 가벼워져 위로 올라가고 가벼워진 공기는 주변에 비해 밀도가 낮아진다. 이때 밀도가 낮은 공기와 상대적으로 밀도가 높은 공기의 경계면을 빛이 통과할 때 굴절이 일어나 모래 위에 착시현상을 나타낸다. 지표면 부근의 공기가 차고 그 상층의 공기가 따뜻한 경우에도 신기루 현상을 볼 수 있는데, 이때는 먼 곳에 있는 물체가 공중에 떠 있거나 거꾸로 뒤집혀 보이기도 한다. 지표면과 상층부의 기온 차이가 크지 않을 때는 아지랑이가 되고 기온차가 커지면 신기루가 된다.

기본 입자와
상호작용

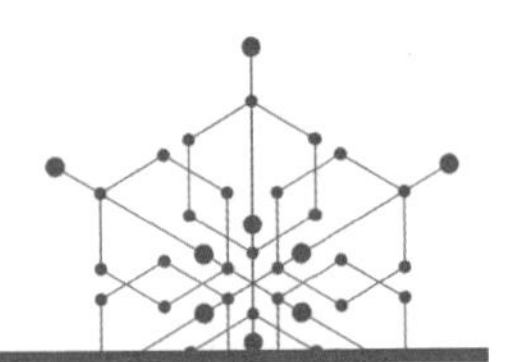

정의 물리학은 입자 사이에 작용하는 힘으로 자연현상을 설명한다. 기본 입자(基本粒子, elementary particle)는 다른 입자를 구성하는 가장 기본적인 입자를 말한다. 소립자(素粒子)라고도 하는데 극미립자로 여겨지는 광양자, 전자, 양성자, 중성자, 중간자, 중성미자, 양전자 등을 통틀어 이른다. 기본 입자와 그 상호작용을 연구하는 물리학이 입자 물리학이다.

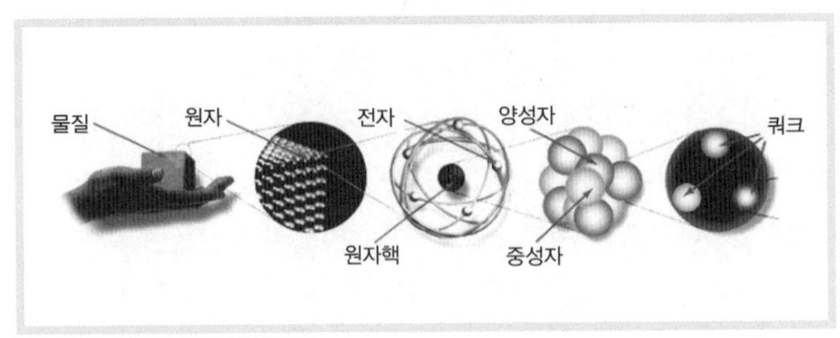

| 물질을 구성하는 입자

자연계에 존재하는 기본적인 힘은 중력, 전자기력, 강한 상호작용(강력), 약한 상호작용(약력)이 있다.

물질을 이루는 입자는 다음과 같다.

- 원자: 모든 물질은 원자로 구성되어 있으며 원자핵과 전자로 이루어져 있다.
- 원자핵: 양성자와 중성자로 이루어져 있다.
- 양성자와 중성자: 양성자와 중성자는 세 개의 쿼크로 이루어져 있다.

생.각.거.리.

일상생활에서의 상호작용

자연계의 기본적인 힘

- 중력: 중력은 가장 먼저 발견된 힘으로 뉴턴은 사과가 떨어지는 현상과 지구의 공전을 모두 중력으로 설명했으나 아인슈타인에 따르면 질량이 큰 물체는 주변의 공간을 휘게 하는데 달이 지구둘레를 공전하는 이유 역시 지구가 주변 공간을 휘게 하기 때문이다.

중력의 방향은 지구 중심

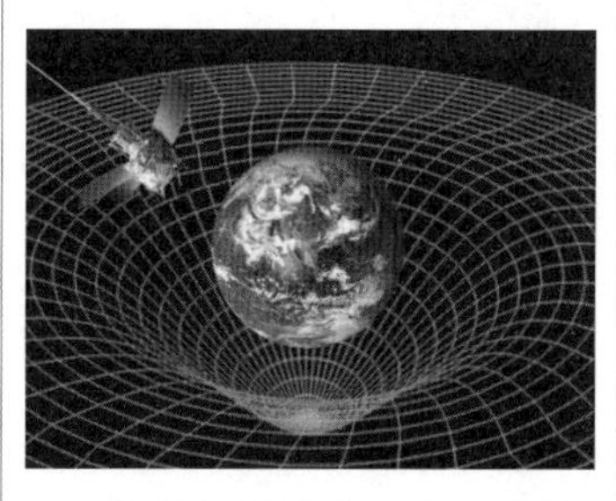

지구의 중력에 의해 휘는 공간

- 전자기력: 전자기력은 전기력과 자기력을 통합한 것으로 처음에는 전기력과 자기력이 별개의 힘으로 알려졌으나 패러데이가 전자기 유도 현상을 발견하면서 전기력과 자기력이 관련이 있음을 알았고 뒤에 맥스웰이 전기력과 자기력을 통합한 전자기력으로 설명했다.

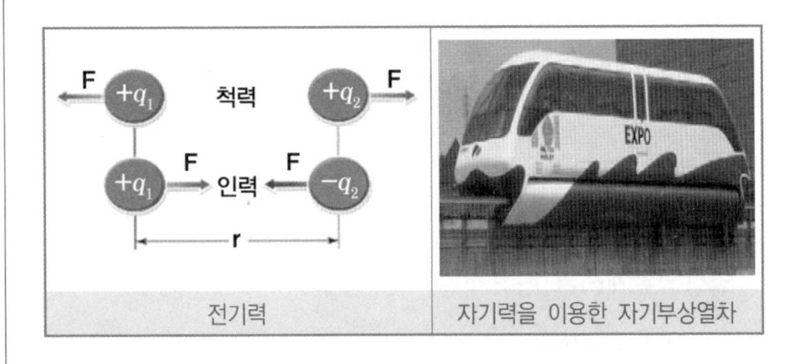

전기력 | 자기력을 이용한 자기부상열차

상호작용

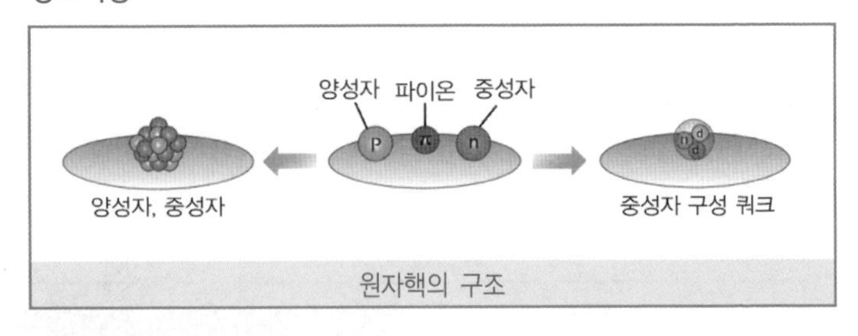

원자핵의 구조

- 강한 상호작용(강력): 핵자 사이에 작용하는 상호작용으로 양성자와 중성자 쿼크 사이에 작용하여 입자들을 결합시킨다. 관련 현상으로 핵분열과 핵융합이 있다.
- 약한 상호작용(약력): 배타 붕괴에 같은 핵 현상에 관여하는 상호작용으로 원자핵 내부의 중성자(n)가 전자(e)와 양중성자(P)로 붕괴되고 이때 질량이 거의 없고 다른 입자와 상호

작용을 하지 않는 중성미자(V_e)가 나오는데 이를 약한 상호작용(약력)이라고 한다.

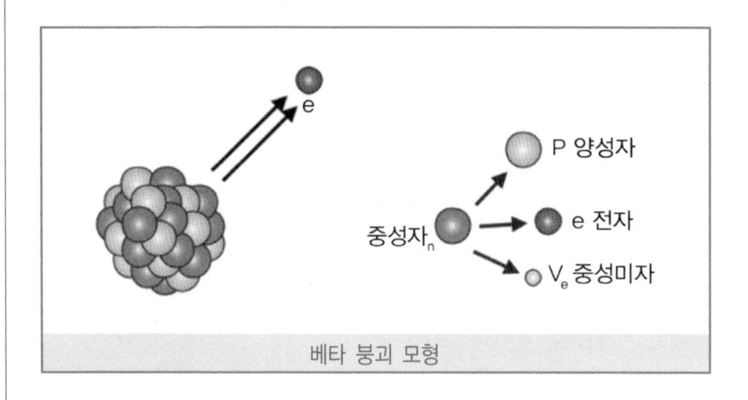

베타 붕괴 모형

기본 입자

물질을 구성하는 기본 입자는 쿼크(quark)와 렙톤(lepton)으로 나누며 렙톤은 가벼운 경입자를 말한다.

- 쿼크: 핵자를 구성하는 기본 입자로 6가지가 있다.
  - 위 쿼크(u, $+\frac{2}{3}$e), 아래 쿼크(d, $-\frac{1}{3}$e), 맵시 쿼크, 야릇한 쿼크, 꼭대기 쿼크, 바닥 쿼크

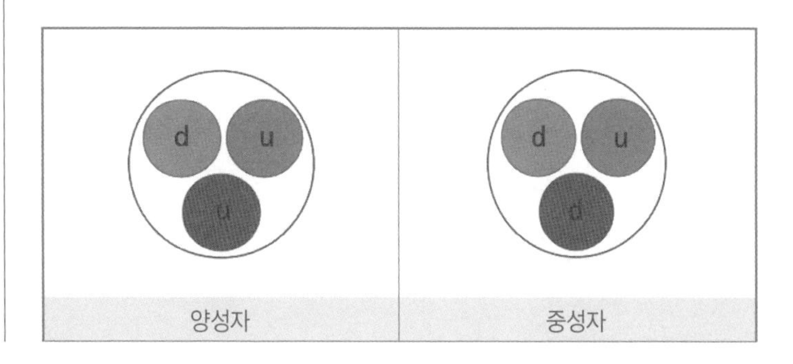

양성자 중성자

- 렙톤: 렙톤은 핵자를 구성하는 데 관여하지 않기 때문에 강한 상호작용은 없으며 전자처럼 혼자 존재한다. 가벼운 입자이며 전하량은 전자와 같은 −e이며 6가지가 있다.

  – 전자, 전자 중성미자, 뮤온, 뮤온 중성미자, 타우, 타우 중성미자.

표준 모형

표준 모형(standard model)은 4개의 기본 힘(중력, 전자기력, 강력, 약력)과 기본 입자 사이의 상호작용이다. 중력자는 아직 발견되지 않았다.

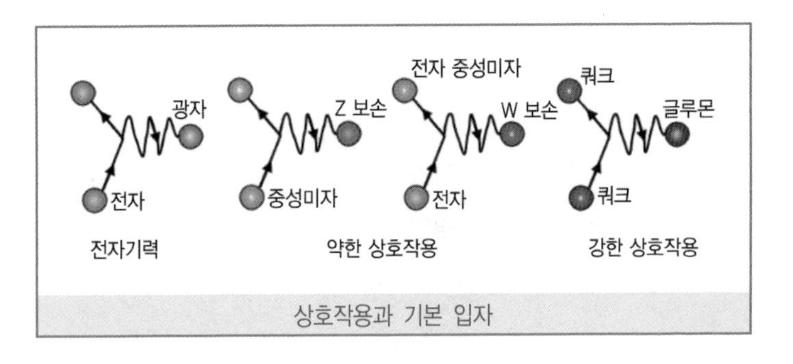

상호작용과 기본 입자

■ '바윗돌 깨트려(돌과 물)' 곡 신명나게 불러보기

물질을 깨트려 원자,

원자를 깨트려 전자 원자핵,

원자핵 깨트려 중성자 양성자

중성자 양성자 깨트려 쿼-크,

업쿼크 업쿼크 $+\frac{2}{3}$,

다운쿼크 다운쿼크 $-\frac{1}{3}$

기체가 하는 일

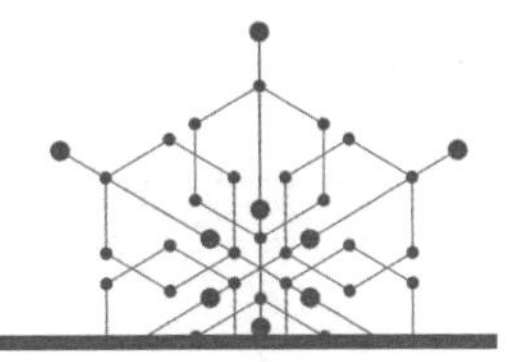

정의 역학에서 일(W)= F×△S 이다. 일은 본래 힘과 힘의 방향으로 이동한 거리의 곱으로 표현한다. 여기서 $P = \frac{F}{A}$ (P는 압력, F는 힘, A는 면적) F= PA를 대입하면 기체가 하는 일 W= P×A×△S = P△V 로 표현된다. 즉, 기체가 하는 일은 압력(P)에 부피의 변화(△V)를 곱해주면 된다. 압력이 아무리 커도 부피의 변화가 없으면 한 일은 0이다.

해설

1. W= P×A×△S = P△V에서 기체가 팽창하는 경우 △V 〉 0. W 〈 0로 외부에 한 일이 되고, 반대로 압축할 경우 △V 〈 0. W 〈 0 로 외부에서 받은 일이 된다.

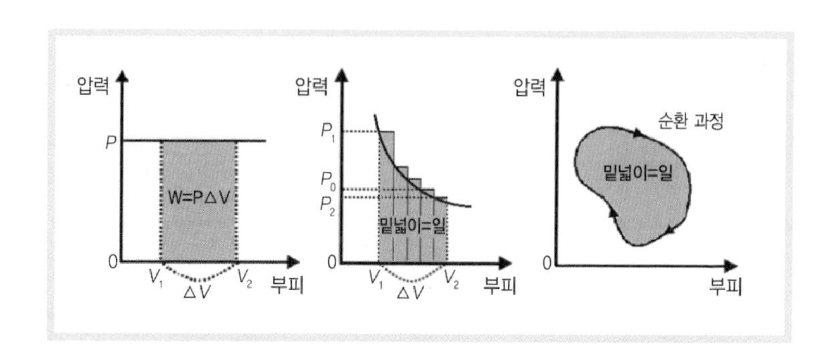

2. 위 그림에서 기체의 부피가 V_1, V_2로 증가하는 동안 기체가 외부에 한 일은 그래프의 밑넓이와 같다.
3. 내부에너지(U): 물체를 구성하는 입자들의 운동에너지와 위치에너지의 총합을 내부에너지라고 하며, 분자들의 상호작용이 없다면 단원자분자 이상기체의 내부에너지는 분자들의 운동에너지 총합과 같다.

$$U = N\times E_k(\frac{1}{2}mv^2) = N\times\frac{3}{2}kT = \frac{3}{2}N\frac{R}{N_0}T = \frac{3}{2}\frac{N}{N_0}RT = \frac{3}{2}nRT$$

(N: 분자수, N_0: 아보가드로 수, K: 볼츠만상수, R: 기체상수, T: 온도)

4. 열역학 제1법칙: 다음 그림과 같이 실린더 안에 기체를 넣고 피스톤으로 밀폐시키면 실린더 벽과 피스톤 벽은 기체분자들의 충돌에 의해 압력을 받게 된다. 피스톤이 팽창하면 기체분자들은 피스톤에 일을 하여 운동에너지가 감소하고 이 감소된 운동에너지 양은 기체가 피스톤에 한 일의 양과 같다.
기체에 열을 가하여 기체 분자들의 운동에너지를 증가시키고 그 기체 분자들로 하여금 피스톤을 밀게 하여 역학적 에너지를 얻는 기계를 열기관이라고 한다.

5. 역학적 에너지를 계속 얻기 위해 피스톤을 밀기만 할 수는 없으므로 다시 피스톤을 원위치로 오게 하려면 팽창된 기체의 열을 빼앗아 기체의 부피를 원래대로 줄여야 한다. 따라서 피스톤 안에 갇혀 있는 일정한 양의 기체에 열을 주어 팽창시켰다 냉각시키는 작업을 반복하면 피스톤을 계속 운동시킬 수 있다.

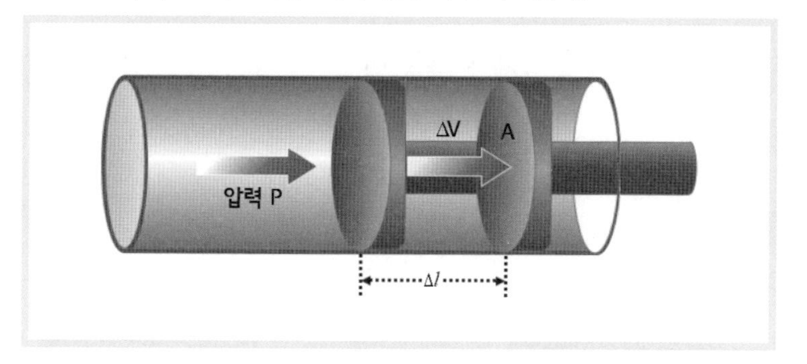

기체에 열(Q)을 가해주어 외부에 일을 하면 내부에너지는 증가하고 기체가 외부에 일을 하게 된다. **Q=△U + P△V** 이를 열역학 제1법칙이라고 한다.

6. 기체는 팽창하면서 일을 할 경우 내부에너지(△U)가 증가하므로 △U 〉 0이 되고 부피가 팽창하여 △V 〉 0가 되므로 W(한 일) 〉 0이 된다. 반대로 기체가 압축을 할 경우 내부에너지(△U)가 감소하므로 △U 〈 0이 되고 부피가 감소하여 △V 〈 0가 되므로 W(한 일) 〈 0 (받은 일)이 된다.

■ 일(W = FS)은 힘과 힘의 방향으로 이동한 거리의 곱으로 표현된다. 힘의 종류에 따라 일(에너지)의 종류가 달라진다.

- W = FS에서 F=mg(중력)인 경우 W = mgh ⇨ 중력에 의한 위치에너지가 된다.

- W = FS에서 F = qE(전기력)인 경우 W = qEd = qV = Vit ⇨ 전기에너지가 된다.
- W = FS에서 F=pA(에프-파)인 경우 W ⇨ pAs ⇨ P△V ⇨ 기체가 한 일이 된다(P는 압력, A는 면적, △V는 부피의 변화).

생. 각. 거. 리.

일상생활에서의 기체가 하는 일

재미있는 액화질소를 이용한 과학 매직 쇼(용가리 얼음과자)

액화질소의 낮은 온도 성질을 이용하여 어는점, 부피 및 상태 변화 등을 공연으로 표현하면 무척 재미있다.

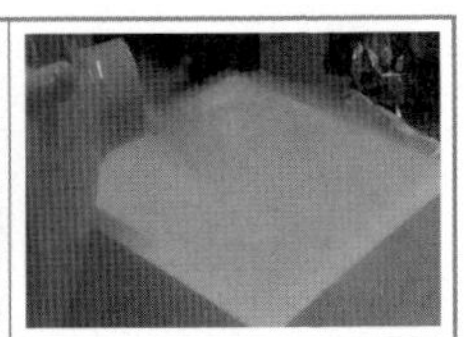

- 재료: 액화질소, 풍선, 바나나, 과자, 집게, 장갑, 스티로폼 상자
- 과정
  - 액화질소를 이용하여 바나나를 얼린 후 나무에 못을 박는 과정을 보여준다.
  - 액화질소에 풍선을 담근 후 꺼내면 온도 차에 의해 부피가 줄어드는 과정을 보여주고 온도가 다시 올라가면 부피가 원래대로 돌아오는 과정을 보여준다.
  - 액화질소에 얼린 과자(일명 용가리 얼음과자)로 더운 여름철 대단한 호응을 얻을 수 있다.
- 원리: 액화질소는 영하 196℃에서 온도가 측정되는 저온의 물질이다. 이런 특성을 이용하여 다양한 과학 공연이 가능하다.

- 주의해야 할 점
  - 액화질소 안전장비를 구비하고 피부와 접촉되지 않도록 주의한다.
  - 액화질소를 담은 유리병은 깨질 위험이 있으므로 주의한다.

열기관

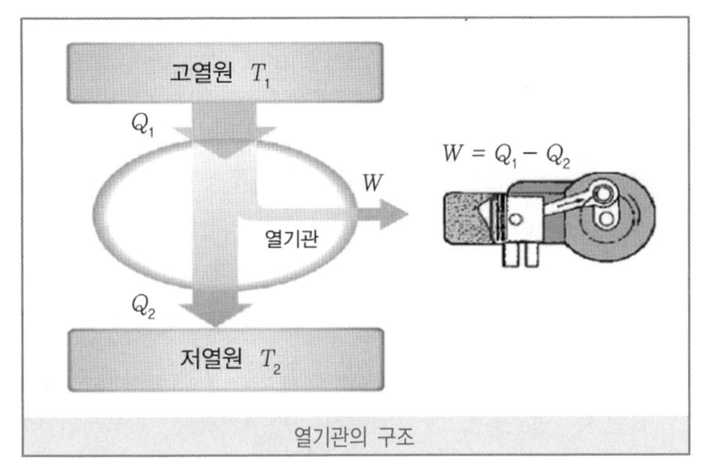

열기관의 구조

- 고온과 저온의 열원 사이에서 순환 과정을 반복하면서 열에너지를 역학적 에너지로 바꾸는 장치를 열기관이라 하며, 한 번 순환하는 사이에 유체가 고온의 열원에서 흡수하는 열량을 Q_1, 저온의 열원에 방출하는 열량을 Q_2라고 하면 외부에 하는 일 W는 다음과 같다.

$$W = Q_1 - Q_2$$

- 열기관의 열효율: 열기관이 외부에 한 일과 흡수한 열에너지의 비를 열기관의 열효율이라 하며, 기관의 온도 T_1인 고온의

열원에서 Q_1의 열에너지를 흡수하여 W만큼의 일을 하고 온도 T_2인 낮은 온도의 열원으로 Q_2의 열을 방출했을 때 열효율을 구해보자.

$$열효율\ e = \frac{W}{Q} = \frac{Q_1 - Q_2}{Q_1} = 1 - \frac{Q_2}{Q_1}\ 이다.$$

여기에서 열효율이 100%가 되려면 $\frac{Q_2}{Q_1} = 0$이 되어야 한다.

- Q_1은 0이 될 수 없으므로 Q_2가 0이 되면 가능하다. 즉, 방출하는 열이 없을 때 열효율은 100%가 된다는 의미를 지닌다. 그러나 가솔린 기관은 20~30%, 디젤 기관은 40%, 증기 기관은 15% 정도의 열효율을 가진다. 에너지 위기를 극복하려면 열효율을 더욱 높일 수 있는 열기관을 계발해야 할 것이다.
- 카르노 기관의 열효율: 복사, 열전도 및 마찰열 등의 손실이 없는 열효율이 최대인 이상적인 열기관을 카르노 기관이라 하며, 카르노 기관의 열효율 e는 다음과 같다.

$$열효율\ e = \frac{Q_1 - Q_2}{Q_1} = \frac{T_1 - T_2}{T_1},\ \frac{Q_2}{Q_1} = \frac{T_2}{T_1}$$

영구기관

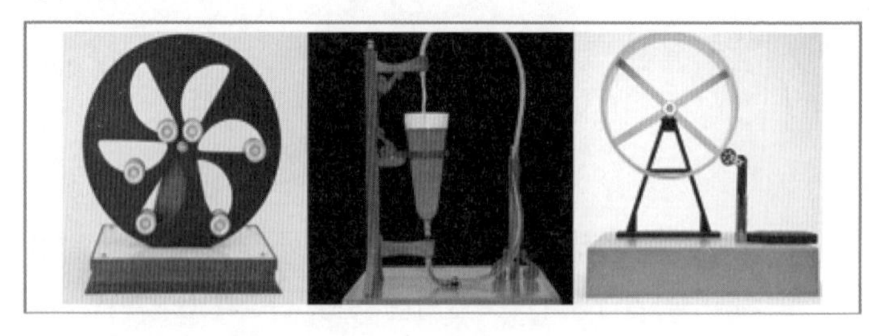

- 제1종 영구기관: 에너지의 공급이 영원히 일을 할 수 있는 기관으로 에너지를 창조할 수 있는 기관이다. 그러나 열역학 제1법칙 에너지 보존 법칙에 위배되므로 만들 수 없다.
- 제2종 영구기관: 저 열원으로부터 에너지를 공급받아 일할 수 있는 기관으로, 열을 모두 일로 바꿀 수 있기 때문에 열효율이 100%다. 열역학 제1법칙에는 위배되지 않으나 열역학 제2법칙, 즉 자연현상의 비가역성에 관한 법칙, 자연계의 변화를 제시하는 법칙(열은 고온에서 저온으로 이동)에 위배되기 때문에 만들 수 없다.

  열기관의 효율이 높을수록 같은 에너지로 더 많은 일을 할 수 있으므로 에너지를 절약하거나 열효율을 높이는 것이 미래에 에너지 부족을 해결하는 데 도움이 될 것이다.

미래의 열기관: 프리에토 배터리(에너지 저장장치)

오늘날 우리는 심각한 에너지 문제에 당면하고 있다. 발전소에서 전기를 생산해 각 가정까지 공급하는 교류는 전기가 오는 도중 전력이 누출되는데다 전봇대를 설치하여 전기를 운반해야 해서 부가 경비가 든다. 휴대폰 등에 많이 쓰이는 리튬이온 배터리보다 강력하게 에너지를 저장할 수 있는 3D(방전, 충전, 축전) 기능을 가진 프리에토(Prieto) 배터리가 많이 사용될 것이다. 프리에토 배터리는 2D(충전, 방전) 구조에 기반을 둔 기존의 리튬이온 배터리보다 크기가 작고 저장 효율성이 뛰어나며, 제조비용이 저렴하여 기대가 크다. 미래에는 교류에서 직류 형태의 에너지 저장장치(ESS: energy storage system)가 전기자동차와 융합하여 새로운 에너지 해결책이 될 것이다.

단열 과정

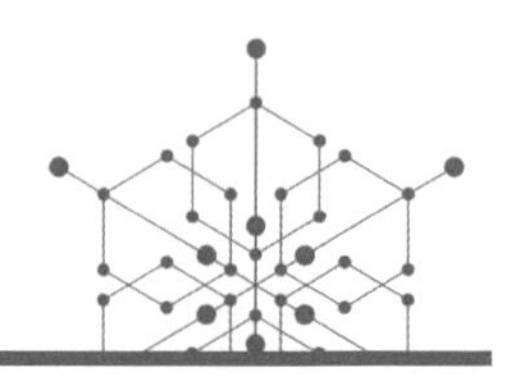

정의 외부의 열 출입 없이(Q=0) 부피, 온도, 압력의 변화를 주는 과정을 단열 과정(斷熱科程, adiabatic process)이라 한다. 즉, 열의 출입이 없이 내부에너지가 증가(온도 상승)하거나 감소(온도 하강)하는 과정이다.

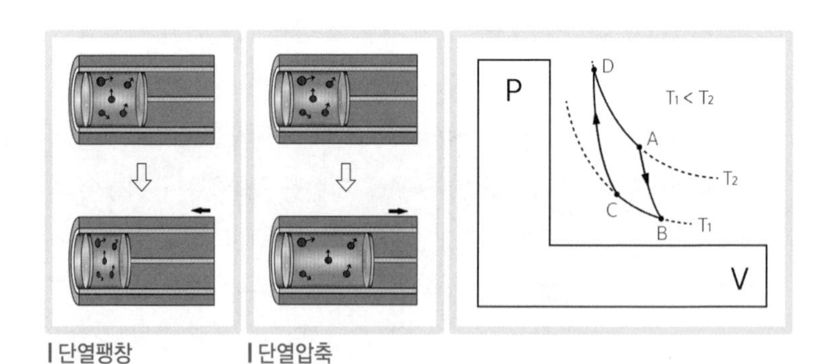

| 단열팽창 | 단열압축

해설

1. 외부와 열 출입을 차단하고 기체의 압력과 부피를 변화시키는 과정으로 에너지가 들어오거나 나갈 때 계에서 일어나는 변화를 말한다. 예를 들면 열의 출입이 거의 없이 기체가 순식간에 팽창($\Delta V>0$)하거나 압축($\Delta V<0$)하는 것이 단열 과정이고, 열을 완전히 차단($Q=0$)하는 용기 안에서 일어나는 과정도 단열 과정이다.
2. 단열팽창: 열역학 제1법칙 $Q = \Delta U + P\Delta V$에서 단열 과정에서는 $Q=0$이므로 △ $0 = \Delta U + P\Delta V$가 된다. 열의 출입이 없이 팽창하는 경우를 단열팽창이라고 하는데, 이때 부피가 팽창하기 때문에 ΔV가 양(+)의 값을 가지므로 ΔU가 음(-)의 값을 갖게 되어 계의 온도가 내려간다.
3. 단열수축: 열역학 제1법칙 $Q = \Delta U + P\Delta V$에서 단열 과정에서는 $Q = 0$이므로 $0 = \Delta U + P\Delta V$가 된다. 열의 출입이 없이 수축하는 경우를 단열수축이라고 한다. 이때에 부피가 수축하기 때문에 ΔV가 음(-)의 값을 갖는데, ΔU가 양(+)의 값을 가지므로 계의 온도가 올라간다.

생.
각.
거.
리.

일상생활에서의 단열 과정

단열 과정

단열 과정은 온도가 하강하는 단열팽창과 온도가 상승하는 단열압축(단열수축)으로 구분된다.

구름의 생성

공기가 상승하면 주위의 기압이 낮아지고, 기압이 낮아지면 공기의 부피가 팽창한다. 공기의 부피가 팽창하면 온도가 낮아지고 이때 수증기의 응결이 일어나 구름이 만들어진다.

높새바람

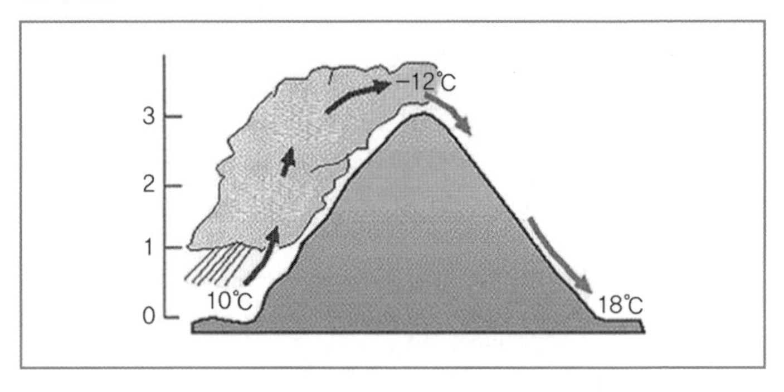

- 단열팽창: 태백산맥을 중심으로 동해에서 온 공기덩어리가 태백산맥을 넘어가는 과정에서 살펴보면 주위의 기압이 낮아지고, 기압이 낮아지면 공기의 부피가 팽창한다. 공기의 부피가 팽창하면 온도가 낮아지고 이때 수증기의 응결이 일어나 구름이 만들어진다.
- 단열압축: 공기덩어리가 태백산맥을 넘어 내려가는 과정에서 살펴보면 주위의 기압이 높아지고, 기압이 높아지면 공기의 부피가 압축한다. 공기의 부피가 압축하면 온도가 높아져

고온 건조한 바람이 불게 된다.

- 자동차 엔진(단열압축): 자동차 엔진의 실린더 안에서 피스톤이 흡입한 공기와 기화된 연료를 급격하게 압축시키면 단열압축에 의해 혼합기체(공기와 기화된 연료)의 온도가 높아져 점화 플러그 없이도 연료를 연소시킬 수 있다.

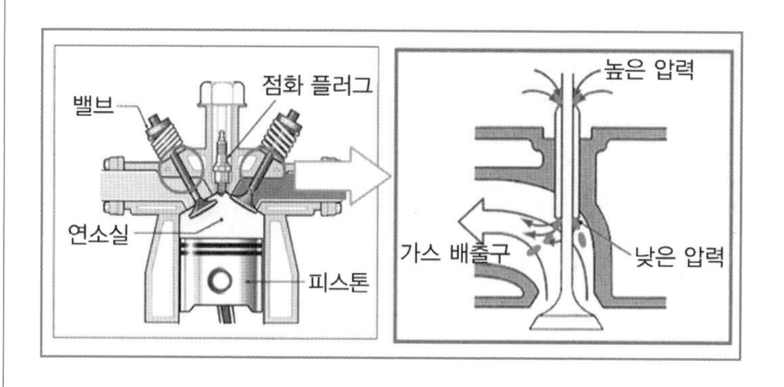

또 다른 단열 과정의 예

- 보온병

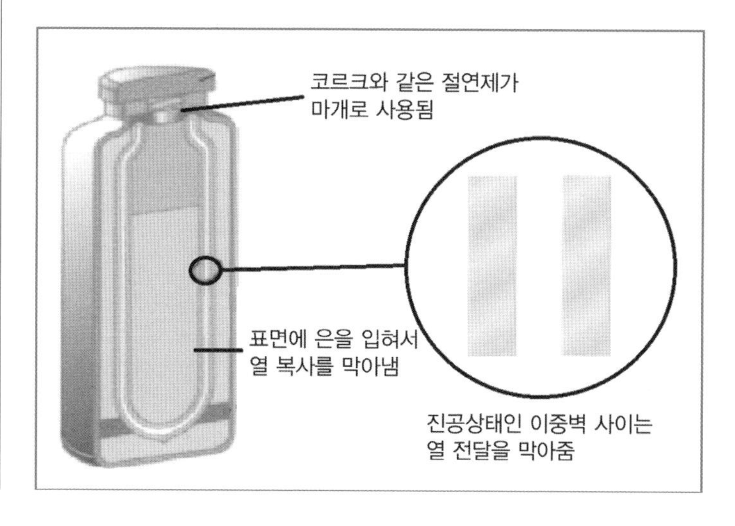

- 단열재: 일정한 온도가 유지되도록 하려는 부분의 바깥쪽을 피복하여 외부로의 열 유출이나 외부로부터의 유입을 적게 하기 위한 재료다. 단열재를 사용한 벽은 건물 내부와 외부의 열의 흐름을 차단시켜 날씨가 춥든 덥든 내부를 항상 일정한 온도로 유지시킨다.

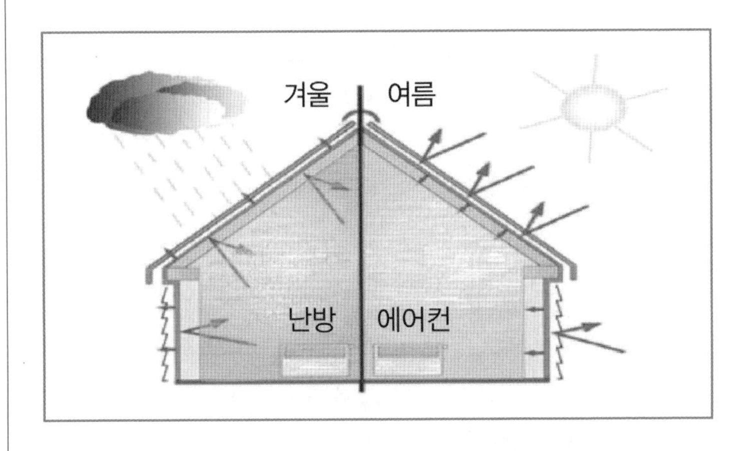

- 생활 속 단열 집: 추운 겨울 날 창문에 문풍지를 바르는 습관으로 에너지의 낭비를 막고 단열 과정을 거치지 않은 창문 쪽에 생기는 열의 방출을 좀 더 차단하여 실내 기온 유지에 쓰이는 에너지를 절약할 수 있다.

단진동

정의 용수철에 매단 물체를 아래로 잡아당겼다가 놓으면 물체는 위아래로 왔다 갔다 하는 반복운동을 하게 되는데 이를 단진동(單振動, simple harmonic motion)이라 한다. 아래 그림에서처럼 반지름이 A, 각속도 w로 등속원운동을 하는 물체에 평행하게 빛을 비추면 직선 위를 위 · 아래로 주기적으로 왕복운동을 하게 된다. 시계추 운동, 그네 운동 등과 같이 일직선 위에서 주기적으로 이루어지는 왕복운동이 단진동이다.

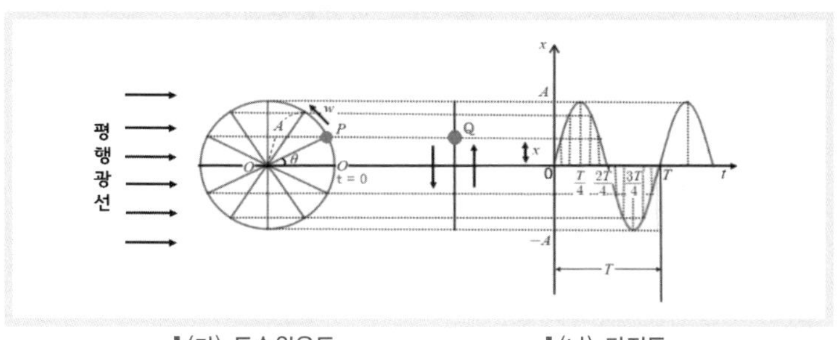

▌(가) 등속원운동 ▌(나) 단진동

해설 그림과 같이 질량이 m인 물체가 반지름 A, 각속도 w인 등속 원운동을 하여 t초 후에 P점에 도달했다면 단진동의 변위, 속도, 가속도, 힘 및 주기를 알아보자.

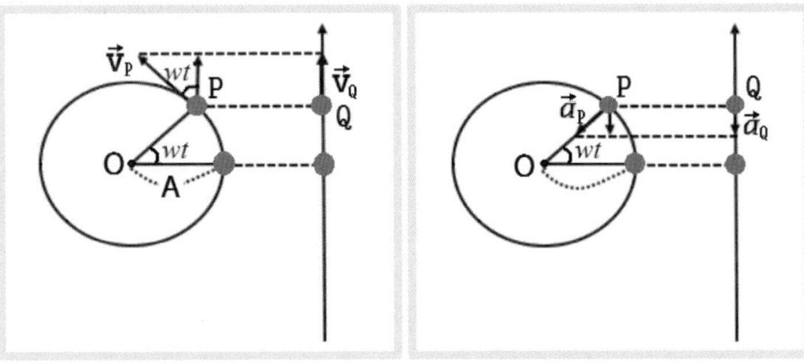

| (다) 단진동의 속도

| (라) 단진동의 가속도

1. 단진동의 변위: A는 반지름, 각속도 w로 등속원운동을 하는 물체 P에 비출 때 ϰ축 방향의 그림자는 단진동 운동을 하므로 ϰ = Asin ϰwt로 표시된다.
2. 단진동의 속도: 그림 (다)에서 등속원운동을 하는 물체 P의 속력은 Aw이고, Aw의 ϰ성분은 그림자 Q의 ϰ축상의 속력 v와 같으므로 단진동하는 그림자 Q의 속도 v는 $V = Aw\cos wt = \pm w\sqrt{A^2-\chi^2}$ 그러므로 단진동하는 물체의 속도는 진동 중심에서 가장 빠르고, 양끝으로 갈수록 느려져 양극에서 정지하게 된다. 수학의 미분을 이용하면 쉽게 유도할 수 있다.

$$v = \frac{dv}{dt} = \frac{dAsinwt}{dt} = Aw\cos wt = \pm w\sqrt{A^2-\chi^2}$$

3. 단진동의 가속도: 그림 (라)와 같이 물체 P점의 가속도 방향은 원

의 중심이고 크기는 Aw2이다. 단진동하는 그림자 Q의 가속도는 -Aw^2의 x성분이다. $a=-Aw^2 \sin wt = -w^2 x$ 단진동하는 가속도는 진동 중심을 향하고 크기는 변위에 비례하며, 중심 o점을 지날 때 가속도는 0이다. 수학의 미분을 이용하면 쉽게 유도할 수 있다.

$$a = \frac{dv}{dt} = \frac{dAwcoswt}{dt} = -Aw^2 \sin wt = -w^2 x$$

4. 단진동하는 물체에 작용하는 힘 $F = ma = -mw^2 x = -kx$(비례상수 $k = mw^2$) 여기서 F를 복원력이라 하며 변위에 비례하고 방향은 원에 중심을 향한다.

5. 단진동의 주기: 단진동의 주기 T는 등속원운동의 주기 $T = \frac{2\pi}{w}$ 이고 여기서 $k = mw^2$, 각속도 $w=\sqrt{\frac{k}{m}}$ 이므로 단진동의 주기(T)는 다음과 같다.

$$T = 2\pi\sqrt{\frac{m}{k}}$$

※ 단진동의 필수조건은 변위에 비례하고 항상 중심으로 향하는 힘을 받아야 하며 단진동의 주기는 탄성계수(K), 추의 질량(m)에만 관계하며 단진동의 주기 $T = 2\pi\sqrt{\frac{m}{k}}$ (miss kim으로 쉽게 외워보자.)

생. 각. 거. 리.

일상생활에서의 진동운동

진자운동(바이킹)의 즐거움

우리 생활 속에서 진자운동의 좋은 예는 놀이공원에서 흔히 볼 수 있는 바이킹이다. 바이킹은 괘종시계에 있는 시계추처럼 양옆으로 흔들리는 진자운동을 본 따 만들었는데 최고점에서 내려올 때 가슴 철렁한 짜릿함을 맛볼 수 있어 인기가 많다. 올라간 배가 내려오는 동안 탑승자는 '무중량 상태'를 경험하는데 이때 중력을 느끼지 못해 공중에 붕 떠 있는 느낌을 갖게 되고 사람들은 공포와 짜릿함을 느껴 비명을 지르게 된다. 가속도의 방향을 바꾸는 롤러코스터와는 달리 진자운동을 통한 가속도의 크기 변화가 더 크기 때문에 상대적으로 더 오랜 시간동안 짜릿함을 느끼게 해준다.

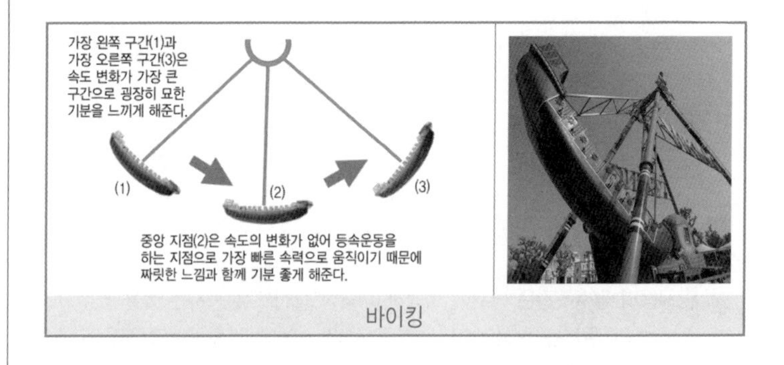

바이킹

그 밖의 진자운동 활용 예

그네 | 괘종시계

단진자

실에 매달린 추가 작은 진폭으로 왕복운동을 하는 것으로, 길이가 l인 실에 질량 m인 추를 매달고 추를 θ만큼 조금 기울였다가 놓으면 추에 작용하는 중력(mg)과 장력 T의 합력이 중심으로 돌아오려고 하는 힘(복원력)이 생겨 주기적인 왕복운동을 하게 된다.

- 질량이 m인 진자가 A–O–B를 왕복운동을 할 때 단진자에 작용하는 힘(F)과 단진자의 주기(T) 및 진자의 등시성에 대해 알아보자.

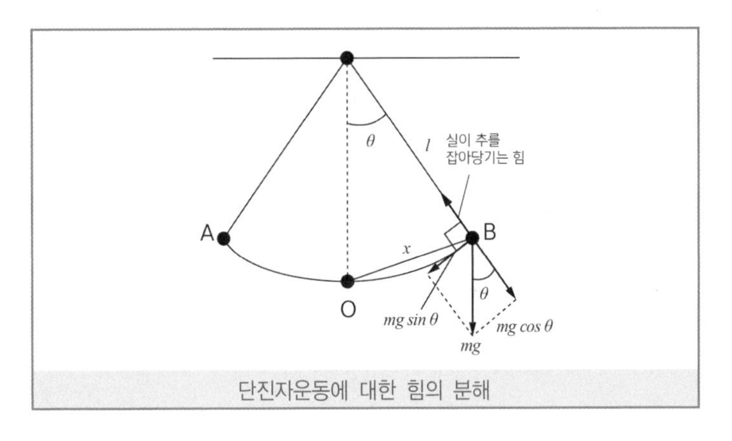

단진자운동에 대한 힘의 분해

단진자에 작용하는 힘

실이 연직 방향과 θ만큼 기울어져 있을 때 추에 작용하는 힘은 실의 장력 T와 중력 mg이다. 중력 mg는 $mg\cos\theta$와 $mg\sin\theta$로 나뉘며, 실이 추를 잡아당기는 힘(장력)과 중력의 분력인 $mg\cos\theta$는 힘의 평형을 이루고 추에는 $mg\sin\theta$만 작용하고 이 힘이 복원력이 되어 추는 진동(왕복운동)을 하게 된다.

최하점에서 변위를 x라고 하고 θ가 충분히 작으면 다음 관계식이 성립한다.

$\sin\theta \fallingdotseq \tan\theta \fallingdotseq \frac{x}{l}$, 복원력 $F= -mg\sin\theta = -\frac{mg}{l}x = -kx$ ($k= \frac{mg}{l}$)

여기서 (-)부호는 힘 F가 항상 변위 x의 방향과 반대 방향으로 작용하는 것을 의미하며, 힘 F는 변위 x에 비례하고 진동 중심을 향해 운동한다.

단진자의 주기

진폭이 미세할 때 (θ가 작을 때) 단진자에 작용하는 복원력 F는 $F= -mw^2x = -\frac{mg}{l}x$ 따라서 $w^2 = \frac{g}{l}$에서 $w = \sqrt{\frac{g}{l}}$가 되므로 진자의 주기 $T = \frac{2\pi}{w} = 2\pi\sqrt{\frac{l}{g}}$ 여기서 g는 중력가속도고, 지구, 태양, 달의 중력가속도는 다른데 진자의 주기가 달라지면 태양의 중력가속도가 가장 크므로 진자의 주기는 짧아진다. 아인슈타인의 상대성이론에 의하면 중력의 크기가 커지면 시간이 천천히 가는 시간지연 현상이 일어나게 된다.

시간의 등시성

진폭이 미세할 때 (θ가 작을 때) 단진자의 주기는 진자의 길이의 제곱근에 비례하고 중력가속도의 제곱근에 반비례하며 진자의 질량과 진폭의 크기에는 관계없이 일정하다.

진동 중심(O점)

복원력과 운동방향으로의 가속도가가 0이고, 속력은 최대이며 진동의 양끝(A, B)은 복원력과 운동방향으로의 가속도가가 최대이고, 속력은 0이다.

※ 진자의 주기 $T = \frac{2\pi}{w} = 2\pi\sqrt{\frac{l}{g}}$ (알지 롱($\sqrt{\ }$)으로 외우면 쉽게 외울 수 있다.)

대폭발 우주론

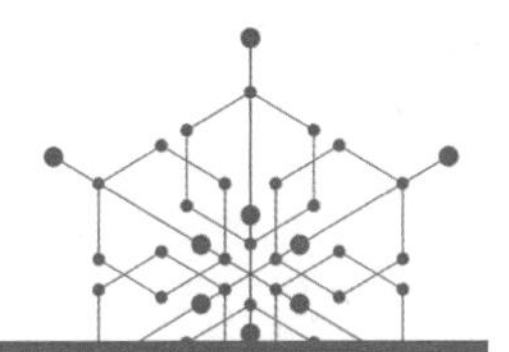

정의 대폭발 우주론(大爆發宇宙論, big-bang)은 지금의 우주가 하나의 점에서 대폭발하여 이루어졌다는 이론이다. 우리은하로부터 멀어지는 은하에서 오는 빛은 정지한 은하에서 오는 빛보다 파장이 길어져 스펙트럼이 빨간색으로 치우치는 적색편이(赤色偏移, redshift) 현상으로 우주는 팽창하고 있음을 말해주고 있다. 다음 그래프에 따르면 우리은하에서 멀리 떨어진 은하일수록 후퇴 속도가 빠르다(허블의 법칙).

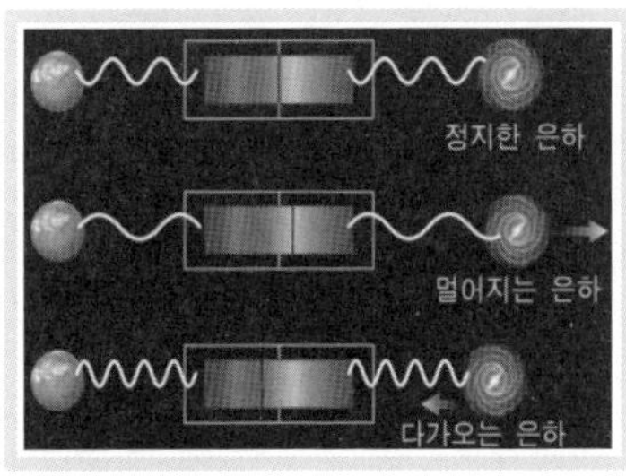

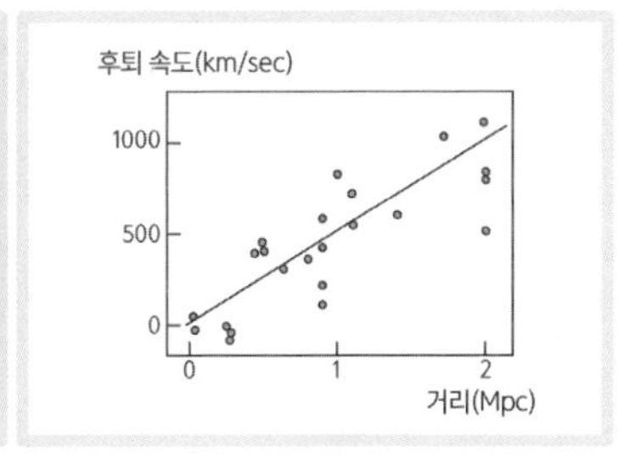

| 적색편이 현상

해설

1. 허블의 법칙: 우리은하에서 멀리 떨어진 은하일수록 멀어지는 속도(후퇴 속도)가 빠르며 후퇴 속도 V = Hr(부 = 후랄). 여기서 H는 허블상수, r은 은하까지의 거리.

   $$\text{우주의 나이} = \frac{\text{은하까지의 거리}(r)}{\text{은하의 후퇴 속도}(v)} = \frac{r}{Hr} = \frac{1}{H} = 137\text{억 년}$$

2. 대폭발(big-bang): 우주는 모든 물질과 에너지가 모인 초고온, 초밀도의 한 점에서 대폭발로 팽창하여 현재 저온, 저밀도 상태의 우주가 되었다는 이론으로 2.7k의 온도에서 해당하는 복사가 우주의 모든 방향에서 검출되는 우주배경복사에 의해 검증되었다.
3. 급팽창 이론과 가속 팽창 우주론: 처음 대폭발이 발생한 직후 우주는 매우 빠른 속도로 팽창했는데 이것을 급팽창(inflation)이라고 한다. 급팽창 이후 우주는 팽창 속력이 점점 줄어들어다가 어느 순간이 지나면서 다시 팽창 속력이 증가하고 있다는 사실이 밝혀졌다.
4. 우주가 시작되기 이전 상태: 대폭발 우주론에서 우주의 시작 이전을 묻는 것은 의미가 없다. 시간과 공간은 대폭발과 함께 생겨난 것이기 때문에 이 폭발은 우주의 전체에서 일어난 것으로 우주에는 팽창 중심이 없다.
5. 대폭발 우주론: 닫힌 우주는 팽창하다가 다시 수축하는 우주며, 열린 우주는 영원히 팽창하는 우주며, 평평한 우주는 팽창하다가 멈추는 우주다.

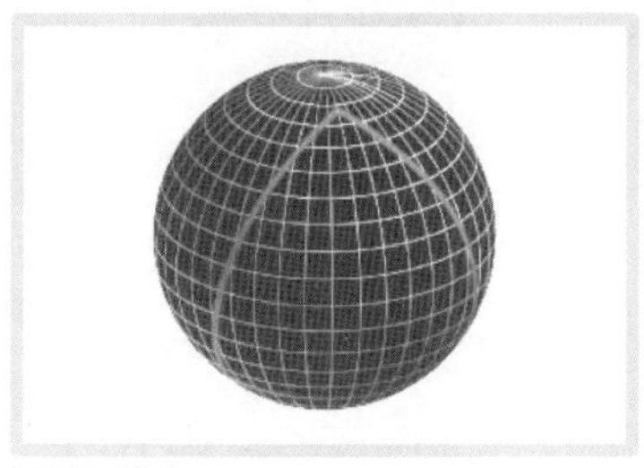

| 닫힌 우주

| 열린 우주

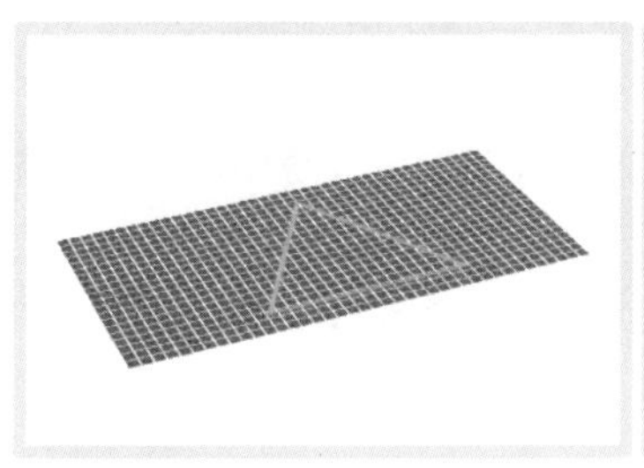

| 평행한 우주

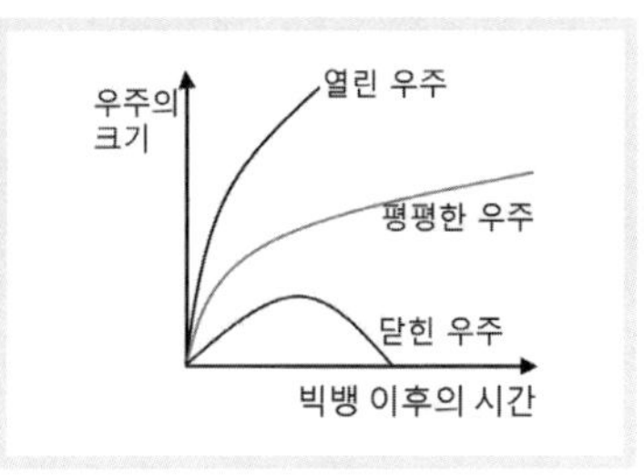

| 프리드만의 우주 모형

6. 가모: 러시아의 물리학자 가모는 현재 우주는 팽창하고 있으며 우주의 팽창이 시작되는 순간에는 우주의 모든 질량과 에너지가 한 점에 모여 엄청나게 밀도가 높은 에너지의 스프와 같은 상태로 있었다가 급격히 폭발하여 팽창했다. 이 폭발을 대폭발(big-bang) 우주론이라고 한다.

생. 각. 거. 리.

일상생활에서의 대폭발 우주론

「창세기」 천지 창조

In the beginning, God created the heavens and the earth, the earth was a formless wasteland, and darkness covered the abyss, while a mighty wind swept over the waters. Then God said, "Let there be light" and there was light. God saw how good the light was. God then separated the light from the darkness.

빅뱅 이론

우주는 모든 물질과 에너지가 모인 초고온 초밀도의 한 점에서 대폭발로 팽창하여 현재 저온, 저밀도 상태의 우주가 되었다는 이론으로 2.7k의 온도에서 해당하는 복사가 우주의 모든 방향에서 검출되는 우주배경복사에 의해 검증이 되었다.

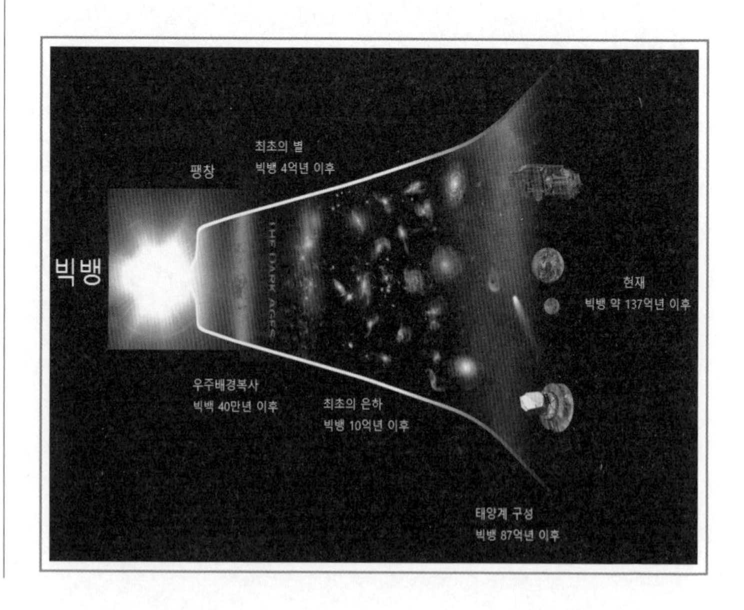

- 러시아의 물리학자 가모가 제안한 우주론으로, 우주의 팽창이 시작되는 순간 우주의 모든 질량과 에너지가 한 점에 모여 엄청나게 밀도가 높은 에너지의 수프와 같은 상태로 있다가 급격히 폭발하여 팽창했다는 우주론
- 우주배경복사는 빅뱅 우주론의 가장 강력한 증거가 된다. 빅뱅 직후 갓 태어난 우주의 최초로 돌아가 보면 지금까지 존재했던 모든 물질을 구성하는 입자들이 특이점이라 부르는 엄청나게 뜨거운 일종의 용광로 속에 한데 뭉쳐 있었다. 우주 초기의 복사는 라디오 안테나의 마이크로파 잡음을 제거하는 과정에서 발견되었다. 이 복사는 우주배경복사로 불리게 되었으며 우주배경복사의 발견은 빅뱅 이론에 대한 본격적인 연구의 시작을 의미했다.

프리드만의 우주론

러시아의 물리학자 프리드만(A. A. Friedmann)은 우주의 모든 지점이 동일한 밀도를 가진 균일성과 모든 방향으로 동일한 등방성을 가지며 우주에 밀도에 따라 닫힌 우주, 평평한 우주, 열린 우주의 모형을 제시했다.

- 열린 우주: 계속 팽창하는 우주
  ⇨ 우주 전체의 밀도 〈 임계밀도
- 평평한 우주: 팽창하다가 멈춘 우주
  ⇨ 우주 전체의 밀도 = 임계밀도
- 닫힌 우주: 중력에 의해 수축으로 대붕괴하는 우주
  ⇨ 우주 전체의 밀도 〉 임계밀도

중력파

중력파는 대폭발 우주론 중 급팽창 이론의 중요한 근거가 된다. 100여 년 전에 아인슈타인이 '중력파'의 발견을 예언했다. 중력파는 아인슈타인이 일반상대성이론을 더욱 확장해 예언한 개념이며 시공간의 뒤틀림으로 발생한 요동이 파동으로 전달되는 것과 같다. 더 쉽게 표현하자면 바다 위의 배가 움직일 때 주위로 물결이 일어나는 것과 같다.

뉴턴의 역학 법칙에서는 존재조차 할 수 없는 개념이라서 중력파의 존재 여부를 두고 과학자들의 의견이 분분했다. 그러던 중, 2016년 2월 12일에 LIGO(고급 레이저 간섭계 중력파 관측소) 과학 협력단에서 중력파의 존재를 입증해냈다. 1,000여 명의 LIGO 연구자들 가운데는 한국의 과학자들도 포함되었다. 그들은 거의 주위의 관심을 받지 못한 가운데 연구에 참여해 중력파의 존재를 증명하는 개가를 올렸다.

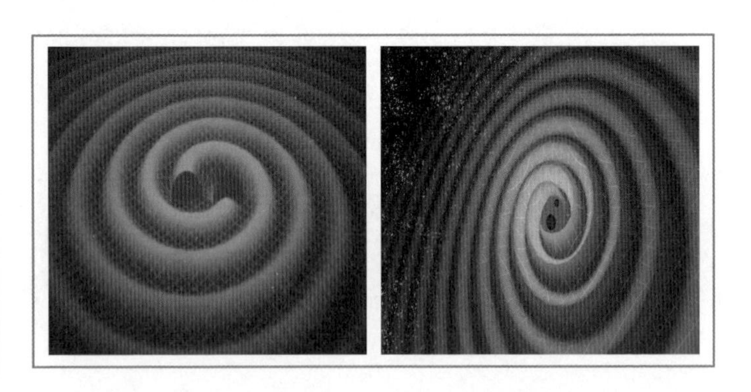

도플러 효과

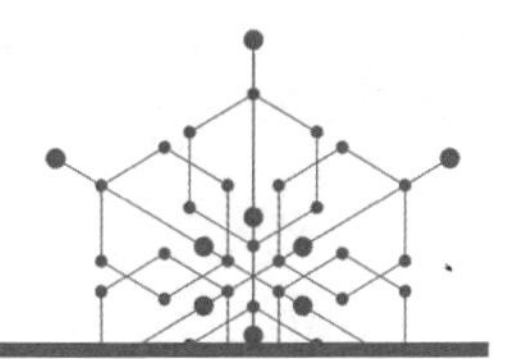

정의 파원이나 관측자가 운동할 때 파동의 진동수가 다르게 측정된다. 예를 들면 소방차가 지나갈 때 사이렌소리가 높아지다가 낮아지는 현상으로 관측자가 소방차를 향하여 운동해 가거나 소방차(음원)가 관측자에게 접근할 경우에는 소리가 높게 들리고 그 반대인 경우에는 소리가 작게 들리는 현상을 도플러 효과(Doppler effect)라고 한다.

| 사이렌 소리가 점점 크게 들림　　　사이렌 소리가 점점 작게 들림

해설 파원과 관찰자 사이가 가까워질수록 파동의 진동수가 커져서 소리가 크게 들리고, 파원과 관찰자 사이가 멀어질수록 파동의 진동수가 작아서 소리가 작게 들리게 된다.

1. 관측자는 정지하고 파원이 μ의 속도로 접근할 때: 매질이 정지해 있으므로 음속 V는 불변이나 파장이 변하므로 진동수도 변하게 된다. 파원이 접근할 때 파원 앞쪽의 파장이 압축되어 짧아지고 그러면 진동수는 커지게 된다.

   $\lambda = \frac{v}{f} = \frac{v-\mu}{f}$ 이므로 관측자에게 들리는 진동수는 $f' = \frac{v}{\lambda} = f\frac{v}{v-\mu}$

   (☞소리가 크게 들린다.)

2. 관측자는 정지하고 파원이 μ의 속도로 멀어질 때: 매질이 정지해 있으므로 음속 V는 불변이나 파장이 변하므로 진동수도 변하게 된다. 파원이 접근할 때 파원 앞쪽의 파장은 늘어나서 길어지고 그러면 진동수는 작아진다.

   $\lambda = \frac{v}{f} = \frac{v+\mu}{f}$ 이므로 관측자에게 들리는 진동수는 $f' = \frac{v}{\lambda} = f\frac{v}{v+\mu}$

   (☞ 소리가 작게 들린다.)

3. 파원은 정지하고 관측자가 v의 속도로 접근할 때: 매질 속의 파장 λ는 불변이고 관측자에 대한 음파의 상대속도가 V+v가 되므로

   $f = \frac{V+v}{\lambda}$ 에서 $\lambda = \frac{V}{f}$ 이므로 $f' = f\frac{V+v}{V}$ (☞소리가 크게 들린다.)

4. 파원은 정지하고 관측자가 v의 속도로 멀어질 때: 매질 속의 파장 λ는 불변이고 관측자에 대한 음파의 상대속도가 V-v가 되므로

   $f = \frac{V-v}{\lambda}$ 에서 $\lambda = \frac{V}{f}$ 이므로 $f' = f\frac{V-v}{V}$ (☞소리가 작게 들린다.)

5. 파원과 관측자가 서로 가까워지면 파장이 작아져 진동수가 커지므로 소리가 크게 들린다.

$$f' = f\frac{V+v}{V-\mu}$$

파원과 관측자가 서로 멀어지면 파장이 커져 진동수는 작아지므로 소리가 작게 들린다.

$$f' = f\frac{V-v}{V+\mu}$$

■ 아래 그림에서 소방차의 진행 방향으로 파장(λ)이 짧아지는 것은 진동수(f)가 커지기 때문에 고음으로 크게 들린다.

☞ ($V = f\times\lambda$) 파장과 진동수는 반비례한다.

- 소리가 가까워지면 파장은 짧아 저야 하고 파장이 짧아지면 진동을 많이 하기 때문에 진동수(f)는 커지며 에너지도 커진다.
- 진동수가 15Hz의 수면파를 내면서 파원이 0.5m/s의 속도로 P점에 접근할 때 P점에서 관찰되는 수면파의 파장을 구해보자.

  (단, 파의 속도는 2m/s이다.)

  P점에서 관찰되는 수면파의 파장은 λ'와 같다.

  $\lambda' = \frac{V-v}{f}$ 이므로 $\frac{2-0.5}{15} = 0.1\text{m}$

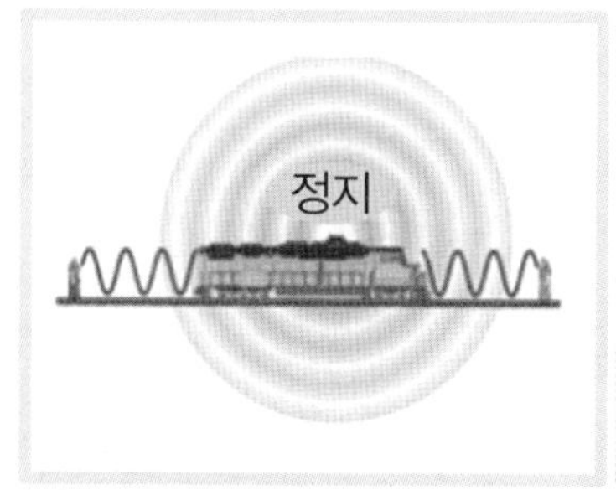

ㅣ파장의 변화가 없음

ㅣ파장이 짧아짐

- 천제 관측: 빛이 관찰자에게 가까워지면 파장이 짧아져 스펙트럼이 푸른색 쪽으로 이동하는데 이를 청색편이 혹은 청색이동

(blue shift)이라고 한다.

- 빛이 관찰자로부터 멀어지고 있을 때 파장이 길어지므로 스펙트럼이 빨간색 쪽으로 이동하는데 이를 적색편이 혹은 적색이동(red shift)라고 한다. 이를 근거로 우주는 팽창하고 있다는 우주팽창설을 입증한다.

생. 각. 거. 리.

일상생활에서의 도플러 효과

도플러 효과

- 적색이동과 청색이동

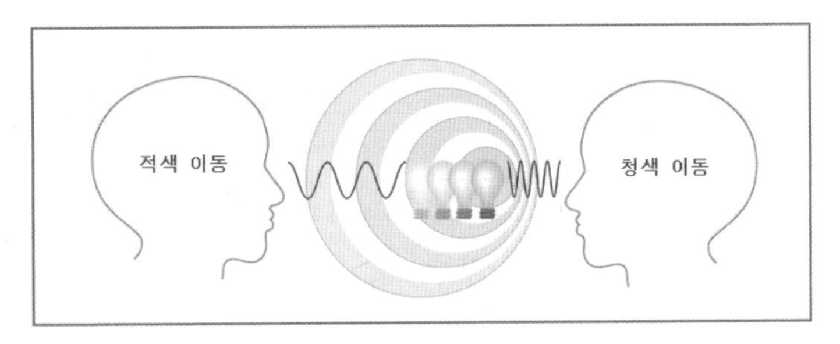

- 행성이 다가오는 경우와 멀어지는 경우 흡수 스펙트럼 변화

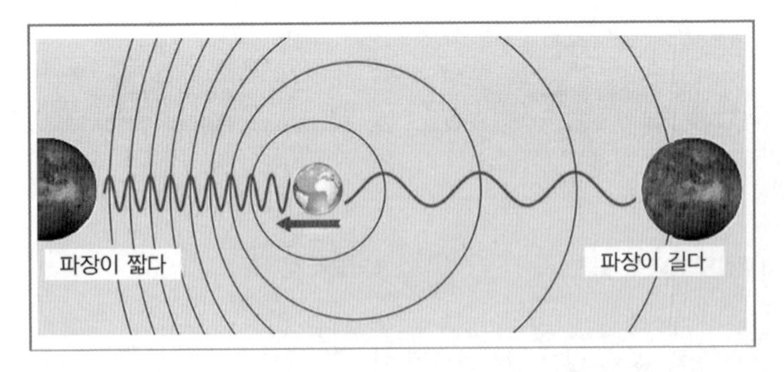

스피드 측정기(스피드 건)

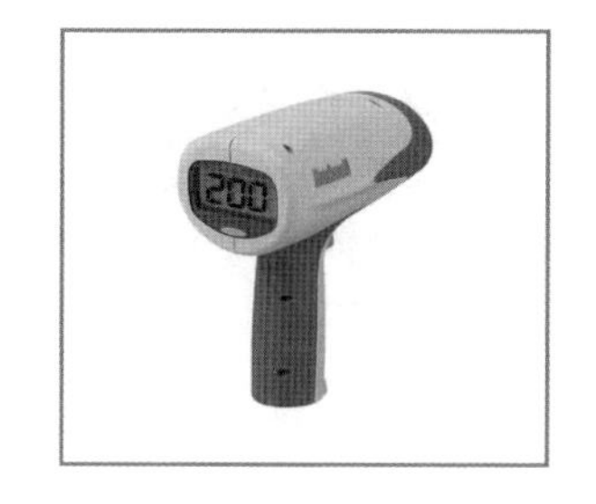

파동의 발생원과 관측자의 운동에 따라 진동수나 파장 등이 다르게 측정되는 점을 이용하여 도로에서 과속 단속을 하거나 야구에서 투수가 던진 공의 속력을 구할 수 있다.

도플러 초음파 검사

도플러 법칙을 이용하여 초음파로 복강, 팔, 다리, 목의 주요 동맥 및 정맥의 혈류량을 측정하는 혈액 측정 방법이다. 이는 혈관의 협착 정도를 알 수 있고, 혈관 성형 수술이나 하지정맥류 수술의 대상을 결정하는 데 큰 도움이 된다.

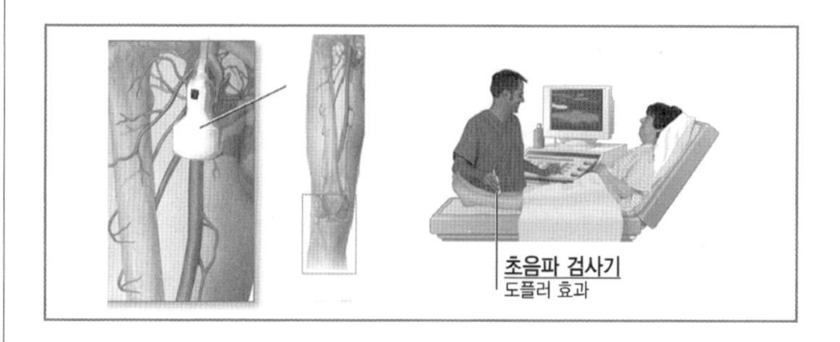

도플러 효과는 우주 분야 연구

밤하늘에 보는 별에서 오는 빛의 스펙트럼을 관찰하면 수소(H)와 헬륨(H_e)을 포함하고 있기 때문에 특정 원자들의 고유한 흡수 선 스펙트럼을 볼 수 있다. 지구에서 측정한 수소 원자와 헬륨 원자의 스펙트럼과 비교하여 별이 다가오고 있는지 멀어지고 있는지를 알아볼 수 있다.

등속원운동

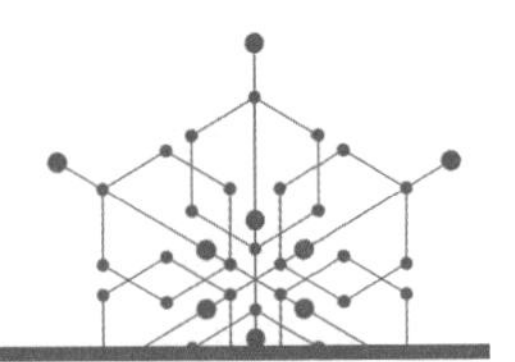

정의 물체의 운동 방향과 힘의 방향이 90°를 이룰 때 힘의 방향이 원의 중심을 향하며 일정한 속력으로 원 주위를 돌고 있는 물체의 운동을 등속원운동(等速圓運動, uniform circular motion)이라고 한다.

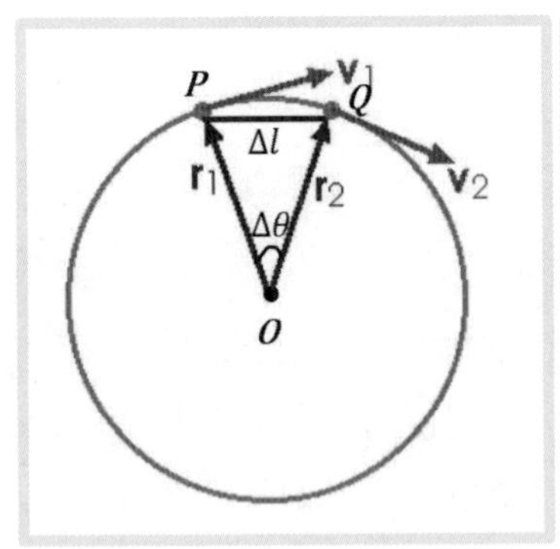

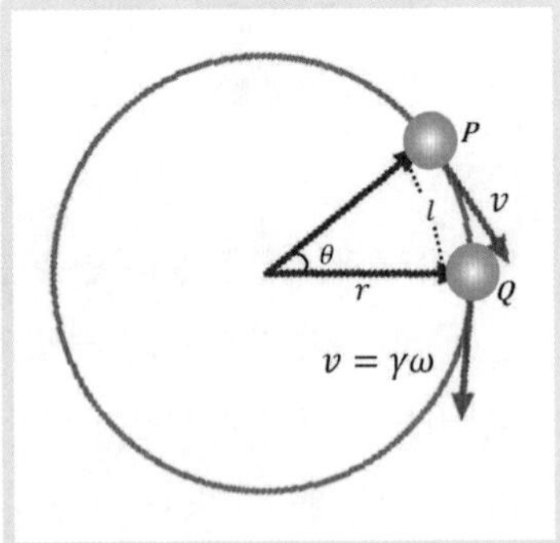

해설 질량이 m인 물체가 반지름이 r인 상태로 원운동을 할 때 각속도(ω), 선속도(v), 구심가속도(a), 구심력(F), 주기(T), 진동수(f)에 대해 알아보자.

1. 각속도(ω): 원운동에서 단위 시간 동안에 회전한 각도를 말한다. t시간 동안에 θ만큼 회전했을 때 각속도(ω)는 $\frac{\theta}{t}$로 단위 시간당 회전한 중심각으로 표현한다. 물체가 실제로 이동한 거리를 s라고 하면 $s=r\theta$이므로 선속도와 각속도는 다음과 같은 관계가 있다.
2. 각속도(ω)와 선속도(v)
   - 각속도(ω) = $\frac{\text{각거리}}{\text{시간}} = \frac{\theta}{t}$, 주기로 표시하면 T초에 2π만큼 돌아가므로 $\omega=2\pi/T$이고, 선속도 $v=2\pi r/T$이므로 $v=r\omega$이다.
   - 선속도(v): 물체가 실제로 이동한 거리를 s라고 하면 $s=r\theta$이므로 $v = \frac{s}{t} = \frac{r\theta}{t} = r\omega$ $(\omega=\frac{\theta}{t})$, $v = \frac{s}{t} = \frac{2\pi r(\text{원둘레})}{T(\text{주기})}$
3. 구심가속도: 속도가 일정하더라도 운동 방향이 계속 변하기 때문에 속도의 변화가 생겨 가속도가 생기며, 가속도는 항상 원의 중심을 향하므로 구심가속도라고 한다.

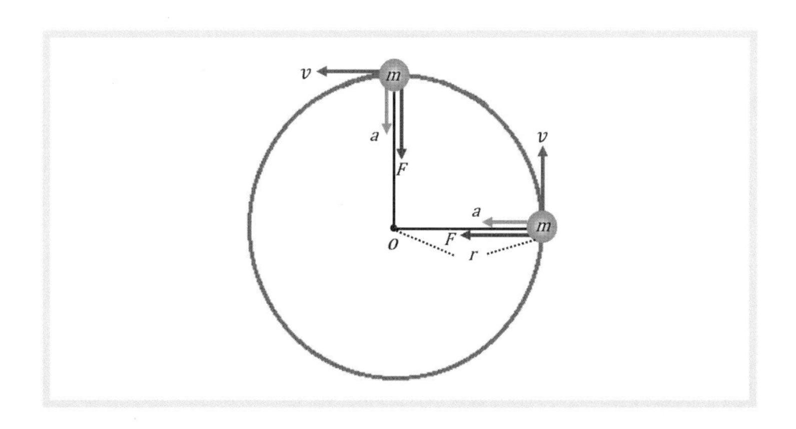

- 구심가속도 a = $\frac{v^2}{r}$ = $\frac{(r\omega)^2}{r}$ = $r\boldsymbol{\omega}^2$

4. 구심력: F=ma에서 질량에 가속도를 곱하면 힘이 되므로

   $F=m\frac{v^2}{r}=mr\boldsymbol{\omega}^2$

5. 주기: 물체가 원둘레를 한 바퀴 도는 데 걸리는 시간이므로

   - 주기(T) = $\frac{s(\text{원둘레})}{v}$ = $\frac{2\pi r}{v}$ = $\frac{2\pi r}{rw}$ = $\frac{2\pi}{w}$

6. 진동수(f): 1초 동안의 회전수를 의미하여 진동수(f) = $\frac{1}{T}$(Hz)
7. 실의 장력: 물체를 실에 매달아 원운동을 시킬 때의 구심력은 실의 장력이다. 만약 실을 끊어버리면 구심력인 실의 장력이 사라지므로 원운동을 할 수 없다.
8. 마찰력: 자동차가 커브 길을 돌아갈 때의 구심력은 마찰력이다. 마찰력이 전혀 없는 얼음판에서 자동차는 원운동을 할 수 없다.
9. 만유인력: 지구 주위를 원운동하는 달이나 인공위성에 작용하는 구심력은 만유인력이다.
10. 전기력: 원자핵 주위를 도는 전자의 운동은 전기력이 구심력 역할을 한다.

■ 등속원운동

- 물체가 원을 한 바퀴 도는 데 걸리는 시간을 주기(T)라고 하며, 1초 동안 회전하는 횟수를 진동수(f)라고 한다. 1초에 10회전하면 진동수가 10이고 1회전 하는 데 0.1초 걸리므로 원운동의 주기는 0.1이고 주기가 5인 원운동의 진동수는 0.2이다. 그러므로 진동수와 주기는 역수의 관계에 있다. 1초 동안에 돌아가는 각도를 각속도(**ω**)라 하며 1초에 움직이는 길이를 선속도(**υ**)라고 한다.

- 등속원운동의 가속도를 만드는 힘을 구심력이라 하고, 이는 항상 원의 중심을 향하며 그 크기는 뉴턴의 운동 제2법칙(F=ma 파마)에 의해 다음과 같이 쓸 수 있다.

$$구심력(F) = ma = m\frac{v^2}{r} = mr\boldsymbol{\omega}^2 = mr(\frac{2\pi}{T})^2$$

- 등속원운동을 하는데 가속도가 생기는 이유는 방향이 변하기 때문이다.

생. 각. 거. 리.

일상생활에서의 등속원운동

세탁기 속의 세탁물

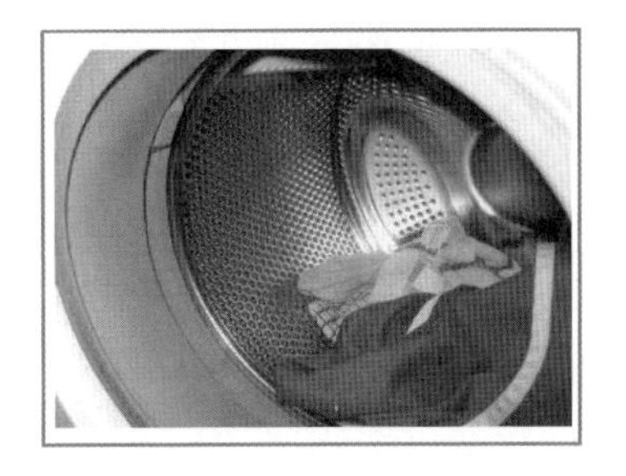

세탁기 속의 세탁물은 세탁기의 돌림통이 돌아갈 때 방향은 계속 변화하지만 일정한 크기를 가지며 등속원운동을 한다. 이러한 원운동으로 인해 세탁물은 돌림통이 돌아갈 때마다 때가 빠지고 탈수 과정에서는 원심력에 의해 물이 빠진다.

디플레이어

디플레이어 역시 일정한 속도로 방향만 변화하는 등속원운동을 한다. 이를 통해 CD에 저장된 정보가 스피커로 나온다.

원심분리기

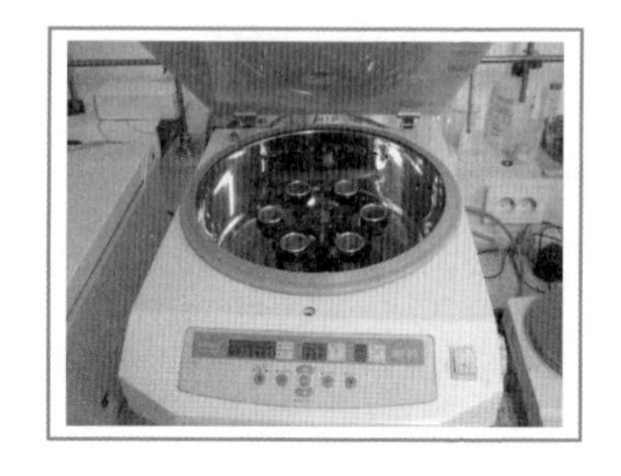

원심분리기는 원운동을 이용한다. 속도의 변화를 줄 수는 있지만 필요한 특정 물질만 분리할 때는 그 물질만 빼낼 수 있도록 일정한 등속원운동을 통해 필요한 물질을 제거한다.

선풍기

더운 여름날 흔히들 사용하는 물건에도 등속원운동이 사용되는데, 그것이 바로 선풍기다. 선풍기는 일정한 등속원운동을 통해 뒤에 있는 공기를 앞으로 빨아들여 시원한 바람을 만들어낸다. 그러나 인공으로 바람을 만들어내는 것이어서 공기가 너무 습하고 더우면 바람도 덥고 습하다.

시계

일상생활에서 가장 많이 사용하는 등속원운동은 바로 시계다. 우리가 흔히 사용하는 아날로그 시계는 알고 보면 일정한 속도로 운동하는 초침, 분침, 시침을 통해 하루의 시간을 재는 것이다.

레이저

정의 레이저(LASER: light amplification emission of radiation)는 유도 방출에 의한 빛의 증폭, 즉 빛을 증폭시켜 유도 방출을 하는 장치다. 의료 장비, 정밀한 회로 제작 등 다양한 분야에 이용되고 있다.

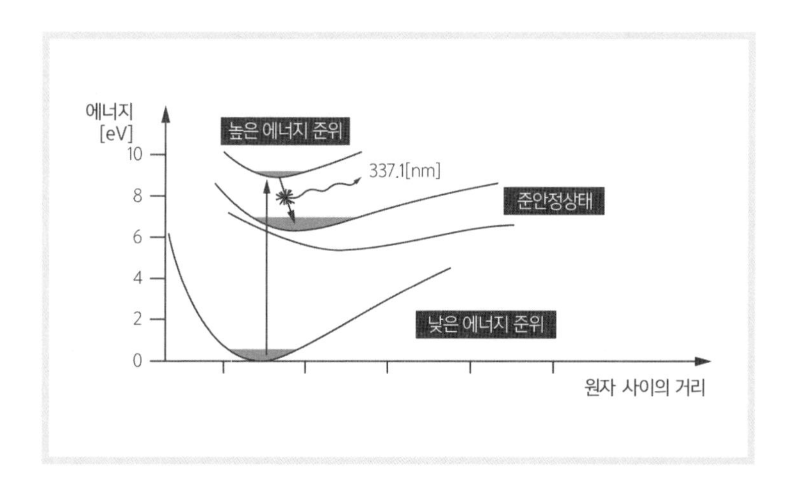

해설 위 그림에서 높은 에너지 준위에서 낮은 에너지 준위로 자발적 전이가 일어나면 빛을 방출하는데, 이를 자발적 방출이라고 한다.

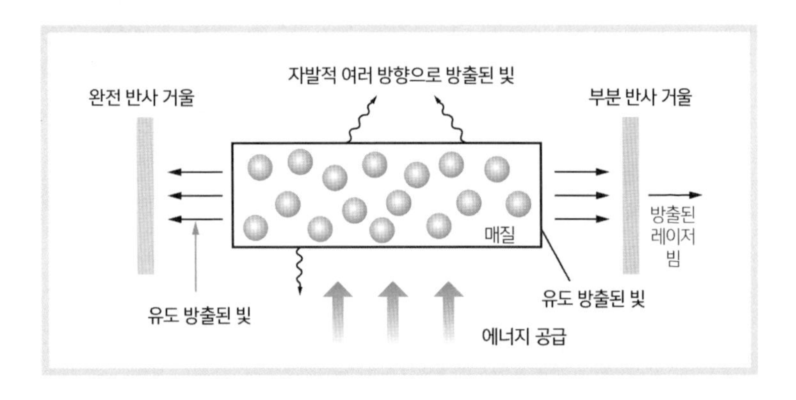

1. 유도 방출: 에너지 준위 차이만큼 에너지를 가진 빛을 쪼여주면 높은 에너지 준위의 전자가 낮은 에너지 준위로 전이하면서 빛을 방출하는 현상으로, 외부에서 쪼인 빛과 유도 방출된 빛은 위상이 같으므로 중첩되어 증폭된다.

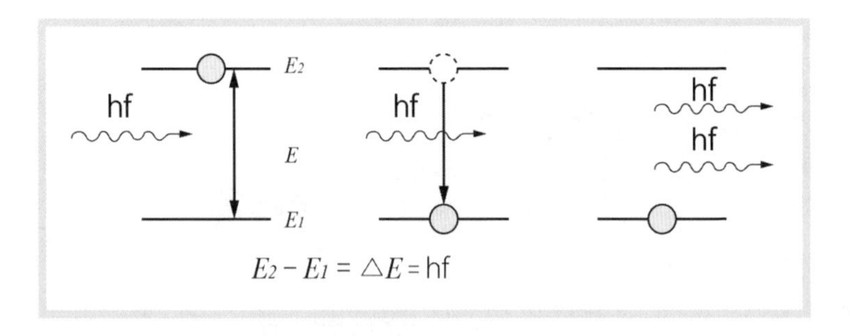

2. 레이저의 구조: 에너지 공급원, 완전 반사 거울, 부분 반사 거울 등이 있다.

3. 레이저 발생 원리: 에너지 공급원에서 매질에 에너지를 공급하면 전자가 높은 에너지 준위로 전이하는 준안정상태로 전이한다.
4. 준안전상태 원자의 자발 방출로 자발 방출된 빛이 다른 준안전상태 원자의 유도 방출을 유도하는 유도 방출이 일어나 거울 축 방향의 유도 방출된 빛이 반사하면서 증폭되어 부분 반사 거울에서 레이저 빛을 방출하게 된다.
5. 레이저 빛의 특징
   - 같은 위상으로 간섭 실험에 용이하다.
   - 직진성이 강한 평면파의 형태로 거울 축 방향의 빛만 계속하여 증폭된다.
   - 같은 에너지 준위 차이를 전이하는 전자에 의해 유도 방출되므로 동일한 진동수의 단색광이 방출된다.
6. 레이저의 이용
   - 일상생활용으로는 레이저 포인터, 레이저쇼, 바코드 판독기 등에 이용되고, 의료용으로는 정확도를 향상시키고 출혈을 줄이기 위한 레이저 절단, 피부 조직 치료 등에 이용되며, 공업용으로는 물체의 절단, 구멍 뚫기 등에 이용된다.

생. 각. 거. 리.

일상생활에서의 레이저

의학에서의 이용

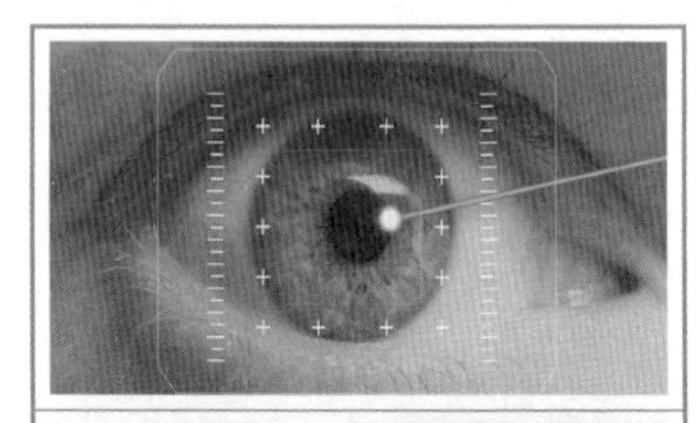

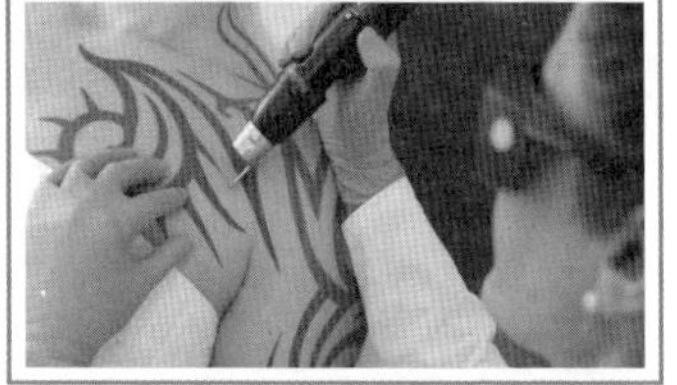

라식 수술과 문신 지우기: 라식 수술에서는 레이저를 이용하여 각막 앞부분을 분리하고 필요한 만큼 각막을 절삭한다. 문신 지우기에서는 레이저가 색소만을 파괴해서 원래의 피부색으로 돌아오게 한다.

산업에서의 이용(자재의 가공)

첨단 자동화 공장에서는 높은 출력의 레이저를 이용하여 철판에 구멍을 뚫거나 절단하는 등의 가공을 한다.

홀로그램

홀로그램은 홀로그래피 기술을 적용해 찍은 사진을 통해 구현된다. 빛을 저장한다는 점은 일반 사진과 같지만, 홀로그래피는 빛의 세기와 위상 정보까지도 함께 저장한다.

홀로그램은 빛의 파동 위상 및 광원이 모두 일치하는 2개의 레이저의 빛이 만나 이루는 간섭무늬를 홀로그래피를 이용해 찍는 방법으로 구현된다.

렌즈에 의한 상

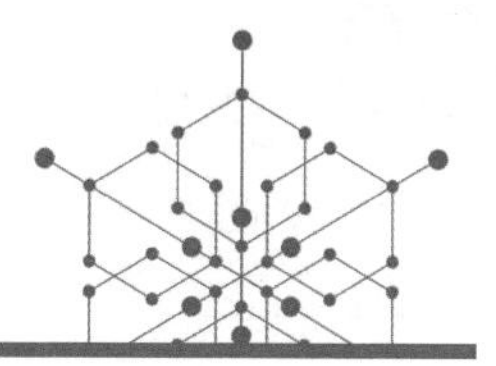

정의 빛이 굴절하여 상이 만들어지는 광학 기계로 렌즈는 굴절 현상을 이용한 것으로 볼록 렌즈의 상은 오목 거울과, 오목 렌즈의 상은 볼록 거울과 유사한 점이 있다.

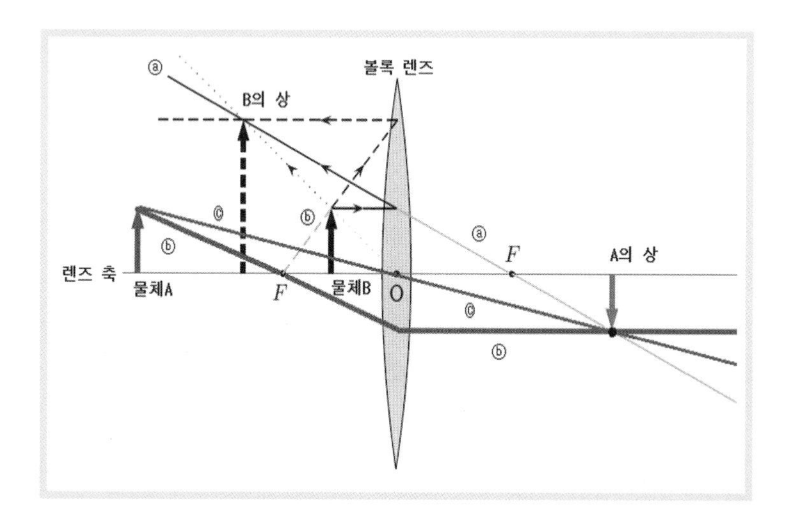

해설 렌즈에 의한 상의 작도

1. 광축에 평행하게 입사한 광선은 렌즈의 건너편 초점을 지나 굴절한다. ⓐ
2. 렌즈 중심으로 입사한 광선은 굴절하지 않고 직진한다. ©
3. 초점(F)을 향해 입사한 광선은 광축에 평행하게 굴절한다. ⓑ
4. 렌즈에 의한 상
   - 물체에서 거울까지의 거리를 a, 거울에서 상가지의 거리를 b, 거울에서 초점 거리까지의 거리를 f라고 할 때 다음과 같은 관계식이 성립한다.

$$\frac{1}{a} + \frac{1}{b} = \frac{1}{f}$$

   - b는 상이 렌즈 뒤에 있는 경우 (+) 값을 갖고 실상과 실초점이라 하며 렌즈 앞에 있는 경우 (-) 값을 가지며 허상과 허초점이라고 한다.
   - 실상: 실제 진행하는 빛이 모여서 보이는 상
   - 허상: 실제 진행하는 빛의 연장선이 모여 보이는 상
   - 정립상: 물체의 상이 똑바로 선 상
   - 도립상: 물체의 상이 뒤집힌 상
   - 배율(m) $= \frac{\text{상의크기}}{\text{물체의크기}} = \frac{b}{a}$
5. 볼록 렌즈: 오목 거울과 생기는 상이 유사하며 축소된 도립 실상, 확대된 도립 실상, 확대된 정립 허상이 생기는데 물체의 위치에 따라 상이 생기는 모양을 다음과 같이 정리했다.

무한대	구심 밖	구심 위	구심과 초점	초점(F) 위	초점 안
점	축소된 도립 실상	크기가 같은 도립 실상	확대된 도립 실상	상이 생기지 않음	확대된 정립 허상

6. 오목 렌즈: 볼록 거울과 같이 물체의 상이 항상 축소된 정립 허상만 생긴다.

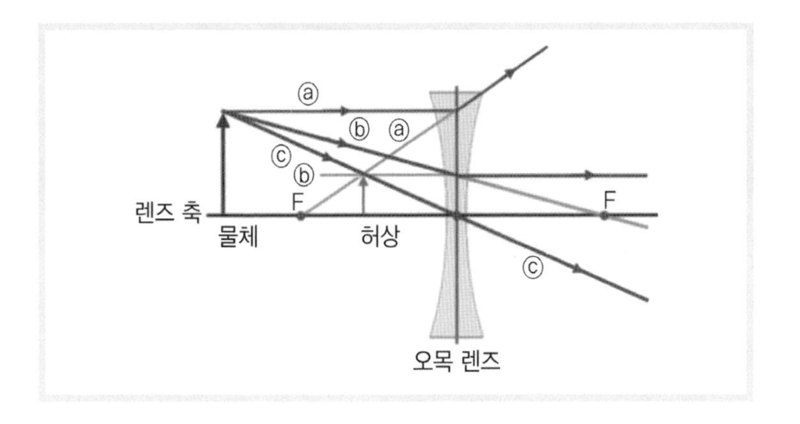

7. 카메라와 눈

카메라: 볼록 렌즈(수정체)에 통과 빛에 의한 실상을 필름(망막)에 기록하는 장치

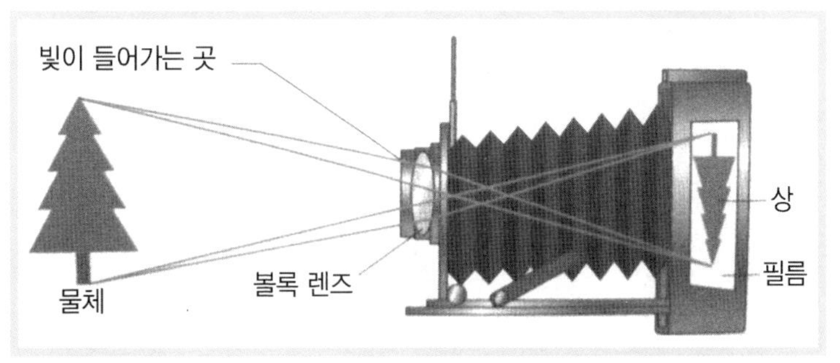

| 카메라의 구조

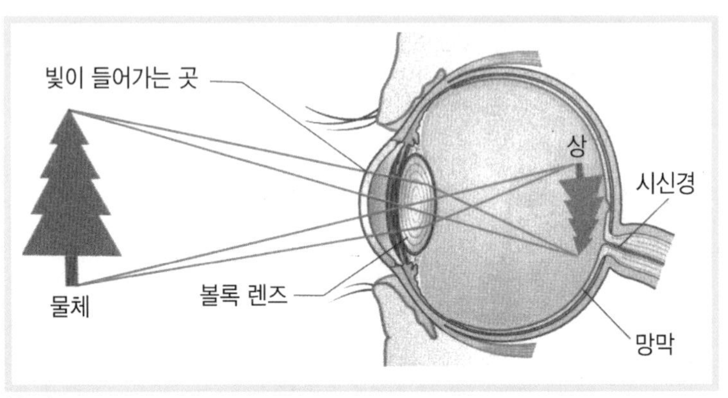

눈의 구조

생.
각.
거.
리.

일상생활에서의 렌즈에 의한 상

안경을 이용한 시력 교정

안경을 이용한 시력 교정에는 렌즈를 사용한다. 이는 원시, 근시에서의 초점 거리가 맞지 않는 현상을 보완하기 위한 것이다. 원시는 빛이 망막보다 뒤에서 모이는 현상, 근시는 빛이 망막보다 앞에서 모이는 현상이다. 그러므로 같은 물체를 본다고 가정할 때, 원시인 사람은 눈이 건강한 사람보다 더 멀리서 물체를 봐야 하고, 반대로 근시인 사람은 더 가까이서 물체를 봐야 한다. 원시는 볼록 렌즈를 이용해 빛을 더 많이 굴절시키는 안경을 쓰고, 근시는 오목 렌즈를 이용해 빛을 덜 굴절시키는 안경을 쓴다.

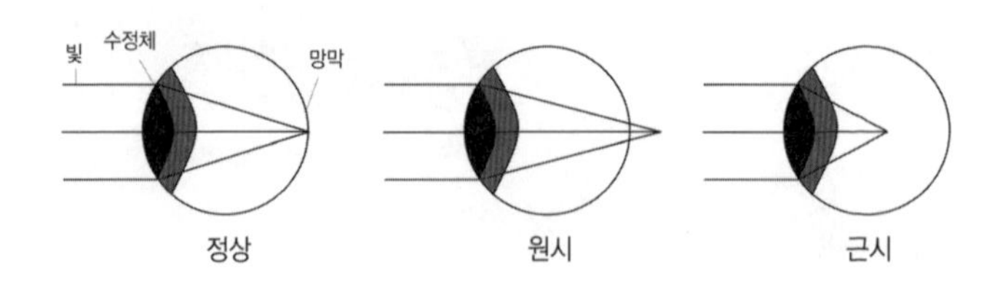

만유인력의 법칙

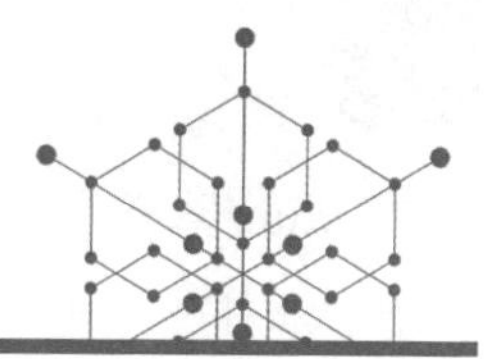

정의 중력(mg)과 같은 개념으로 두 물체들 사이에 작용하는 만유인력($G\frac{Mm}{r^2}$)의 크기는 각 물체의 질량의 곱에 비례하고 거리의 제곱에 반비례한다. 이것을 만유인력의 법칙(萬有引力法則, law of universal gravitation)이라고 한다.

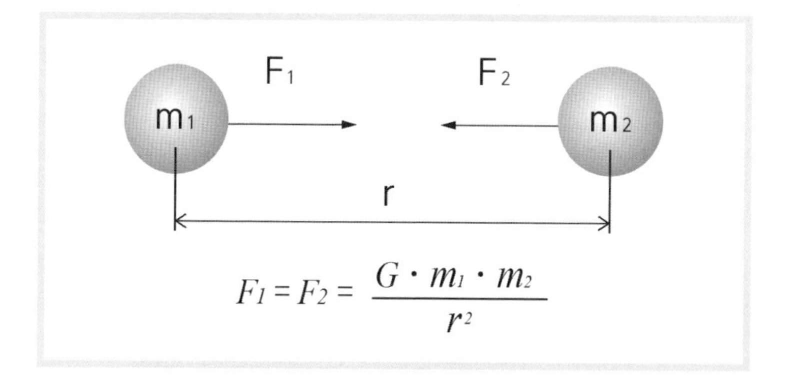

해설 앞의 그림은 달(m)과 지구(M) 사이에 작용하는 만유인력(중력)을 나타낸 것이다. 달(m)이 지구(M)를 당기는 힘과 지구(M)가 달(m)을 당기는 힘은 작용과 반작용으로 두 힘의 크기가 같다.

1. 질량을 가진 두 물체 사이에는 서로 잡아당기는 인력이 작용하고, 이 힘은 두 물체의 곱에 비례하고 두 물체 사이의 거리의 제곱에 반비례한다. 달과 지구 사이에 작용하는 만유인력(중력)은 달(m)과 지구(M)의 질량의 곱에 비례하고 거리(r)의 제곱에 반비례한다는 것을 알아냈다. 이러한 만유인력의 법칙을 식으로 나타내면 다음과 같다.

중력 = 만유인력이므로 $mg = G\frac{Mm}{r^2} \Rightarrow g = G\frac{M}{r^2} = 9.8m/s^2$

(g는 중력가속도, 비례상수 G를 만유인력 상수라고 한다. 뉴턴 당시의 측정 기술로는 만유인력 상수 $G = 6.67259 \times 10^{-11} N \cdot m^2/kg^2$)

2. 우리 주위에 있는 물체들끼리 작용하는 만유인력은 너무나 작아서 느낄 수 없다. 사과의 질량(m)과 지구의 질량(M)이 같은 힘으로 잡아당기고 있다. 여기에 하나의 의문점이 생긴다. 지구가 사과에 비해 질량이 훨씬 큰데 잡아당기는 힘은 왜 같을까?
해답은 작용과 반작용의 법칙에 있다. 작용과 반작용은 힘의 크기가 같고 방향이 반대인데 지구가 사과를 당기는 힘과 사과가 지구를 당기는 힘이 같다고 하면

$$ma_{사과} = Ma_{지구}$$

여기서 지구의 질량이 사과의 질량에 비해 매우 크기 때문에 가속도는 달이 지구에 비해 비교가 안 될 만큼 크게 된다. 인력은 같지만 지구는 정지하고 질량이 작은 사과만 지구 쪽으로 떨어지게 된다.

일상생활에서의 만유인력

뉴턴의 사과

만유인력 하면 '뉴턴의 사과'부터 떠오른다. 사과나무 아래 앉아 사색하던 뉴턴이 머리에 사과를 맞고 만유인력을 떠올리는 장면은 교과서의 삽화에서든 과학 만화에서든 누구나 한번쯤은 봤음 직하다. 하지만 그 '역사적인' 장면은 논란의 여지가 있으며, 과학자들 사이에서는 다양한 이야기가 존재한다.

사과는 뉴턴의 머리에 떨어진 것이 아니라 코앞으로 떨어진 것이다. 아니다, 사과는 그냥 땅에 떨어진 것이다. 무슨 소리? 뉴턴이 사과를 던지다가 땅에 떨어진 것을 본 것이다. …… 뉴턴이 당시의 상황을 상세하게 묘사한 기록이 있는 것도 아니고 직접 그 장면을 본 사람도 없으니 온갖 추측이 엇갈리는 것이다.

뉴턴이 떨어지는 사과에서 만유인력의 실마리를 구했다는 사실이 확실하다 하더라도 뉴턴이 떨어지는 사과를 보자마자 느닷없이 만유인력이라는 새로운 이론을 떠올렸다고는 생각되지 않는다. 뉴턴은 그전부터 줄곧 그에 관한 고찰을 해오고 있던 중에 떨어지는 사과를 보고 문득 영감이 떠올라 풀리지 않던 마지막 퍼즐을 맞춰 이론을 성립했다고 보는 것이 맞을 것이다.

중력

지구와 물체 사이에 지속적으로 상호작용하는 지구 시스템으로 지구가 물체를 지구 중심으로 잡아당기는 힘 때문에 중력가속도(g)가 생기게 되며, 물체의 무게와 마찬가지로 질량에 비례한다.

- 중력과 무게: 지구가 질량을 가지고 있는 물체를 당기는 힘으로 중력의 방향은 지구의 중심이고 크기는 물체의 질량이 클수록 지구와 물체 사이의 거리가 가까울수록 커진다. 무게 $W = mg$가 되며 여기서 중력가속도 g는 1kg의 물체에 작용하는 중력의 크기를 나타낸다. 1kg의 물체에 작용하는 중력의 크기는 대략 9.8N 정도이므로 중력 가속도의 크기는 대략 $9.8N/kg = 9.8m/s^2$이 된다.
- 중력의 방향: 지구 중심이고 중력 때문에 중력가속도가 생기게 되며 힘의 방향과 가속도의 방향은 항상 같다.
- 떨어져서 작용하는 힘: 작용(action)과 반작용(reaction) 법칙이 적용된다.

- 무게와 질량

구분	무게(mg)	질량(m)
정의	물체에 작용하는 중력의 크기	물체의 고유한 양
단위	N(뉴턴)	kg, g
측정 기구	용수철저울, 체중계	윗접시저울, 양팔저울
특징	장소에 따라 변함	장소에 관계없이 일정
관계	지구에서 질량이 1kg인 물체의 무게는 대략 9.8N 물체의 무게는 질량에 비례	달에서의 무게는 지구에서의 무게의 $\frac{1}{6}$배

- 떨어져서 작용하는 힘: 자기력과 전기력

구분	자기력	전기력
정의	자석과 쇠붙이 사이에 작용하는 힘 자석과 자석 사이에 작용하는 힘	전기를 띤 물체 사이에 작용하는 힘
방향	다른 극 사이에서는 밀어내는 척력이 작용하고 같은 극 사이에서는 끌어당기는 인력이 작용	다른 종류의 전기 사이에는 밀어내는 척력이 작용하고 같은 종류의 전기 사이에는 끌어당기는 인력이 작용
크기	자석의 세기가 셀수록 자석과 자석 사이에 거리가 가까울수록 큼	물체가 띤 전기의 양이 많을수록 전기를 띤 두 물체 사이의 거리가 가까울수록 큼
이용	나침판, 자석칠판, 자기부상열차	공기 청정기, 복사기
공통점	인력과 척력이 있다. 떨어져 있는 물체 사이에 작용한다. 힘의 크기는 두 물체 사이의 거리가 가까울수록 크다.	

탈출 속도(제2우주속도)

물체가 지구를 벗어나 다른 천체로 가려면 11.2km/s의 속도가 필요하다. 즉, 지구의 인력을 탈출하기 위한 최소 속도로 11.2km/s

이며, 지구 탈출 속도라고도 한다. 에너지는 일할 수 있는 능력으로 위치에너지(mgh, $-G\frac{Mm}{r^2}$), 운동에너지($\frac{1}{2}mv^2$)가 있다.

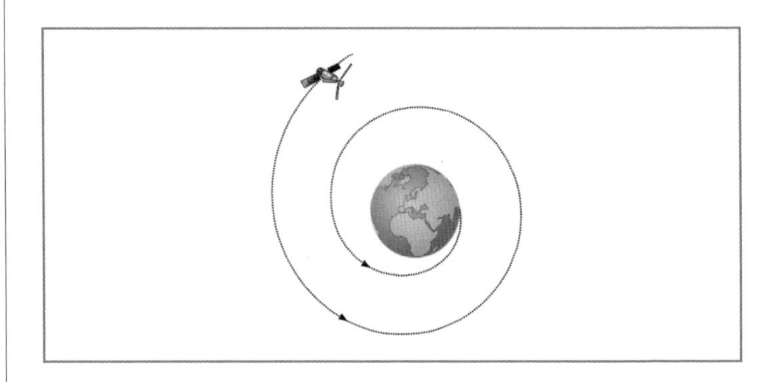

중력에 의한 위치에너지

지표면 근처에서 물체에 작용하는 중력은 물체의 무게이며 높이 h만큼 낙하하는 동안 질량 m인 물체가 하는 일(에너지)은 mgh이다. 또한 중력에 의한 위치에너지의 기준면은 지표면이기 때문에 지표면에서는 위치에너지가 0이 되고, 지표면 위는 (+) 위치에너지, 지표면 아래는 (-) 위치에너지를 갖게 된다.

만유인력에 의한 위치에너지

만유인력이 하는 일 = 힘×거리로 표현된다. 힘은 만유인력($\frac{Mm}{r^2}$)이며 이동거리는 r로 놓으면 만유인력이 하는 일(에너지)

$= G\frac{Mm}{r^2} \times r = G\frac{Mm}{r}$이 된다.

만유인력에 의한 위치에너지의 기준은 무한대를 기준으로 하기 때문에 무한대에서 만유인력에 의한 위치에너지는 0이 되어서 무한대보다 적은 높이에서는 (-) 부호를 갖게 된다. 만유인력에 의한 위치에너지의 최대값은 0이 된다.

그러므로 만유인력에 의한 위치에너지 = $-\frac{Mm}{r}$ 이 되며, 이때 (-)의 의미는 지구 중력에 의해 모든 물체는 속박되었다는 뜻이다.

역학적 에너지 보존 법칙

지표 근처에서는 중력에 의한 역학적 에너지 보존법칙이 적용되고 지구를 탈출할 정도로 높은 곳에서는 만유인력에 의한 역학적 에너지 보존 법칙이 적용된다.

- 만유인력에 의한 역학적 에너지 보존 법칙:

  $-\frac{Mm}{r} + \frac{1}{2}mv^2$ = 일정

- 지표 근처에서 역학적 에너지 보존 법칙:

  $mgh + \frac{1}{2}mv^2$ = 일정

제1우주속도

인공위성이 지표면을 스치듯이 도는 경우 회전 반지름은 지구 반지름이고 작용하는 힘은 지구와의 만유인력이므로 지구의 질량 M, 인공위성의 질량 m , 지구의 반지름 R , 인공위성의 속력 v와의 관계를 다음과 같이 나타낼 수 있다.

$$\frac{mv^2}{R} = G\frac{Mm}{r^2} = mg$$

따라서 인공위성의 속력은 $v = \sqrt{gR}$ 이다.

속력은 제1우주속도라고 하고, 지구에서 제1우주속도는 7.9Km/s 이다.

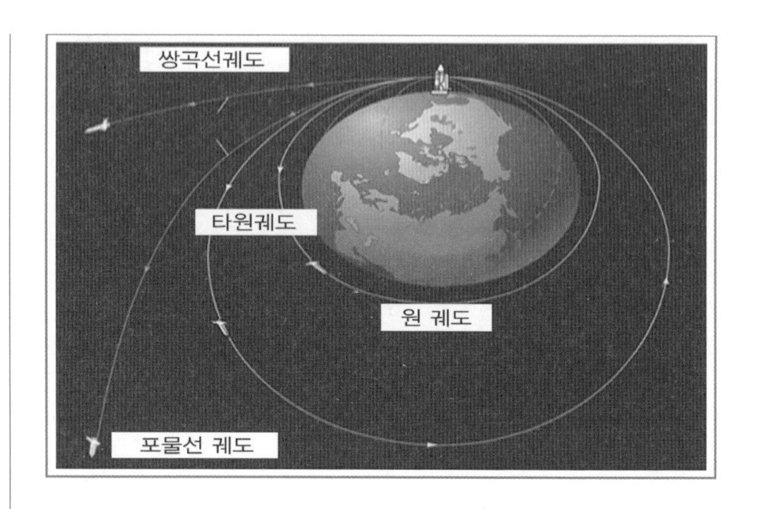

제2우주속도

물체가 행성 표면에서 발사되었을 때 행성을 벗어나 무한히 멀리 날아갈 수 있는 발사 속도를 말한다.

탈출 속도

역학적 에너지가 보존되므로 물체가 행성을 탈출하여 무한히 먼 곳으로 이동할 때 행성 표면에서 물체가 가지고 있는 역학적 에너지가 무한히 먼 곳에 있을 때의 역학적 에너지와 같아야 한다. 무한히 먼 곳에서의 최소의 역학적 에너지는 무한히 먼 곳에 정지해 있는 것이므로 역학적 에너지가 0이다.

$$E = \frac{1}{2}mv^2 - G\frac{Mm}{r} = 0$$

이때 행성 표면에서의 물체의 탈출 속도는 $V_e = \sqrt{\frac{2GM}{R}} = \sqrt{2gR}$ 이고, 이 속도를 행성 탈출 속도 또는 제2우주속도라고 한다.

물질의 자성

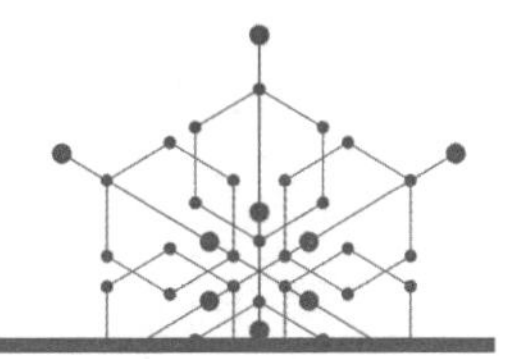

정의 물질이 가지는 자기적인 성질을 자성(磁性, magnetism)이라고 하며, 물질을 구성하는 원자 내부의 전자운동은 전류가 흐르는 나타낼 수 있으므로 원자 하나하나가 자석의 성질을 가질 수 있다. 따라서 전자의 운동 상태에 따라 물질의 자성이 달라지며 강자성, 상자성, 반자성으로 나눈다.

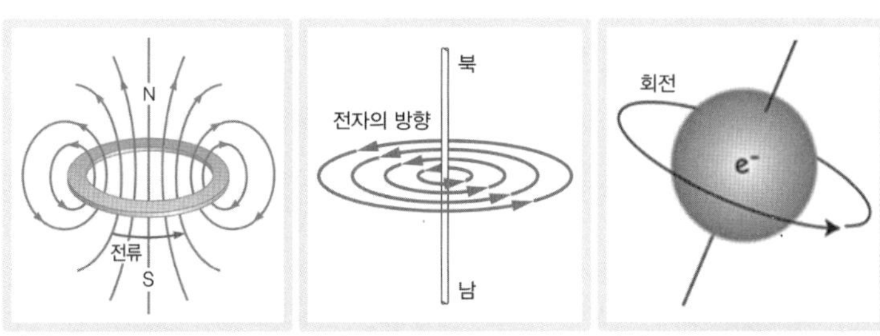

| (가) 전류에 의한 자기장 | (나) 전자의 궤도운동 | (다) 전자의 스핀

해설

1. 자성의 원인: 앞의 그림 (가)에서 원형 고리에 전류가 흐를 때 원형 고리 중심에서 앙페르의 법칙에 의해 아래 방향으로 자기장이 형성되며, 그림 (나)와 같이 전자가 원자핵 둘레를 시계 반대 방향으로 회전하면 전류는 시계 방향으로 흐르므로 자기장의 방향은 전자의 궤도면에 수직인 아랫방향이 된다. 그림 (다)는 전자의 스핀이 반시계 방향으로 회전할 때 자기장이 형성된다.
2. 강자성: 물질 내부에 무질서하게 흩어져 있던 외부 자기장의 방향으로 강하게 자기화하여 외부 자기장이 사라져도 자성을 유지하는 물체다. 강자성체로는 철, 코발트, 니켈 등이 있다.

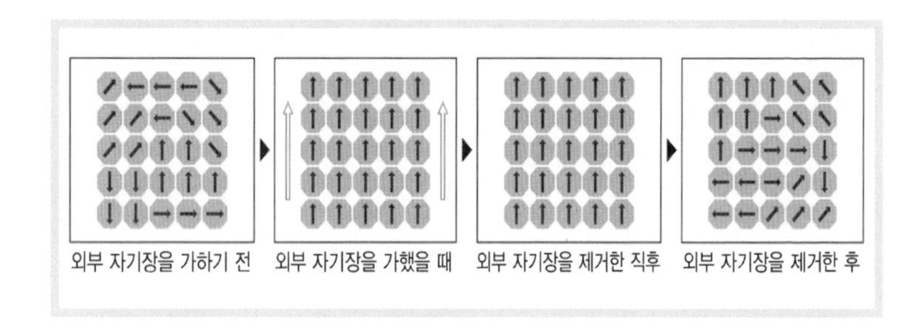

3. 상자성: 외부 자기장이 가해지면 외부 자기장 방향으로 약하게 자화된 후 외부 자기장이 사라지면 원래의 상태로 되돌아가는 물질로, 상자성체에는 종이, 알루미늄, 텅스텐, 마그네슘, 액체 산소 등이 있다.

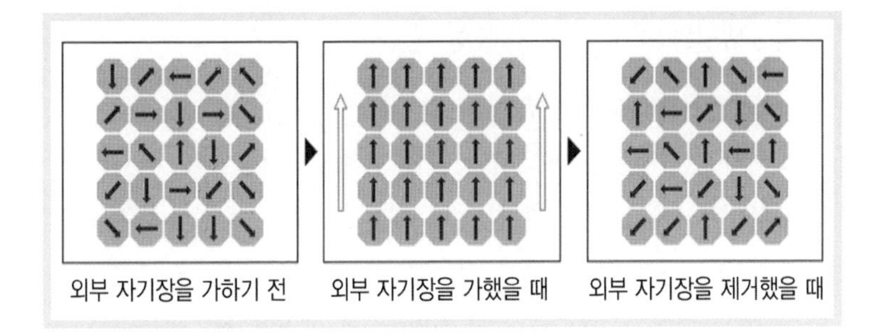

4. 반자성: 다음 그림과 같이 외부 자기장을 가하기 전에는 원자 자석이 없는 상태지만 외부 자기장이 가해지면 물질 내부의 원자들이 외부 자기장의 반대 방향으로 자화되어 척력이 작용하며, 외부 자기장을 제거하면 원래 상태로 돌아가는 물질이다. 반자성 물질에는 구리, 유리, 금, 플라스틱, 수소, 물 등이 있다.

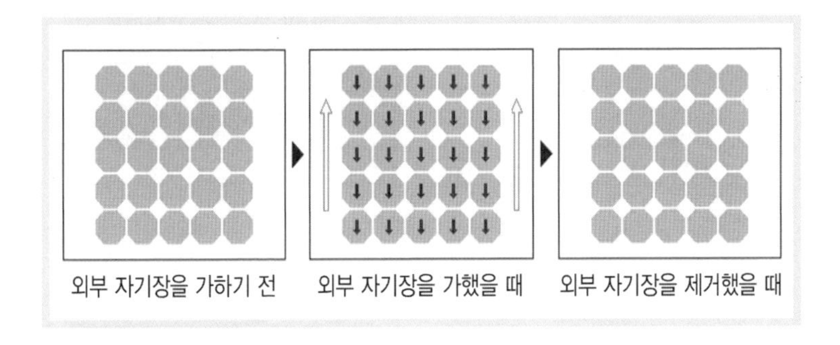

■ 반자성 성질을 이용한 마이스너 효과

초전도체 위에 자석을 올려놓으면 뒤의 그림과 같이 자석이 공중에 뜨게 되는데, 임계온도 이하에서는 초전도체 내부의 자기장이 완전히 없어지는 현상으로 외부 자기장을 가하면 초전도체에는 반자성을 띠므로 외부 자기장과 반대 방향으로 강한 자기장이 만들어져 자석을 밀어내게 된다.

일상생활에서의 물질의 자성

미래응용기술(마이스너 효과)

도체의 전기저항이 0이 되는 현상을 초전도현상이라 하는데, 이때의 온도를 임계온도라 한다. 도체가 임계온도에 도달하면 초전도현상에 따라 초전도체가 되는데, 이때 초전도체는 완전 반자성을 띠게 된다. 초전도체의 완전반자성과 완전한 전도체로서의 성질 때문에 앞으로 전기 · 전자 분야에서 폭넓게 사용될 것으로 보인다. 인천에 설치된 자기부상열차도 초전도체의 완전 반자성의 성질을 이용한 것이다.

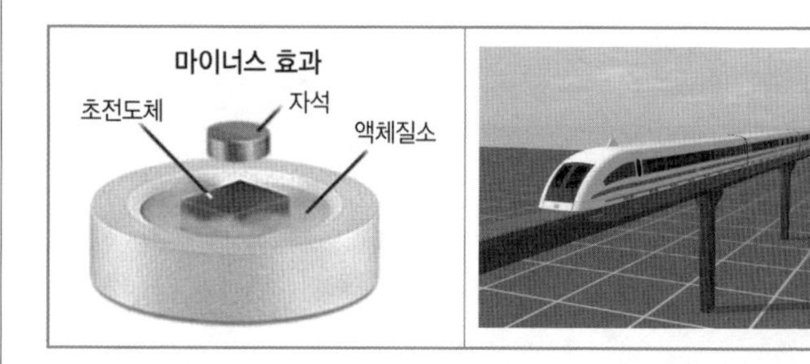

신용 카드

대금을 결제할 때 사용하는 카드는 사실 물질의 자성을 이용한 것이다. 카드에 자석을 가까이 하지 말라는 이야기는 카드 뒷면에 있는 검은 줄에 자성이 있고 그 자성이 자석에 의하여 망가질 것을 우려하는 말이다.

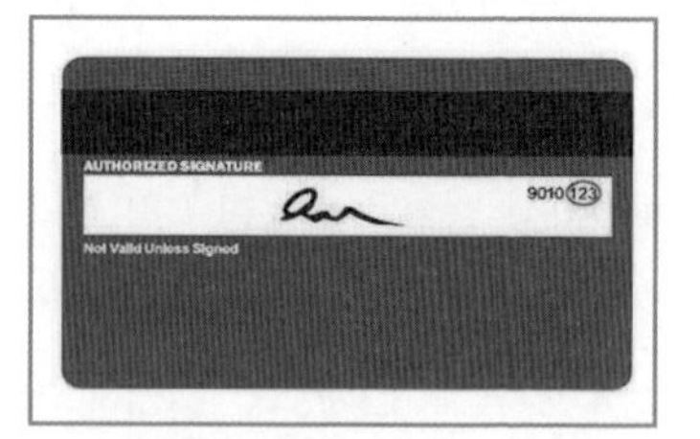

테이프

지금은 많이 사용하지 않는 테이프는 사실 '자성'을 이용한 물건이다. 테이프에 녹음되어 있는 음악은 테이프의 검은 줄에 자성의 성질을 이용하여 기록된 정보고, 그 정보를 카세트 플레이어가 읽어 스피커로 음악을 들려주는 것이다.

바코드

아래 그림처럼 박스에 기입되어 있는 바코드는 그저 검은색 줄처럼 보일 수 있지만 사실은 이것도 '자성'을 이용한 놀라운 기술이다. 바코드의 기술은 자성을 이용하여 줄을 만들고 그 줄을 바코드 인식기가 인식을 하는 것이다.

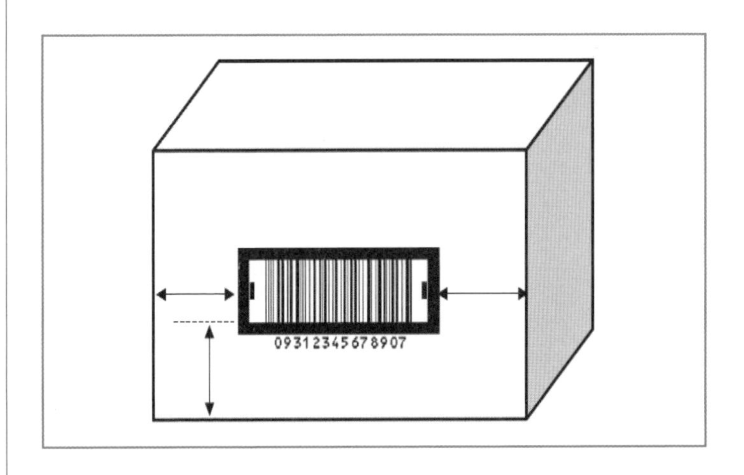

만 원짜리 지폐

우리가 사용하는 만 원짜리 지폐에도 자성의 원리가 사용되는데, 화폐의 위조를 방지하기 위해서다. 현금인출기에는 자성을 확인할 수 있는 기술이 적용되어 있기 때문에 위조지폐일 경우 확인이 가능하다. 만 원짜리 지폐를 자석에 가까이 대보아 자성 때문에 딸려 나오는지의 여부로 위조지폐를 손쉽게 구별할 수 있다.

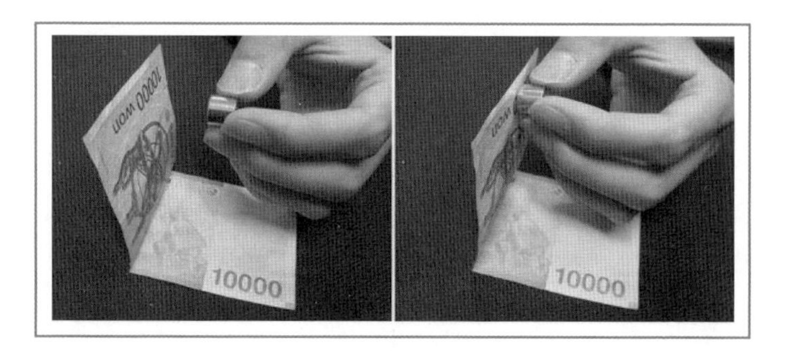

반도체

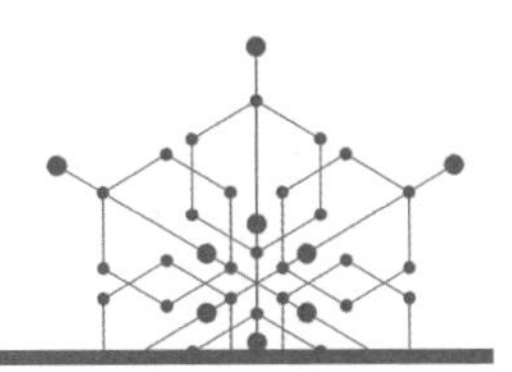

정의 반도체(半導體, semiconductor)는 도체의 성질과 부도체(절연체)의 성질을 전기적으로 이용한 것으로, 양공을 이용한 P형 반도체와 전자를 이용한 n형 반도체가 있다.

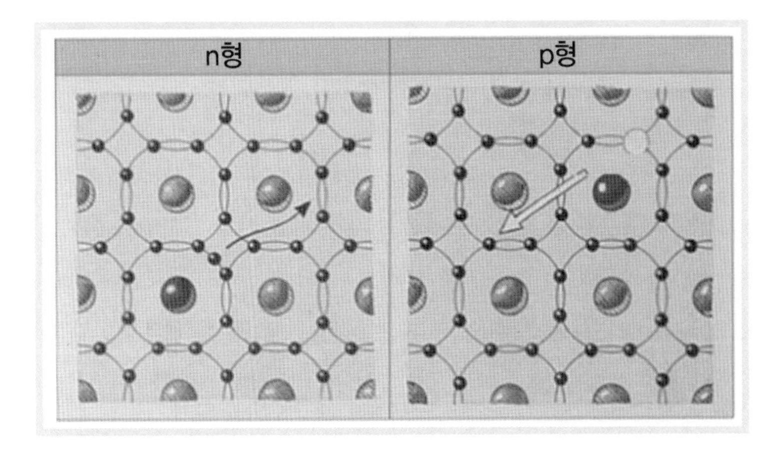

해설 순수한 반도체는 전류가 잘 흐르지 않기 때문에 불순물을 첨가하는 과정을 거치는데, 이를 도핑이라고 한다. 도핑 방법에 따라 양공을 이용한 P형 반도체와 전자를 이용한 n형 반도체로 나뉜다.

1. P형 반도체: 양공을 많이 만들기 위해 원자가 전자가 4개인 실리콘(Si), 저마늄(GE)과 같은 순수한 반도체에 원자가 전자가 3개인 알루미늄(Al), 인듐(In) 등을 첨가(도핑)한 반도체다.

   전자 8개만을 가지려는 성질, 즉 8개의 전자가 서로 공유 결합(옥텍트 규칙)해야 하는데 불순물 원자 주변의 원자 4개 중 1개는 전자가 비어 있는 양공을 갖게 된다. 주변에 있던 전자가 양공을 채우면 이동해온 전자의 자리로 양공이 이동하는데 양공이 전자와 반대 방향으로 이동하므로 양공은 (+) 전하의 성질을 갖게 된다. 결국 P형 반도체는 양공에 의해서 전류가 흐르게 된다.

2. n형 반도체: 물질에 운반자 역할을 할 전자를 많이 만들기 위해 원자가 전자가 4개인 실리콘(Si), 저마늄(Ge)과 같은 순수한 반도체에 원자가 전자가 5개인 인(P), 비소(As) 등을 첨가(도핑)한 반도체다. 옥텍트 규칙에 따라 전자 1개가 자유로이 이동할 수 있고, 이러한 전자가 전도띠로 올라가 도체의 성질을 갖게 된다. 그러므로 n형 반도체는 전자에 의해 전류가 흐르게 된다.

   순도가 높은 4가의 Ge(게르마늄)이나 Si(실리콘)에 3가의 In(인듐)이나 Ga(갈륨)을 넣으면 8개의 전자가 서로 공유 결합해야 하는데 하나가 부족한 곳이 생긴다. 이와 같이 부족한 빈 공간을 정공(hole)이라고 하며, 이때 이 홀을 이웃한 전자들이 메움으로써 회로에 전류가 흐르게 된다.

3. 반도체는 도체와 부도체의 중간 성질의 전도성을 갖는 물질로 띠틈이 부도체에 비해 좁아서 에너지를 얻으면 일부 전자가 원자띠

에서 전도띠로 이동이 가능하며 전압을 걸면 원자가 띠의 전자 중에서 전도띠로 올라갈 수 있는 전자들이 있어 전류가 흐른다. (☞전기저항이 중간이다.)

4. 도체: 원자가 띠와 전도띠의 띠 틈이 없거나 매우 작아 전도띠로 올라가 전류를 흐르게 한다. (☞ 전기저항이 작다.)
5. 부도체(절연체): 원자가 띠와 전도띠의 띠 틈이 매우 넓어 전자가 이동할 수 없다. (☞전기저항이 크다.)

일상생활에서의 반도체

생.각.거.리.

반도체의 발전 과정

먼지 하나 없는 순수한 반도체는 전류가 잘 흐르지 않기 때문에 불순물을 첨가하는 도핑 과정을 거쳐 전류가 흐르는 반도체로 만들 수 있다. 2극 진공관 ⇨ 다이오드와 트랜지스터 ⇨ IC집적회로로 진화해온 반도체의 발전 과정을 살펴보자.

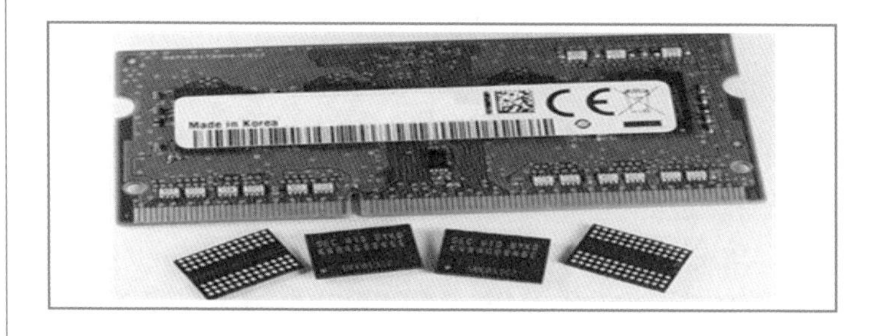

위 그림에서 검고 네모진 것이 IC, 즉 반도체 집적회로(integrated circuit)다. 이 안에는 수천 혹은 수만 개의 트랜지스터, 저항, 축전기(capacitor)가 집적되어 기계를 제어하거나 정보를 기억하는 일을 수행한다.

반도체 탄생 배경

반도체의 등장은 통신기술 및 계산능력의 발달과 밀접한 관련이 있다. 먼저 통신기술의 발전과정 중, 멀리 떨어져 있는 사람과 대화를 주고받을 수 있는 방법을 고민하던 차에 고안한 것이 바로 전기신호를 사용하는 것이다.

- 최초의 전기신호 증폭기 '진공관': 전기신호는 장거리 이동 시 다소 약해지는 현상을 보이며 등장하게 된 것이 전기신호를 증폭시켜주는 역할을 하는 최초의 증폭기 '2극 진공관'이다.
- 최초의 진공관인 2극관은 영국의 과학자 프레밍(John Ambrose Fleming)이 만들었지만 초기 진공관은 치명적인 단점을 지니고 있었다. 일단 부피가 컸기 때문에 활용성이 현저히 떨어졌고, 또한 전자빔 발생을 위해 사용하는 필라멘트도 일정 시간이 지나면 타서 끊어져 버렸다. 즉, 초기의 진공관으로 작은 전자장치를 만든다는 것은 사실상 불가능했다.
- 진공관의 단점을 보완한 '다이오드'와 '트랜지스터': 과학자들은 진공관을 대신할 수 있는 새로운 증폭장치 개발의 필요성을 느꼈다. 1948년 벨전화연구소의 윌리엄 쇼클리, 존 바딘, 월터 브래튼 세 명의 과학자는 반도체로 된 다이오드와 트랜지스터를 발명한다. 부피가 작으면서도 신뢰성이 높은, 새로운 고체 증폭장치가 탄생한 것이다. 또한 반도체가 등장한 또 다른 배경은 계산능력의 발달인데, 이 과정 중에 계산기가 발명됐고, 1930년대에 와서는 기계/전기 스위치를 쓰는 정도로 발전하게 되었다.
- 제2차 세계대전이 끝날 무렵에는 세계 최초의 전자계산기(컴퓨터)인 에니악(ENIAC)이 등장했으며, 1946년 미국의 펜

실베이니아 대학에서 개발한 에니악의 시스템은 1만 9000개 진공관의 소요로 50톤의 무게와 280㎡의 큰 면적을 차지하는 동시에 엄청난 열을 발생했고, 가격만 해도 1940년대에 100만 달러를 호가하는 고가였다.
엄청난 부피를 차지하는 진공관의 단점을 개선하기 위한 노력은 결국 이후 트랜지스터 발명에도 크게 기여한다.

- 트랜지스터가 등장함에 따라 전자제품의 크기는 점점 작아지고, 보다 정확하고 다양한 기능을 실현시킬 수 있게 되었다. 그러나 트랜지스터 또한 완벽한 대체품은 아니었다. 수많은 트랜지스터와 전자부품을 서로 연결해야만 다양한 기능을 가진 하나의 제품을 만들 수 있는데 제품이 복잡해질수록 연결해야 하는 부분이 기하급수적으로 증가하게 되고, 이런 연결점들이 결국 제품의 고장을 가져오는 주요 원인이 되었다.

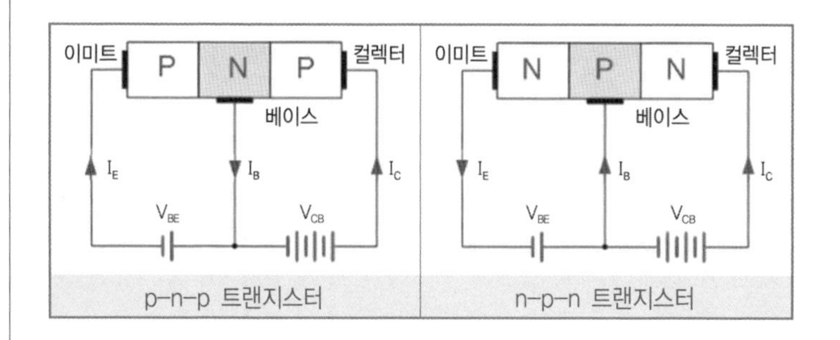

여러 전자부품을 하나의 반도체에 담은 집적회로(IC)

1958년, 미국 TI의 기술자인 잭 킬비(Jack Kilby)는 트랜지스터의 단점을 보완한 새로운 형태의 제품을 고안하여 여러 개의 전자부품(트랜지스터, 저항, 축전기)을 한 개의 작은 반도체 속에 집어넣은 집적회로(IC)를 발명했다.

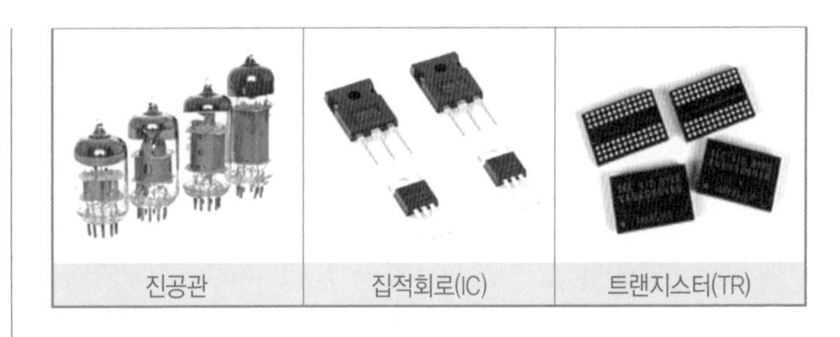

■ IC 집적회로

트랜지스터나 다이오드 등 개개의 반도체를 하나씩 따로 사용하지 않고, 몇천 개 몇만 개로 모아서 한 개로 된 덩어리를 말한다. 실리콘의 평면상에 차곡차곡 필름을 인화한 것처럼 쌓아놓은 것으로, '모아서 쌓는다', 즉 집적한다고 한다고 하여 IC(integrated circuit)라는 이름이 붙었다. 이후 기술이 발전함에 따라 하나의 반도체에 들어가는 회로의 집적도도 SSI(small scale integration), MSI(medium scale), LSI(large scale), VLSI(very larger), ULSI(ultra large scale)로 점점 발전했다.

반발계수

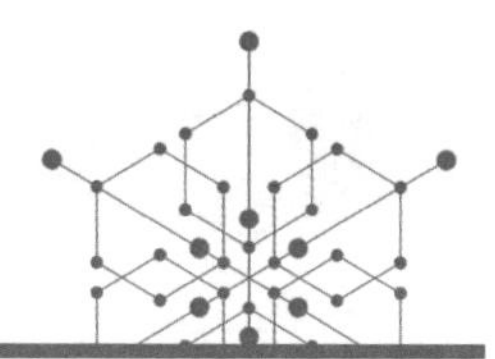

정의 충돌 전 상대 속도와 충돌 후의 상대 속도의 비, 즉 충돌 전의 두 물체의 가까워지는 속력과 충돌 후 두 물체의 멀어지는 속력의 비를 반발계수(反撥係數, restitution coefficient)라고 한다.

해설 다음 그림과 같이 두 물체가 충돌 전 물체 A의 속도를 V_1, 충돌 전 물체 B의 속도를 V_2라고 하고 충돌 후 물체 A의 속도를 V_1', 충돌 전 물체B의 속도를 V_2'라고 하면

반발계수 e

$$= \frac{\text{충돌 후 멀어지는 속력}}{\text{충돌 전 가까워지는 속력}}$$

$$= \left| \frac{v_1' - v_2'}{v_1 - v_2} \right|$$

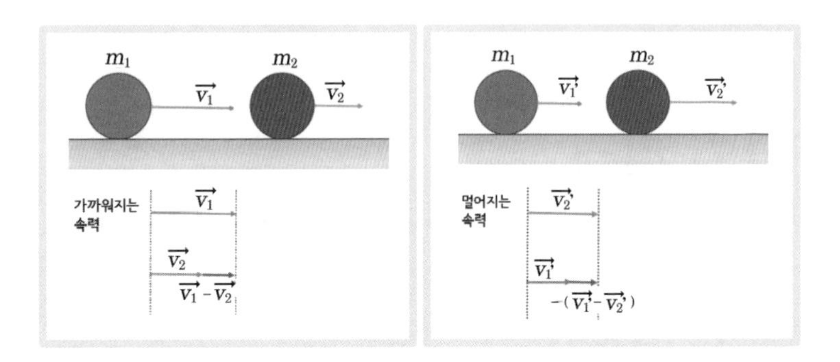

1. 반발계수는 충돌 형태에 따라 완전 탄성충돌(e = 1), 완전비탄성 충돌(0 〈 e 〈 1), 비탄성충돌(e = 0)로 구분된다.

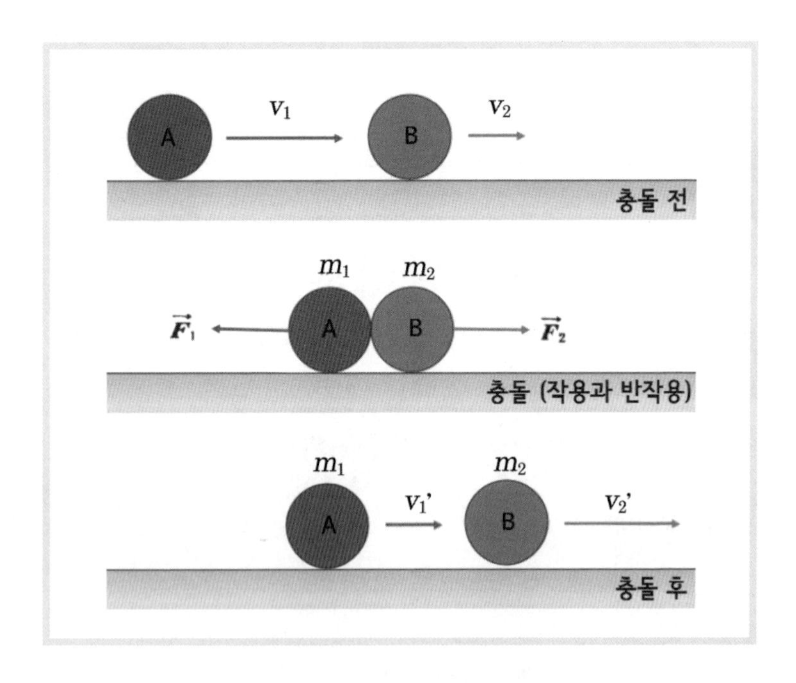

생.
각.
거.
리.

실생활에서 반발계수

1. 당구장에서 당구를 칠 때 두 개의 당구공이 출동을 하며 운동하는 경우를 볼 수가 있다. 이런 경우 충돌 전과 충돌 후 공의 속도를 비교하면 공의 속도가 교환되는 경우를 볼 수가 있다. 충돌 전후에 운동에너지와 운동량이 모두 보존된다.

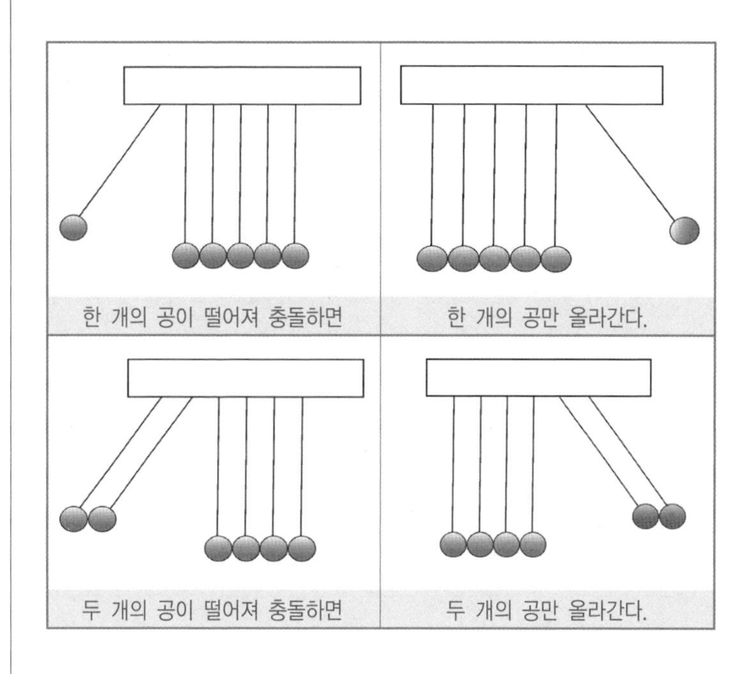

2. 완전 탄성 충돌(e=1): 원자나 공기 분자들 간의 충돌로 역학적 에너지가 보존되며 충돌 전의 속도 차이(10-4=6)와 충돌 후의 속도 차이(9-3=6)가 같다. 충돌 전과 충돌 후의 속도 차이가 같으면 완전 탄성 충돌이 되고 여기에 질량이 같은 경우에는 속도는 서로 교환된다.

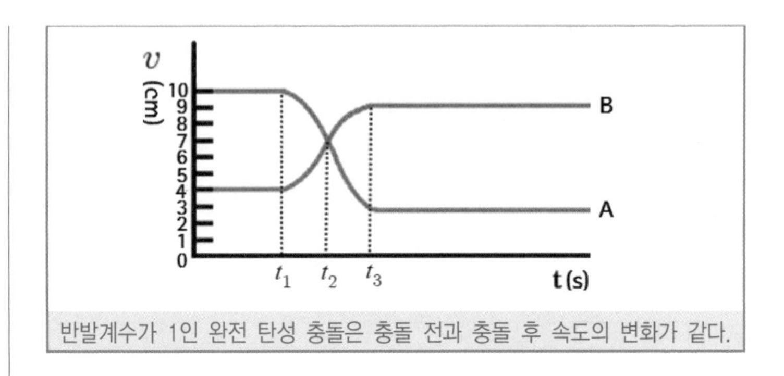

반발계수가 1인 완전 탄성 충돌은 충돌 전과 충돌 후 속도의 변화가 같다.

※ 위 그림은 e=1인 완전 탄성 충돌 그림으로 질량이 같지 않은 두 물체가 t_1에서 충돌이 시작되어 A는 속도가 감소하고 B는 속도가 증가하면서 순간 t_2에서 속도가 같아지게 된다. A는 속도가 더욱 감소하고 B는 속도가 더욱 증가하면서 t_3에서 충돌이 끝나게 된다.

3. 완전 비탄성 충돌(e=0): 충돌 후 두 물체가 한 덩어리가 되는 충돌이며 충돌 후 속도가 같아진다. 진흙덩어리와 진흙덩어리의 충돌이 해당된다.

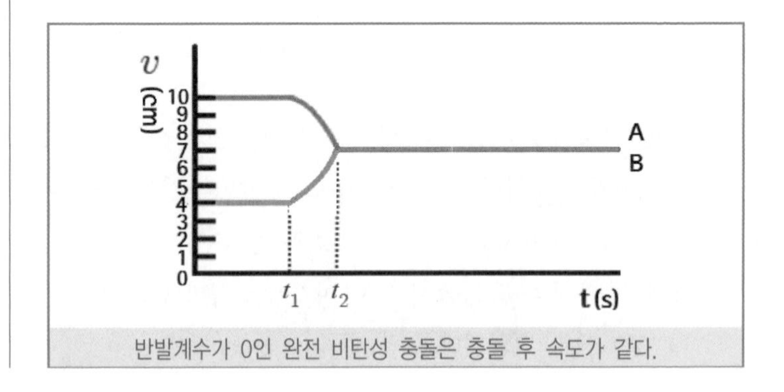

반발계수가 0인 완전 비탄성 충돌은 충돌 후 속도가 같다.

4. 비탄성 충돌(0 〈 e 〈 1): 우리 주변에서 일어나는 대부분의 충돌 반발계수는 다음과 같이 측정한다.

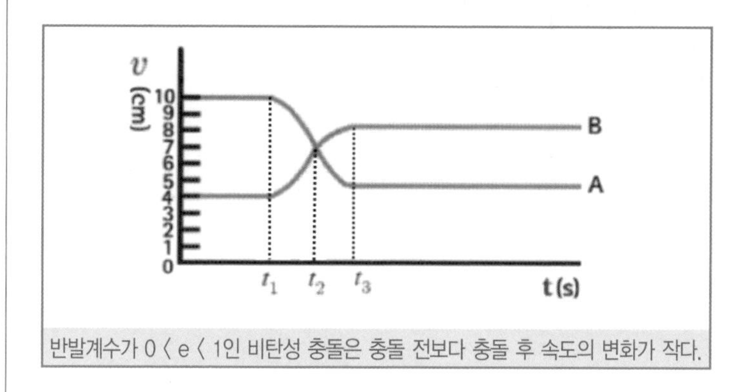

반발계수가 0 〈 e 〈 1인 비탄성 충돌은 충돌 전보다 충돌 후 속도의 변화가 작다.

5. 높이가 h인 곳에서 떨어뜨린 물체가 바닥에 부딪히는 순간의 속력은 v= $\sqrt{2gh}$ 이며 이 공이 h'의 높이까지 튀어올라 왔을 때 튀어오르는 순간의 속력은 v′= $\sqrt{2gh'}$ 이므로 반발계수는 다음과 같다.

$$e = \frac{v'}{v} = \frac{\sqrt{2gh'}}{\sqrt{2gh}} = \sqrt{\frac{h'}{h}}$$

6. 운동량 보존 법칙: 충돌 전과 충돌 후의 운동량(mv)의 합은 보존된다.

$$m_1v_1 + m_2v_2 = m_1v_1' + m_2v_2'$$

반사의 법칙

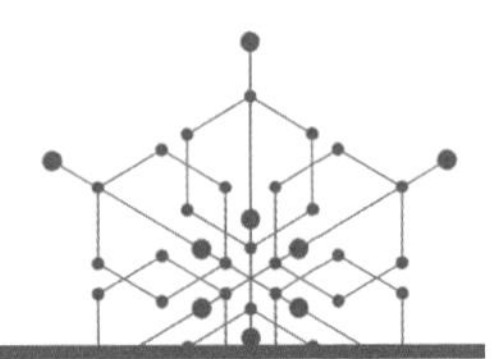

정의 빛이 직진하다가 거울이나 수면과 같은 경계면에서 빛을 반사하게 되는데, 이때 ∠AOH(입사각)과 ∠A′OH(반사각)은 같다. 즉, 입사각 = 반사각이다. 이것을 반사의 법칙(反射法則, law of reflection)이라고 한다.

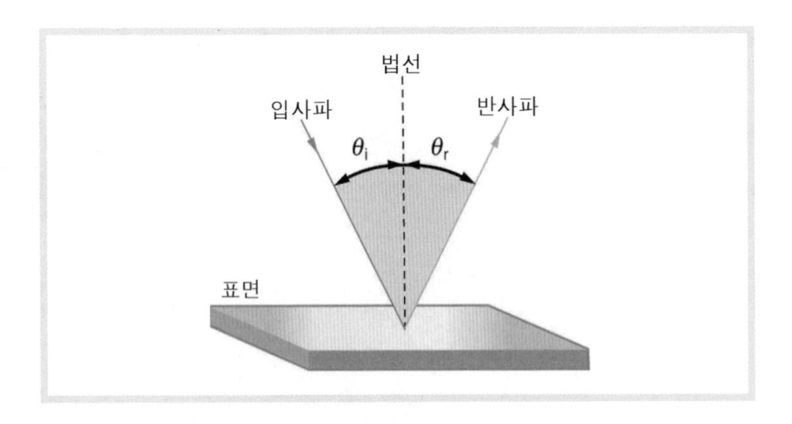

해설 입사 광선이 경계면과 만나는 점에서 경계면에 수직인 법선을 그었을 때 입사 광선과 법선이 이루는 각을 입사각, 반사 광선과 법선이 만나는 각을 반사각이라고 한다. 이때 입사각과 반사각은 같을 뿐만 아니라 입사 광선과 반사 광선과 법선은 같은 평면 위에 있게 된다. 이것이 반사의 법칙이다.

1. 입사각과 반사각은 법선(HO)와 이루는 각을 말하며, 각은 매질에서 입사하고 반사하기 때문에 빛의 파장(λ), 진동수(f), 속도(V) 등이 변하지 않는다. 그러나 굴절은 다른 매질로 입사할 때 발생하므로 진동수(f)만 변하지 않고 파장(λ)과 파동의 전파 속도(V)는 변하게 된다.

- 파동의 전파 속도 $V = \frac{\lambda}{T} = f\lambda$(T는 주기)

2. 반사와 위상의 변화

- 고정단 반사: 고정단 반사는 반사파와 위상이 입사파와 반대가 되며 위상차는 180°다.
- 자유단 반사: 자유단 반사는 반사파와 위상이 입사파와 같으며 위상차는 0°이다.

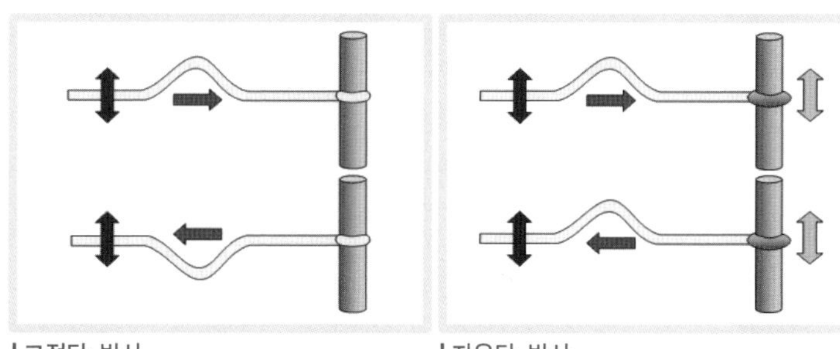

┃고정단 반사 ┃자유단 반사

- 고정단에서는 $\frac{\lambda}{2}$ 만큼의 위상차가 발생하지만 자유단에서는 위상차가 생기지 않는다.

3. 소리의 반사

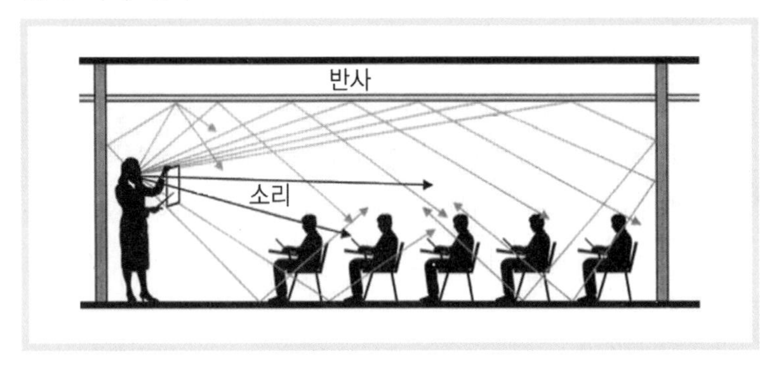

✔ 삼단 공식

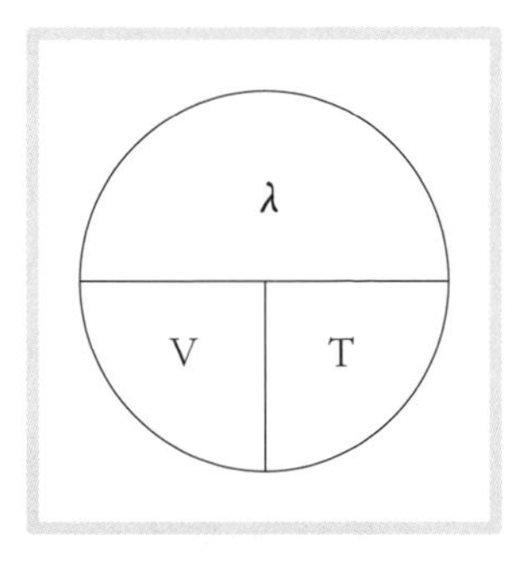

- λ = VT (람 보투), λ는 파장, V는 파동의 전파 속도, T는 주기
- 비례(λ-V, λ-T)는 기울기로 표현되고 반비례(V-T)는 면적으로 표현된다.
- 삼단 공식은 $y = ax + b$에서 y절편 b가 0인 1차 함수로 이해해야 한다.

일상생활에서의 반사법칙

무지개

무지개는 빛을 반사시키고 또한 굴절 및 분산시켜 하나의 빛을 일곱 개의 빛의 영역으로 나누어 반사하여 빨강, 주황, 노랑, 초록, 파랑, 보라색의 일곱 가지의 빛의 스펙트럼을 보여주는 현상이다.

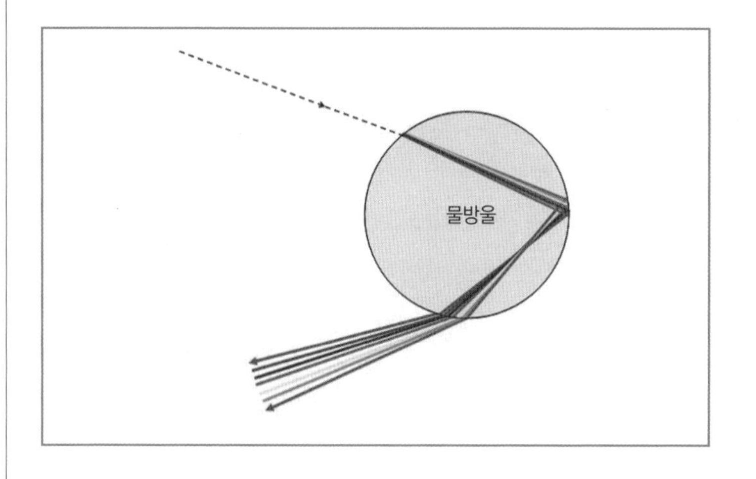

앰뷸런스

사진의 구급차에서처럼 앰뷸런스는 AMBULANCE를 거꾸로 쓴다. 그 이유는 AMBULANCE라는 단어가 백미러로 보면 반대로 보이기 때문이다.

농구

농구공이 백보드에 맞을 때 반사의 법칙에 의해 공이 같은 각도로 튕겨져 나오는 것을 볼 수 있다. 이런 각도를 대략적으로 생각해서 만든 선이 존재한다. 그곳을 기준으로 슛을 쏘면 농구공이 더 잘 들어갈 확률을 높일 수 있다.

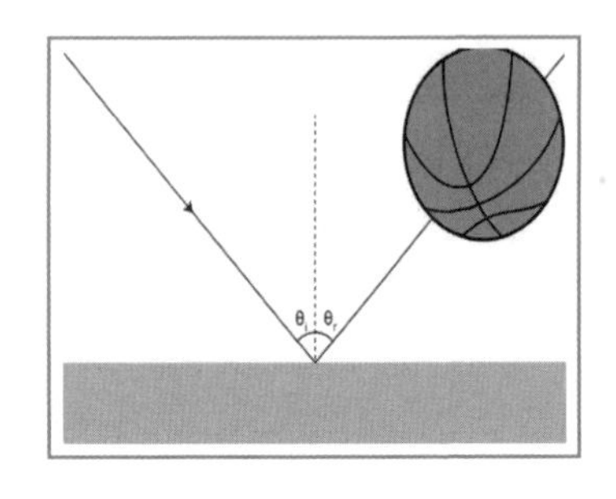

슈퍼 감시용 거울과 커브 길의 반사경

두 예 모두 볼록 거울과 반사의 법칙을 이용하여 맨눈으로는 보이지 않는 곳을 보이게 함으로써 마트 주인은 물건의 도난을 예방할 수 있고 감시할 수 있다

자연이 만든 멋있는 풍경사진

우리는 흔히 강을 둘러싸고 있는 산의 사진을 볼 때면 강에 또 하나의 상이 비춰지는 것을 볼 수 있다. 그런 자연이 만들어내는 멋진 풍경도 반사의 법칙이 적용된 것이다.

변압기

정의 변압기(變壓器, transformer)는 발전소에서 생산된 일정한 전압의 전기를 송전할 때에는 전압을 높여주고(승압), 가정에서 사용할 때에는 전압을 다시 220V로 낮춰주는(감압) 장치다.

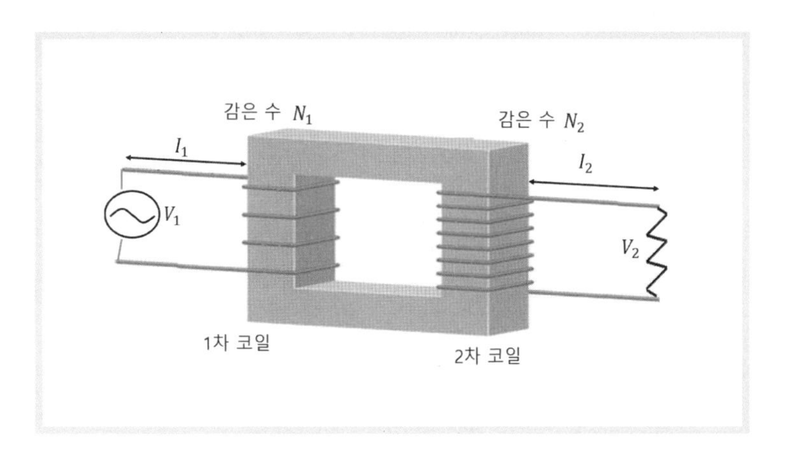

해설 1차 코일과 2차 코일에 동일한 철심을 감아 두 코일 사이에 유도기전력($V=-n\frac{\triangle I}{\triangle t}$)이 잘 일어나게 한 것으로, 1차 코일과 2차 코일의 감은 수의 비에 따라 전압과 전류를 변화시키는 장치다. 즉, 교류 전류를 송전하는 과정에서 전압을 높이거나 낮추는 기계장치다.

변압기는 유도 기전력 원리($V=-n\frac{\triangle I}{\triangle t}$)를 이용하여 교류 전압을 더 높이거나 낮추는 데 사용되는 기기다. 1차, 2차 두 개의 코일이 앞의 그림과 같이 1차 코일에 교류 전압이 입력되면 전류의 세기와 방향이 주기적으로 바뀌어 1차 코일 주변 자기장(B)이 변하고 이 자기장의 교류 전류에 의해 자기력선수(자속)의 변화가 나타나고, 이것은 다시 2차 코일에 유도 기전력을 일으킨다. 2차 코일에 유도되는 기전력의 크기와 두 코일의 감긴 횟수는 다음과 같은 관계가 있다.

- 1차 코일과 1차 코일의 전류를 I_1, I_2, 전압을 V_1, V_2, 감은 수를 N_1, N_2라고 하면 에너지 보존 법칙에 의해 1차 코일의 전력과 2차 코일의 전력이 같게 된다.
- 에너지 보존: 1차 코일 공급 전력 = 2차 코일 소비 전력

$$P_1 = P_2 \ (\text{전력 } P = \frac{E}{t} = \frac{VIt}{t} = VI)$$

$$V_1I_1 = V_2I_2 \ \rightarrow \ \frac{V_2}{V_1} = \frac{I_1}{I_2}$$

위 식에서 코일에 감은 횟수(N)는 전압에 비례하므로

$$\frac{V_2}{V_1} = \frac{I_1}{I_2} = \frac{N_2}{N_1}$$

생.
각.
거.
리.

일상생활에서의 변압기

노래로 보는 면접

W 대학 물리학과에 지원한 고3 대입 수험생 황진이는 자기만의 개성과 장점을 살려 특별한 면접을 치렀다. 어디서 그런 기발한 발상과 용기가 났는지? 자칫 면접을 통째로 망쳐버릴 위험도 따랐지만 진이는 자신을 믿기로 했다.

면접관: 황진이 양은 W 대학 물리학과에 왜(WHY) 지원했습니까?
황진이: 저는 고등학교 때 물리를 아주 재미있게 배웠습니다.
면접관: 어떻게(HOW) 재미있게 배웠다는 겁니까?
황진이: 노래로 물리를 배웠습니다.
면접관: 노래로요? 어디 한번 해보시겠어요?
황진이: (변압기 노래를 랩으로 춤을 춰가며 유머러스하게)
"전력 손실이 없다면 1차 코일과 2차 코일에 전력은 같고 감은 횟수는 전압에 비례 해, 해, 해."
면접관: (박장대소하고 웃음 폭발)

보일-샤를의 법칙

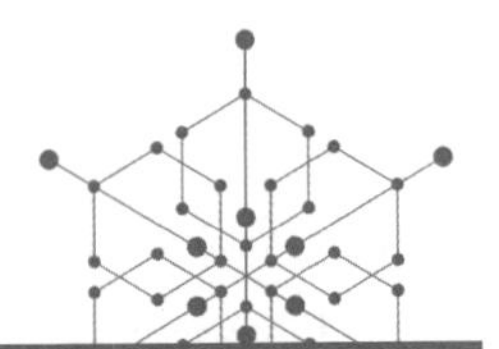

정의 보일-샤를의 법칙(Boyle-Charle's law)은 "기체의 부피는 압력에 반비례하고 절대온도에는 비례한다"는 것이다.

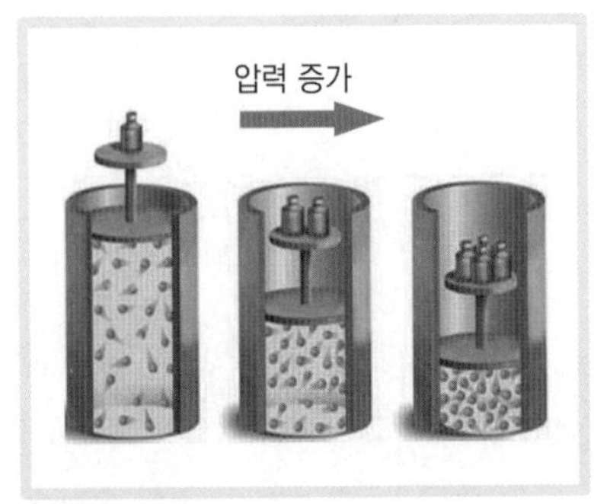

| 온도는 일정하고 압력이 증가할 때

| 압력은 일정하고 온도가 증가할 때

1. 보일의 법칙: 온도가 일정한 등온 과정으로 기체의 부피와 압력은 반비례한다.

$$P_0V_0 = PV'' = \text{일정}$$

2. 샤를의 법칙: 기체의 압력을 일정하게 유지하면서 온도를 높이면 부피가 팽창한다. 이때 온도에 따른 부피의 변화는 다음 그래프와 같이 나타나며, 0℃일 때의 부피를 V_0라고 하면 그래프의 기울기는 $\frac{V_0}{273}$이다. 즉, 기체의 온도가 1℃ 증가할 때마다 부피는 $\frac{V_0}{273}$씩 증가하므로 t℃일 때의 부피는 다음과 같다.

$$V = V_0(1+\frac{1}{273}t)$$

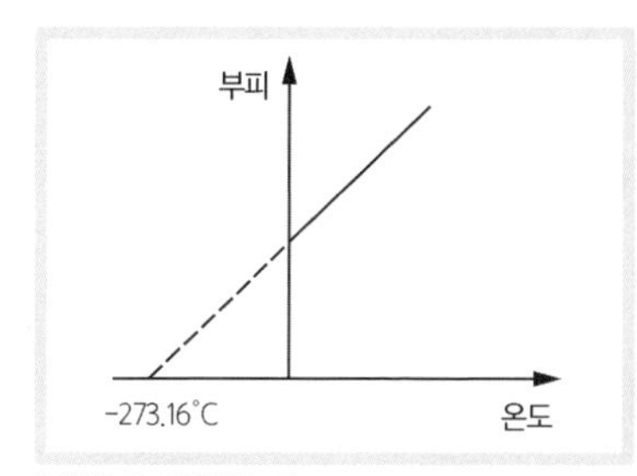

ǀ압력이 일정할 때

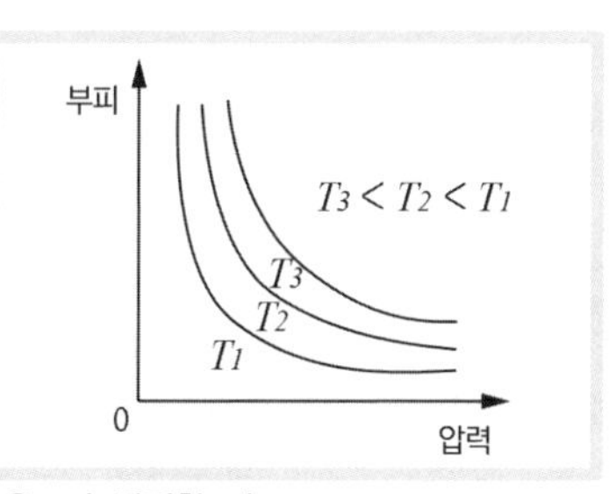

ǀ온도가 일정할 때

여기서 0℃를 절대온도 T_0으로 나타내고 t℃를 절대온도 T로 나타내면 위 식은 다음과 같이 쓸 수 있다.

$$V = V_0(1+\frac{1}{273}t) = V_0(\frac{273+t}{273}) = \frac{V_0T}{T_0}$$

$V = \frac{V_0}{T_0}T$ 인 1차 함수(y=ax+b) 형태가 되므로 기울기 $\frac{V_0}{T_0}$는 일정해야 한다.

$$\text{그러므로 } \frac{V_0}{T_0} = \frac{V}{T} = \text{일정}$$

3. 보일-샤를의 법칙: 보일의 법칙과 샤를의 법칙을 융합하여 정리하면 기체의 압력과 온도가 동시에 변할 때, 일정량의 기체 부피는 절대온도에 비례하고 압력에 반비례한다.

$$\frac{P_0 V_0}{T_0} = \frac{PV}{T} = \text{일정}$$

4. 이상기체 상태 방정식: 압력(P)×부피(V)의 값은 온도가 일정하다면 변하지 않지만 온도가 변하면 비례해서 커져야 한다. 즉, PV = RT라고 쓸 수 있는데, 여기서 R은 기체상수라고 한다.
5. 이상기체 상태 방정식: 1몰의 기체에 대하여 PV = RT이므로 n몰에 기체는

$$PV = nRT$$

tip

모든 기체 1몰은 1기압, 0℃(표준상태라고 함)에서 부피가 22.4 l 이므로, R = $\frac{PV}{T}$이므로 R=22.4기압·l/273K = 0.083기압·l/K =1.013×10^5N/㎡·22.4×10^{-3}㎥/273K = 8.31J/mol·K가 된다. (1기압은 약 10^5파스칼이고, 1 l 는 10^{-3}㎥)

- 기체상수 R = $\frac{PV}{T} = \frac{1.013 \times 10^5 N/m^2 \times 22.4 \times 10^{-3} m^3/mol}{273K}$ = 8.31J/moI·K
- 보부압반 ⇨ 보일의 법칙은 부피와 온도가 반비례
  샤브온비 ⇨ 샤를의 법칙은 온도와 부피는 비례

- 보일의 법칙(등온 과정): 보일의 법칙은 온도가 일정한 등온 과정으로 내부에너지 $\Delta U = 0$이 되고 기체의 부피와 압력은 반비례한다.

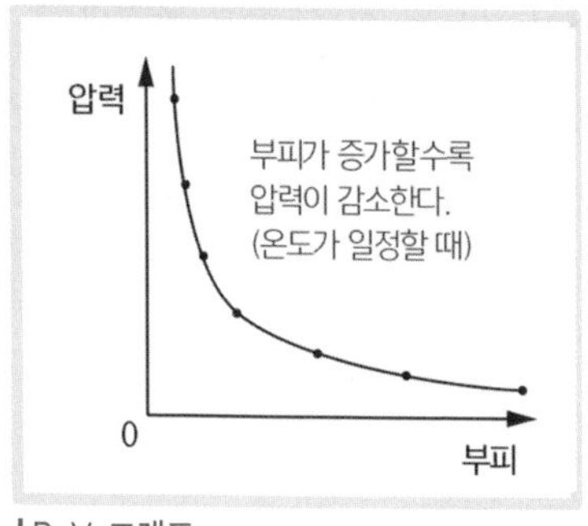

| P-V 그래프

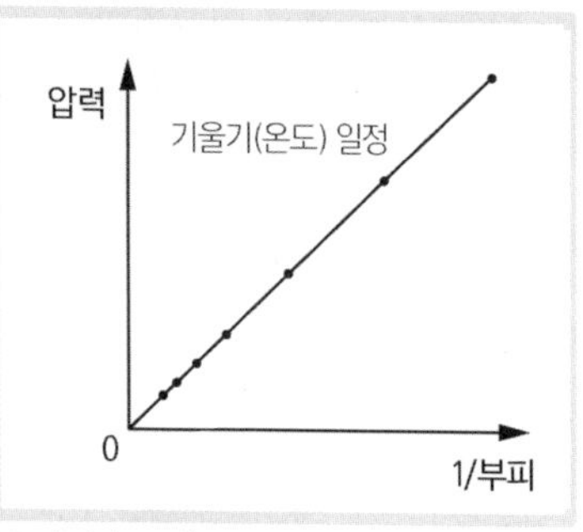

| P-(1/V) 그래프

- 온도를 일정하게 유지시키면서 압력(P)을 증가시키면 부피(V)는 줄어든다. 즉, 압력을 2배, 3배, 4배로 증가시키면 기체의 부피는 1/2배, 1/3배, 1/4배로 줄어든다. 이와 같이 기체의 압력과 부피 사이에는 반비례 관계가 성립한다. 비례 상수를 k로 하면 $P = K\frac{1}{V}$와 같이 쓸 수 있다. 이것은 온도가 일정할 때 부피와 압력의 곱이 $PV = k$로 일정함을 의미한다.
  따라서 기체의 온도를 일정하게 유지하면서 압력이 P_1이고 부피가 V_1인 기체의 압력을 P_2로 변화시켰을 때 부피가 V_2로 변화되었다면 $P_1V_1 = P_2V_2$(PV = 일정)의 관계가 성립하는데, 이것을 보일의 법칙이라고 한다.

생.각.거.리.

일상생활에서의 샤를-보일의 법칙

높이 올라간 풍선이 부푸는 현상(보일의 법칙)

높은 지대에 갈수록 대기압이 작아지게 된다. 풍선의 벽을 밖에서 누르는 힘이 약해지면서 풍선이 부풀게 된다. 높은 지대에 올랐을 때 귀가 먹먹해지는 현상도 이와 같은 원리다.

타이어(보일의 법칙)

자동차나 자전거의 타이어가 돌을 밟게 되면 타이어에 가해지는 압력이 커져 부피가 줄어든다. 이를 이용해 충격을 흡수한다. 일부 신발의 에어 깔창도 이 원리를 이용한 것이다.

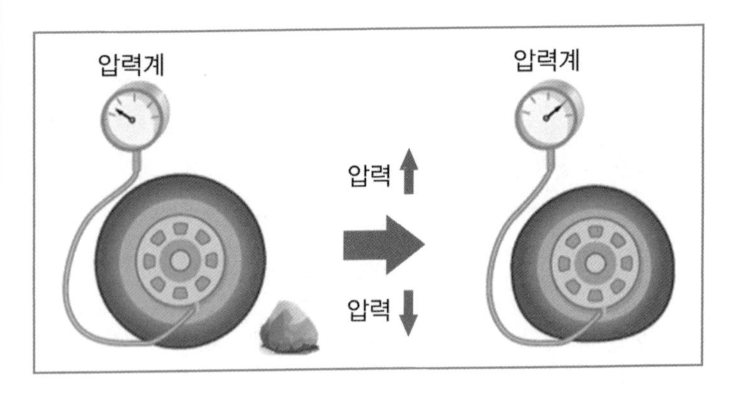

찌그러진 탁구공(샤를의 법칙)

찌그러진 탁구공을 다시 원래 둥근 모양으로 만들려면 뜨거운 물에 공을 집어넣으면 된다. 샤를의 법칙에 의하면 온도가 높아질 때 공기의 부피도 증가하므로, 뜨거운 물에 공을 집어넣으면 공기의 부피가 늘어나고 이로 인해 찌그러졌던 부분이 펴지게 된다.

부력

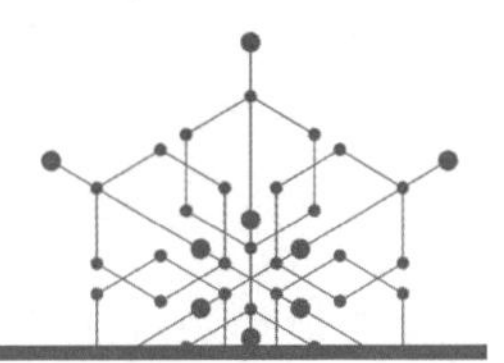

정의 부력(浮力, buoyancy)은 유체가 유체에 잠긴 물체를 중력과 반대 방향으로 밀어내는 힘으로, 부력의 크기는 물체가 잠긴 부분의 부피에 해당하는 유체의 무게와 같다.

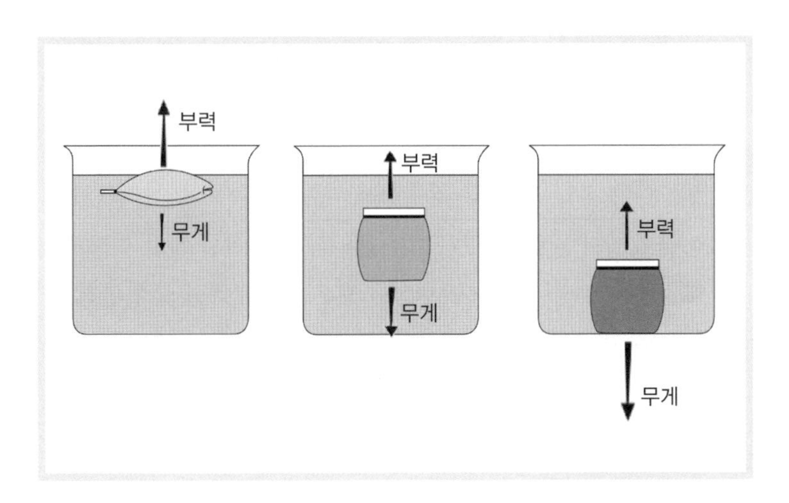

해설 부력의 크기는 물체가 밀어낸 유체의 부피(V)×유체의 밀도(ρ)×중력가속도(g)이다. 물체 주위의 유체가 물체에 작용하는 힘의 합력으로 부력의 방향은 중력과 반대 방향이다. 그림과 같이 정지해 있는 유체 내부의 압력은 유체 표면으로부터의 깊이에 따라 변하며 유체표면으로부터의 깊이가 같은 곳은 압력이 모두 같게 된다. 깊이가 깊을수록 압력은 증가하는데 물체가 유체 안에 있을 때 아랫면에 작용하는 압력은 윗면에 작용하는 압력보다 크므로 부력은 항상 위로 작용한다.

- 부력(F) = Vρg ('브로지'로 외우자) 중력가속도(g) = 9.8m/s^2이다.
  (☞ ρ: '로'라고 읽는다.)

1. 비중: 어떤 물질의 질량과 이 물질과 같은 부피를 가진 물의 질량과의 비율이며 기체는 온도와 압력에 따라 비중이 달라진다.

$$비중 = \frac{물질의\ 밀도}{4℃\ 물의\ 밀도} = \frac{물질의\ 밀도}{1g/cm^3}$$

물의 밀도는 1g/cm^3이므로 각 물질의 비중은 밀도와 같다.

- 물체가 잠긴 부피가 같을 때 유체의 비중이 클수록 부력이 커지며 부력의 크기는 F= ρVg
  (ρ는 유체의 밀도, V는 물체의 잠긴 부분의 부피, g는 중력가속도 9.8m/s^2이다.)
- 어떤 물질의 질량과 이 물질과 같은 부피를 가진 물의 질량과의 비율이다. 비중을 쉽게 표현하면 같은 부피에서 물질과 물의 중력(mg) 비로 표현할 수 있다.

$$비중 = \frac{물질의\ 밀도}{4℃\ 물의\ 밀도} = \frac{물질에\ 대한\ 중력}{물에\ 대한\ 중력} = \frac{물질의\ 질량 \times 중력가속도}{물의\ 질량 \times 중력가속도} =$$

$$\frac{\frac{\text{물질의 부피}}{\text{물질의 밀도}}}{\frac{\text{물의 부피}}{\text{물의 밀도}}}$$ 에서 물질과 물은 같은 부피가 같으므로

$$\text{비중}=\frac{\text{물질의 밀도}}{\text{물의 밀도}}$$ (비중은 중력의 비)

2. 부력과 무게의 상관관계

- 부력과 무게가 같은 경우: 물체는 유체에서 정지하게 되며 비중이 물과 같은 물체이다. (부력 $V\rho g$ = 무게 mg)
- 무게가 부력보다 큰 경우: 물체는 가라앉게 되며 비중이 물보다 큰 물체다.
- 부력이 무게보다 큰 경우: 물체는 떠오르게 되며 비중이 물보다 작은 물체다.
- 같은 부피의 물과 비교한 것을 비중이라고 한다.

tip

유체 속에 잠긴 물체에 작용하는 부력은 물체가 밀어낸 유체의 무게와 같다는 아르키메데스의 원리에 따라 유체 속에서 물체가 받는 부력은 물체 위에서 아래로 누르는 힘과 물체 바닥에서 위로 올려 주는 힘의 차이다. 부력의 크기는 물에 뜬 물체는 잠긴 부분의 부피와 같은 물을 밀어내고 밀려난 물 무게와 같은 부력을 받게 된다.

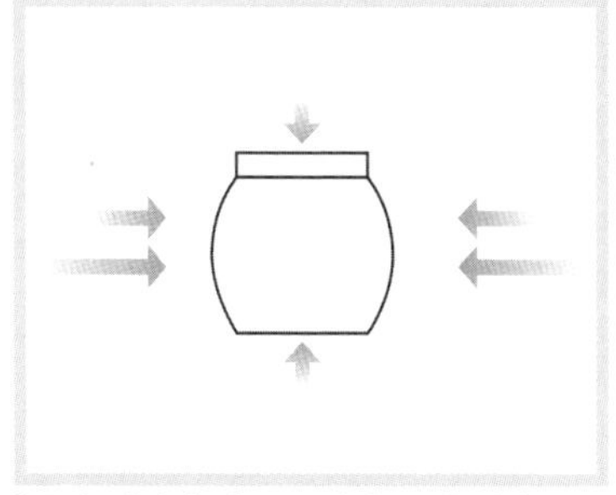

| 물의 깊이에 따른 부력과 무게 변화

- 10m 높이의 물기둥이 바닥에 작용하는 압력이 1기압이므로 물의 깊이에 따른 압력 변화는 수면 위에서 대기압이 1기압이 되므로 물 속 10m에서는 2기압이고 물 속 90m이면 10기압이 된다.
- 그림 물의 깊이에 따른 압력과 부력에서 좌우 방향은 수압의 크기가 같으므로 알짜 힘(합력)이 0이 되고 물체의 윗부분에서 아랫방향으로 작용하는 수압은 물체의 아랫부분에서 위 방향으로 작용하는 수압보다 작다. 따라서 물체에는 수압에 의해 위쪽으로 알짜 힘(합력)이 작용한다.
- 아르키메데스 원리: 유체에 잠긴 물체는 잠긴 부분의 부피에 해당하는 유체의 무게만큼 부력을 받는다. 따라서 유체 속의 물체는 부력의 크기만큼 가벼워진다.

생.각.거.리.

일상생활에서의 부력

안전 튜브와 구명조끼

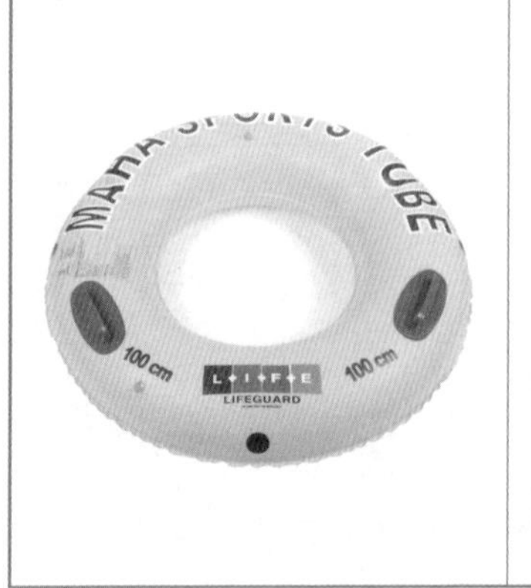

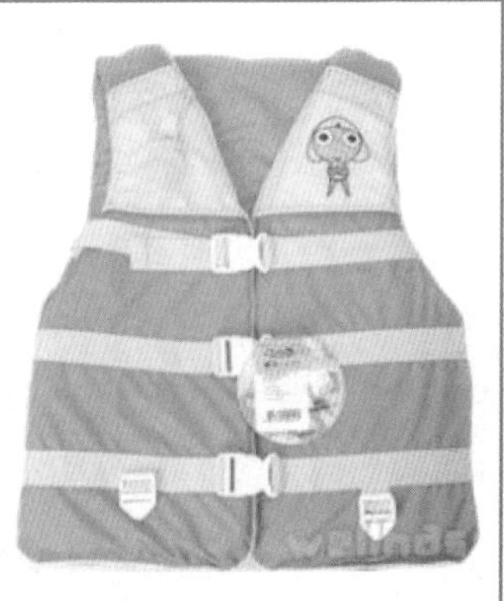

잠수함

잠수함이 수면으로 부상할 때 공기 탱크 내에 압축 공기를 공급하여 무게를 가볍게 한다. 잠수함이 잠수할 때는 공기 탱크 내의 공기를 밖으로 배출하고 바닷물을 채워 무겁게 한다. 바닷물 속에서 완전히 잠간 잠수함의 무게와 부력이 평형을 이루면 잠수함이 떠오르거나 가라앉지 않고 자유롭게 이동할 수 있다.

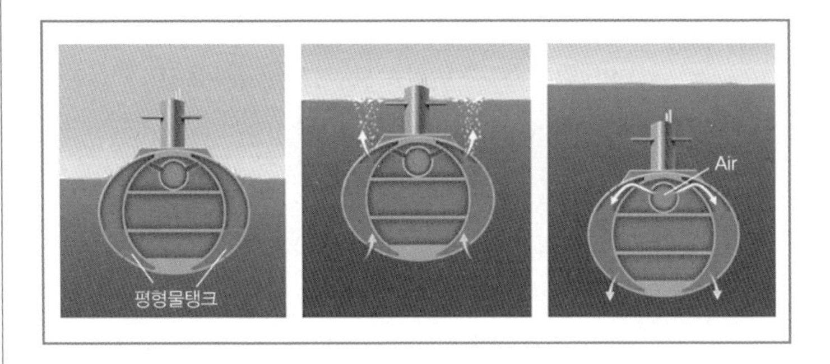

부력에 대한 실생활 문제

다음 그림과 같이 비중이 1인 물과 비중이 0.6인 식용유가 각각 담긴 용기 속에 비중이 4이고 부피가 100cm^3 금속덩어리가 바닥을 누르는 힘이 각각 몇 N인지 알아보자. 단, 중력 가속도는 10m/s^{2}이다.

비중이 같은 부피에 해당하는 유체의 무게이기 때문에 비중이 유체보다 큰 금속덩어리의 무게는 유체로부터 받는 부력보다 크다. 따라서 금속덩어리 무게에서 부력을 빼면 금속덩어리가 바닥을 누르는 힘을 구할 수 있다.

또한 금속의 비중이 4이면 $\frac{\text{금속의 밀도}}{\text{물의밀도}} = 4$, 여기서 물의 밀도는 $1g/cm^3$이므로 금속의 밀도는 $4g/cm^3$가 된다.

- 금속덩어리 무게: 질량(m) × 중력가속도(g) = 금속의 부피 × 금속의 밀도 × 중력가속도 = Vρg (부로지)
  $100cm^3 \times 4g/cm^3 \times 10m/s^2 = 400g \times 10m/s^2 = 0.4kg \times 10m/s^2 = 4N$
- 물속에서 부력: 질량(m) × 중력가속도(g) = 금속의 부피(물의 부피) × 물의 밀도 × 중력가속도 = Vρg (부로지)
  $100cm^3 \times 1g/cm^3 \times 10m/s^2 = 100g \times 10m/s^2 = 0.1kg \times 10m/s^2 = 1N$
- 식용유 속에서 부력: 질량(m) × 중력가속도(g) = 금속의 부피(식용유의 부피) × 식용물의 밀도 × 중력가속도 = Vρg (부로지)
  $100cm^3 \times 0.6g/cm^3 \times 10m/s^2 = 5g \times 10m/s^2 = 0.05 \times 10m/s^2 = 0.5N$
- 비중이 2인 유체의 부력: 질량(m) × 중력가속도(g) = 금속의 부피(유체의 부피) × 유체의 밀도 × 중력가속도 = Vρg (부로지)
  $100cm^3 \times 2g/cm^3 \times 10m/s^2 = 200g \times 10m/s^2 = 0.2 \times 10m/s^2 = 2N$
- 물(비중=1)속에서 금속덩어리가 바닥을 누르는 힘은
  $4N - 1N = 3N$

식용유(비중=0.5)속에서 금속덩어리가 바닥을 누르는 힘은
4N - 0.6N = 3.4N
유체(비중=2) 속에서 금속덩어리가 바닥을 누르는 힘은
4N - 2N = 2N

※ 금속덩어리의 무게는 4N이지만 물과 식용유의 비중 차이로 부력이 달라지고 부력이 달라지기 때문에 바닥을 누르는 힘의 크기가 차이가 나게 된다. 비중이 클수록 부력이 커짐을 알 수 있다.

아르키메데스의 '유레카!'

고대 그리스 시칠리아 시라쿠사의 참주 히에론 2세는 신에게 바칠 금관을 세공업자에게 만들도록 지시했다. 금관이 만들어진 후 왕은 세공업자가 순금을 빼돌리고 빼돌린 무게만큼 값싼 구리로 채운 것이 아닌지 의심스러워 아르키메데스에게 확인을 의뢰했다. 그러나 아르키메데스도 금관의 무게가 세공업자에게 준 금의 무게와 같았으므로 참주의 의심을 확인하기가 쉽지 않았다.
아르키메데스는 어느 날 물이 가득 찬 욕조에 들어갔다가 물이 밖으로 흘러나오는 것을 보고 유레카를 외쳤다. 문제 해결 방법이 불현듯 떠오른 것이다. 물질에는 금 · 은 · 구리 · 철과 같이 비중이 큰 무거운 물질이 있는가 하면, 나무 · 돌과 같이 비중이 작은 가벼운 물질도 있다.
금과 은이 1kg으로 질량은 같더라도 부피는 다르다. 비중과 밀도가 다르기 때문이다. 그에 따라 부력도 달라진다. 금은 같은 부피의 물보다 19.3배나 무겁고, 구리는 8.93배, 유리는 3.4배 가량 무겁다.

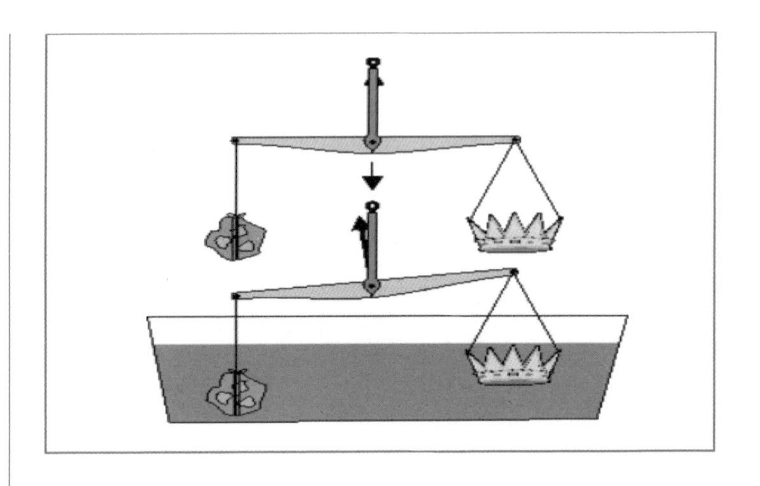

같은 부피의 물과 비교한 것을 비중이라고 한다. 혹은 중력의 비를 비중이라고 한다.
그래서 금과 구리를 섞어서 만든 15Kg의 왕관과 순금 15Kg으로 만든 왕관은 질량은 같지만 부피가 달라진다. 만약 두 왕관을 녹여서 액체로 만든다면 부피를 금방 알 수 있는데, 왕관을 녹일 수는 없으니까 문제가 어렵게 된 것이다.
결국 세공업자가 만든 금관과 세공업자가 만든 금관과의 같은 무게의 순금을 공기 중에서 수평저울에 달면 평형을 유지하지만 이것을 물에 넣으면 질량은 같지만 부피가 다르므로 수평저울이 평형을 유지하기 어렵게 된다.
실험 결과, 질량은 똑같지만 순금으로 만든 왕관이 밀어낸 물의 양과 다른 것을 섞어서 만든 왕관이 밀어낸 물의 양이 서로 달라서, 즉 비중과 부력이 다르게 나타나서 주어진 금을 다 사용하지 않았다는 사실이 드러났다. 세공업자가 참주를 속이고 금의 일부를 횡령한 것이다.

상대 속도

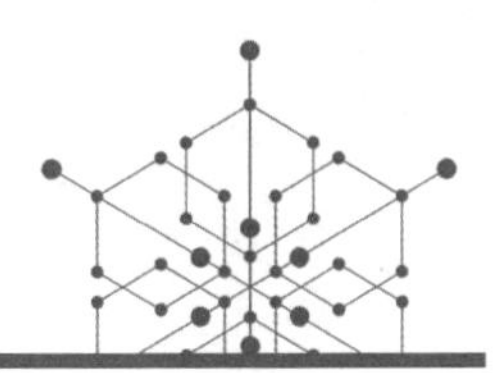

정의 상대 속도(相對速度, relative velocity)는 운동하는 관찰자가 본 다른 물체의 속도를 말한다. 관찰자 A와 물체 B의 속도가 V_A , V_B일 때 A에 대한 B의 상대 속도(A가 본 물체 B의 속도)는 다음과 같다.

A에 대한 B의 상대 속도(A가 본 물체 B의 속도) = V_{AB} = $V_B - V_A$

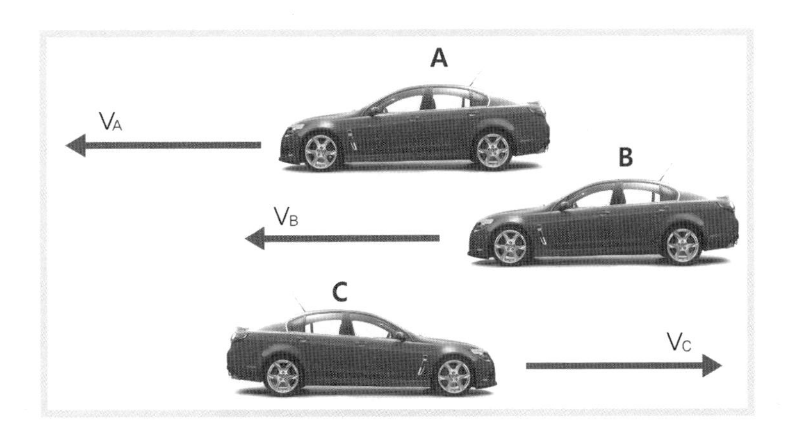

해설 두 물체가 어떤 기준 좌표계에 대하여 각각 v_B, v_A의 속도로 움직이고 있을 때 물체 A가 본 물체 B의 속도를 물체 A에 대한 물체 B의 상대 속도라고 한다. 아래 그림과 같이 자동차 A에 타고 있는 사람이 보았을 때 B의 속도는 B의 속도에 A의 반대 방향의 속도를 더하는 것처럼 보이기 때문에 상대 속도는 다음과 같이 표시된다.

$$V_{AB} = V_B - V_A$$

앞의 그림에서 자동차 A, B, C에 대한 각각의 상대 속도를 구해보자.

1. 같은 방향으로 움직이는 두 자동차 A에 대한 자동차 B의 상대 속도(자동차 A에서 자동차 B를 본 경우)
    - 자동차 A가 자동차 B의 속도가 같을 경우 $V_{AB} = V_B - V_A$, $V_{BA} = V_A - V_B$이므로 상대 속도는 0으로 자동차 A가 자동차 B를 보는 것과 자동차 B가 자동차 A를 보는 것은 정지해 있는 것처럼 보인다.
    - 자동차 A가 자동차 B보다 빠른 경우: 자동차 B는 뒤로 가는 것처럼 보인다.
      $V_{AB} = V_B - V_A$에서 $V_B < V_A$이므로 상대 속도 V_{AB}는 (-)이다.
    - 자동차 A가 자동차 B보다 느린 경우: 자동차 B는 앞으로 가면 거리차가 점점 멀어지는 것처럼 보인다.
      $V_{AB} = V_B - V_A$ 에서 $V_B > V_A$이므로 상대 속도 V_{AB}는 (+)이다.
2. 자동차 B에 대한 자동차 A의 상대 속도(자동차 B에서 자동차 A를 본 경우)
    - 자동차 A가 자동차 B보다 빠른 경우: 자동차 A는 앞으로 가고 자동차 B는 뒤로 가는 것처럼 보인다.
      $V_{BA} = V_A - V_B$에서 $V_B < V_A$이므로 상대 속도 V_{AB}는 (+)이다.
    - 자동차 A가 자동차 B보다 느린 경우: 자동차 A는 뒤로 가는 것처

럼 보인다.

$V_{BA} = V_A - V_B$에서 $V_B > V_A$이므로 상대 속도 V_{AB}는 (-)이다.

3. 반대 방향으로 움직이는 두 자동차 B에 대한 자동차 C의 상대 속도(자동차 B에서 자동차 C를 본 경우)
   - $V_{BC} = V_C - V_B$에서 상대방 속도 V_C는 그대로 두고 관측자 속도 V_B에 방향을 반대로 합성하여 $V_{BC} = V_C - (-)V_B$이므로 상대 속도 V_{BC}는 $V_C + V_B$로, 오른쪽으로 더 빨라진다.

4. 자동차 C에 대한 자동차 B의 상대 속도(자동차 C에서 자동차 B를 본 경우)
   - $V_{CB} = V_B - V_C$에서 상대방 속도 V_B는 그대로 두고, 관측자의 속도 V_C 반대 방향으로 합성해주면 된다. 즉, $V_{CB} = V_B - (-V_C)$이므로 상대 속도 $V_{CB} = V_B + V_C$로 되어 상대 속도 V_{CB}는 왼쪽으로 더 빨라진다.

tip

일직선상에서 지민이는 동쪽으로 8m/s의 속력으로 운동하고, 우람이는 서쪽으로 4m/s의 속력으로 운동할 때 지민에 대한 우람의 상대 속도와 우람에 대한 지민의 상대 속도를 각각 구해보자.

- 지민에 대한 우람의 상대 속도는 지민이가 본 우람의 속력이고 동쪽을 (+)하면 서쪽은 (-)가 된다. $V_{지우} = V_{우} - V_{지}$ → 상대 속도 $V_{지우} = -8 - 4 = -12$m/s. 그러므로 상대 속도는 서쪽으로 12m/s가 된다.
- 그럼 반대로 우람에 대한 지민의 상대 속도를 구해보자.
  우람에 대한 지민의 상대 속도는 우람이 본 지민의 속력이고 동쪽을 (+)하면 서쪽은 (-)가 된다. $V_{우지} = V_{지} - V_{우}$ → 상대 속도 $V_{우지} = 8 - (-4) = +12$m/s. 그러므로 상대 속도는 동쪽으로 12m/s가 된다.
- +2m/s와 −2m/s의 차이점: 1초에 2m씩 가는 속력(speed)은 같지만 +2m/s는 오른쪽으로 1초에 2m 가면, −2m/s는 왼쪽으로 1초

에 2m씩 간다는 뜻으로, 속력(speed)은 같지만 속도(velocity)는 다르다. 속도는 방향까지 고려해야 한다.

생.각.거.리.

일상생활에서의 상대 속도

속도의 차이로 생기는 현상

다원이 친구들과 여행하면서 고속도로를 달릴 때 많은 차들이 다원의 차를 앞질렀지만 다원도 많은 차들을 앞질렀다. 어떤 차들은 줄곧 나란히 달리기도 했다. 다원의 차가 옆 차를 앞지를 때, 다른 차가 뒤로 가는 것인가? 그렇지 않다. 다원의 차와 옆 차 모두 앞으로 가고 있지만, 속도가 달라 마치 옆 차가 뒤로 가는 것처럼 느껴지는 것이다. 예를 들어 다원의 차가 100km/h, 옆 차가 80km/h로 달리고 있을 경우에 다원의 차에서 바라보면 옆 차는 20km/s로 뒤로 후진하는 것처럼 보인다.

비가 내리는 날 자동차를 타고 가면서 창밖을 보면 빗방울이 비스듬히 내리듯이 느껴지는데, 이런 현상도 상대 속도에 따라 발생한다. 빗방울은 아래쪽으로만 움직여서 앞뒤로 움직이는 운동은 하지 않아 정지해 보이지만, 차가 앞으로 나아가고 있기 때문에 빗방울이 비스듬히 내리는 것처럼 보인다.

신소재

정의 신소재(新素材, new materials)의 종류에는 초전도체, 유전체, 액정, 그래핀 등이 있다. 모두 새로운 제조 기술을 만나 종전에 없던 새로운 형태와 용도를 갖게 된 소재로, 신금속재료, 비금속무기재료, 신고분자재료, 복합재료 등으로 분류할 수 있다.

그래핀

고분자 나노 입자를 첨가하여 기능을 강화한 것으로, 투명한 반도체로 투명한 전자회로를 꾸밀 수 있으며 흑연의 표면층을 한 겹 벗겨 탄소 원자가 6각형의 벌집 모양으로 연결된 평면 구조의 탄소 나노 물질을 그래핀(Graphene)이라 한다.

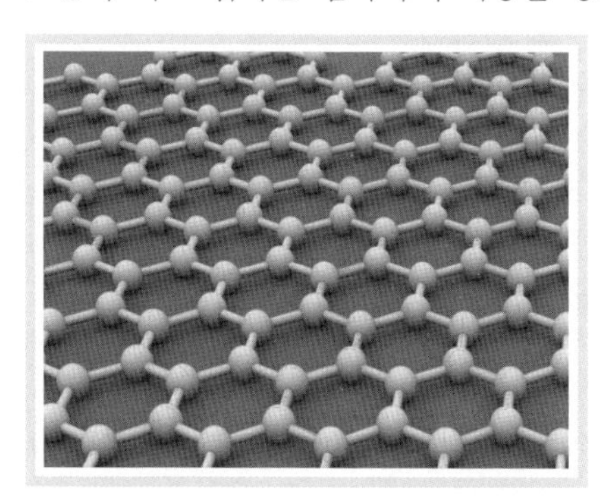

- 그래핀의 에너지띠에 반도체와 같은 띠 틈이 있으면 전류의 흐름을 제어할 수 있기 때문에 반도체 소자로 사용할 수 있다. 순수한 단결정 상태로 만드는 방법을 찾으면 투명한 전자회로를 꾸밀 수 있게 된다. 또한 투명한 반도체 그래핀은 연필심에 사용되어 우리에게 친숙한 흑연은 탄소들이 벌집 모양의 육각형 그물처럼 배열된 평면들이 층으로 쌓여 있는 구조인데, 이 흑연의 한 층을 그래핀이라 부른다. 그래핀은 0.2㎚의 두께로 물리적, 화학적 안정성이 매우 높다.
- 그래핀의 성능: 그래핀은 실리콘 반도체보다 전자의 이동 속도가 100배 이상 빠르고 강도는 강철보다 200배 이상 강하다. 두께가 원자 하나 크기여서 투명하고 열전도성이 다이아몬드보다 2배 이상 뛰어나다. 또한 빛을 대부분 통과시키기 때문에 투명하며 휘어짐 및 신축성도 매우 뛰어나다.
- 그래핀의 활용: 구부릴 수 있는 영상장치(디스플레이), 고효율 태양전지, 의복형 컴퓨터, 손목에 차는 컴퓨터나 전자 종이를 만들 수 있어서 미래의 신소재로 주목받고 있다.

초전도체

초전도체(超傳導體, superconductor)는 특정 온도(77K, -196℃) 이하에서 전기저항이 0이 되는 물질을 말한다.

- 임계온도: 초전도체의 저항이 0이 되는 온도로 전기저항이 없기 때문에 열에너지 손실이 없어 많은 전류를 흐르게 할 수 있으며, 초전도체로 만든 코일을 이용하면 전기저항이 없기 때문에 열에너지 손실이 없어 많은 전류를 흐르게 할 수 있어 강한 자기장을 만들 수 있다.
- 마이스너 효과: 초전도체 위에 자석을 올려놓으면 그림과 같이

자석이 공중에 뜨는데 임계온도 이하에서는 초전도체 내부의 자기장이 완전히 없어지는 현상으로 외부 자기장을 가하면 초전도체에는 반자성을 띠므로 외부 자기장과 반대 방향으로 강한 자기장이 만들어져 자석을 밀어낸다.

| 마이너스 효과

- 초전도체의 성질: 초전도체는 전기저항이 없어서 전력 소모가 없고 많은 전류를 흐르게 할 수 있어 미래 에너지 개발에 중요한 소재가 되고 있다.
- 1911년 물리학자 오네스가 저온의 금속에서 전기저항이 갑자기 0이 되는 초전도 현상을 발견했다. 이처럼 초전도체는 특정 온도(-196℃, 임계온도) 이하에서 전기저항이 완전히 사라져 완전한 도체가 되며, 임계온도 이하에서 전기저항이 0이 된다.
- 초전도체의 활용: 미래의 연구 가치가 충분한 신소재로 임계온도 이하로 냉각된 초전도체를 자석에 접근시키면 많은 유도전류가 흐르기 때문에 자석이 다가오면 척력, 멀어지면 인력이 작용한다. 자기부상 열차는 이러한 성질을 이용하여 만든 것이다. 이 밖에도 초전도체는 입자 가속기, 자기공명영상장치, 전자 소자 등에 이용하고 있다.

✔ tip

반자성: 아래 그림과 같이 외부 자기장을 가하기 전에는 원자 자석이 없는 상태지만 외부 자기장이 가해지면 물질 내부의 원자가 외부 자기장의 반대 방향으로 자화되어 척력이 작용하며 외부 자기장을 제거하면 원래 상태로 돌아가는 물질이다. 반자성 물질에는 구리, 유리, 금, 플라스틱, 수소, 물 등이 있다.

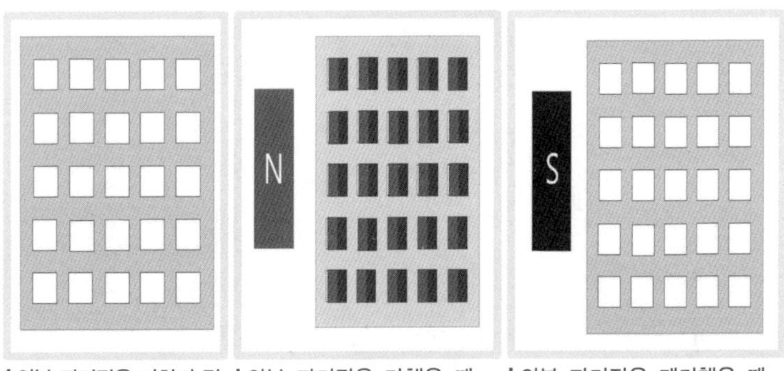

| 외부 자기장을 가하기 전 | 외부 자기장을 가했을 때 | 외부 자기장을 제거했을 때

생.각.거.리.

일상생활에서의 신소재

그래핀, 액정과 같은 신소재는 우리 생활에 폭넓게 활용될 것이다.

- 형상기억합금: 정해진 온도에서 자신의 형상을 기억하고 그 형상을 하는 기술로, 안경, 브래지어 와이어, 인공위성 안테나, 온실 창의 개폐장치, 치열교정용 와이어 등에 쓰인다.
- 광섬유: 빛을 전송시킬 수 있는 투명한 유리섬유로 된 광섬유의 특징은 코어와 클래딩 두 개의 다른 층으로 되어 있는데, 코어는 굴절률이 큰 투명물질로 되어 있고 클래딩의 재료는 상대적으로 굴절률이 작다. 이러한 굴절률 차이 때문에

한 끝으로 들어온 빛은 내부에서 모두 반사하는 전반사가 일어나 다른 끝으로 신속하고 효율적으로 이동한다. 다시 말하면 굴절률이 큰 코어와 굴절률이 작은 클래딩으로 구성되어 있어 안쪽에서 바깥쪽으로 입사할 때 전부 반사함으로 에너지(정보)의 손실 없이 멀리 보낼 수 있다.

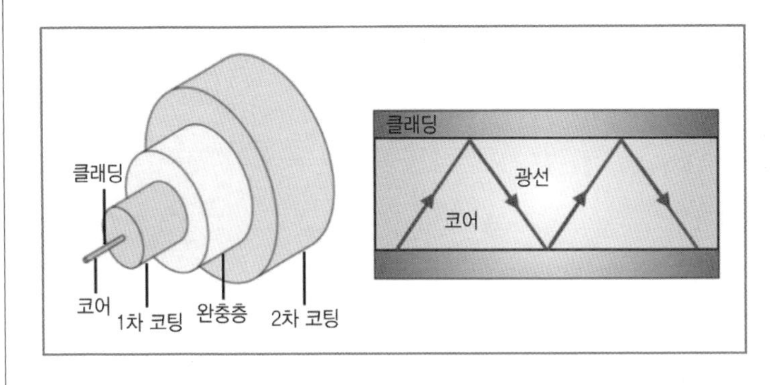

- 광케이블: 여러 개의 광섬유가 모여 다발을 이룬 것을 광케이블이라고 한다. 광섬유는 실내조명으로 활용되기도 하고, 수영장, 호텔, 등에서 분위기를 연출하기 좋다.
- 신소재를 이용한 무게 경량화 기술: 다양한 신소재의 개발과 각종 합금을 통해 무게를 줄이면서도 더욱 향상된 강성을 확보해 안전성과 연료 효율성 등 전반적인 주행 성능 향상을 도모하기 위해서다. 특히 그래핀으로 제작된 자동차 부품은 이산화탄소 배출을 줄이고 자동차를 더 안전하게 만들고 그래핀을 이용하여 자동차 무게를 획기적으로 감소시켜 에너지가 적게 소모되는 효율적인 전기 자동차를 개발할 수 있다.

액정

정의 액정(液晶, liquid crystal)은 가늘고 긴 분자가 거의 일정한 방향으로 나란하게 있는 고체와 액체의 중간 물질로, 외부에 힘에 의해 분자의 방향과 배열을 쉽게 조절할 수 있다.

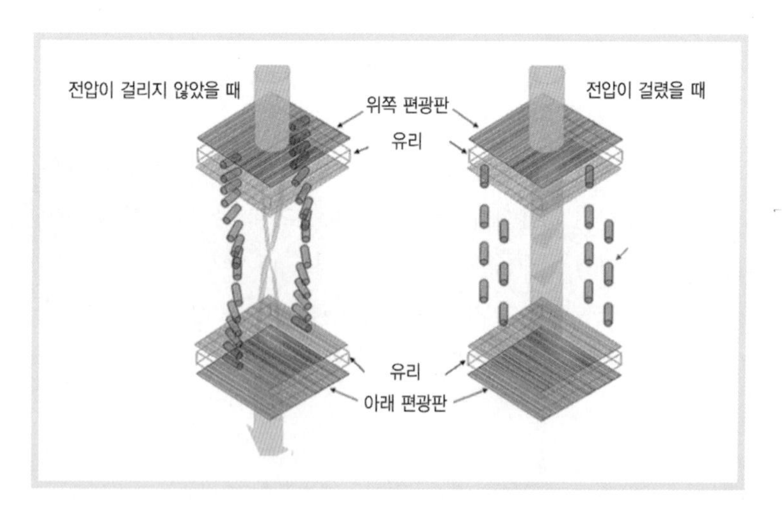

해설 액정은 액체(liquid)와 고체(crystal)의 중간상태에 있는 물질이다. 이러한 물질은 분자의 배열이 어떤 방향으로는 불규칙적인 액체 상태와 같지만 다른 방향에서는 규칙적인 결정 상태를 띤다. 전압이나 온도의 변화에 따라 광학적 성질을 나타내기도 한다.

✔ 액정의 원리

광원에서 나온 빛은 위쪽 편광판을 통과하면서 편광이 되고, 액정이 걸리는 전압 유무에 따라 액정 분자들을 통과한 빛이 아래쪽 편광판을 통과하거나 통과하지 못하도록 한다.

✔ 전압이 걸리지 않았을 때

위쪽 편광판을 통과한 빛이 아래쪽 편광판을 향해 진행하면서 액정의 배열을 따라 90° 비틀린 액정 분자를 따라 휘어지므로 아래쪽 편광판을 통과할 수 있다.

✔ 전압이 걸렸을 때

모든 액정 분자의 배열 상태가 같아져 위쪽 편광판을 통과한 빛이 그대로 액정을 통과하므로 아래쪽 편광판을 통과할 수 없다.

✔ 액정의 장점

액정은 전력 소모를 작게 하고, 얇고 가벼운 영상 표현장치 제작이 용이하며, 소형화가 가능하고, 밝은 곳에서 매우 잘 보인다.

생.
각.
거.
리.

일상생활에서의 액정

1. 자연광은 진행 방향에 수직인 모든 방향으로 전기장이 진동하는 빛이지만 편광은 편광판을 통과한 빛처럼 전기장의 한쪽 방향으로만 진동하는 빛이며, 편광은 빛이 횡파임을 알 수 있는 증거가 된다. 액정은 편광 현상으로 위쪽 편광판과 아래쪽 편광판이 아래 그림처럼 작용하도록 액정이 휘어져서 빛의 통과를 조절한다.

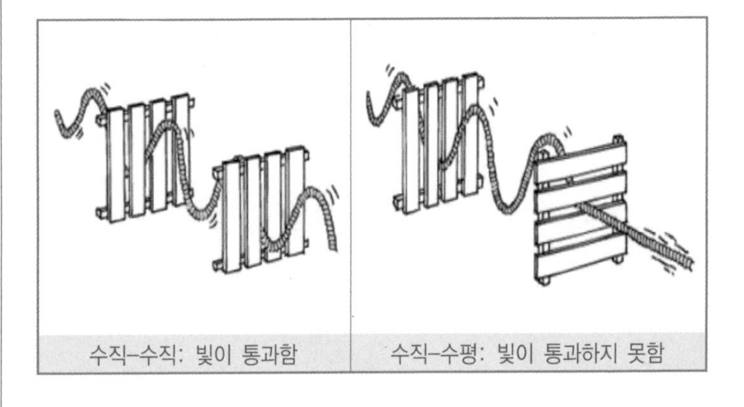

수직–수직: 빛이 통과함	수직–수평: 빛이 통과하지 못함

2. 앞의 그림에서 알 수 있듯이 밧줄의 진동 방향이 틈의 방향과 같을 때 파는 틈을 통과해 나아갈 수가 있다. 그러나 틈의 방향과 밧줄의 진동 방향이 수직(90°)인 경우에는 파는 틈을 통과할 수 없다. 그러나 종파가 퍼져갈 경우에는 틈의 방향에 상관없이 파는 틈을 통과할 수가 있다. 틈과 비슷한 역할을 하는 것이 편광판이다. 편광판은 원자의 구조적 특성으로 특정한 방향으로 진동하는 빛만을 통과시킨다. 여기서 특정한 방향으로 진동하는 빛이 편광이다.

3. 반사에 의한 편광

- 부분편광: 위 그림에서 반사면에 나란한 방향으로 진동하는 빛은 반사하고 다른 방향으로 진동하는 빛은 약하게 포함된다.
- 완전편광: 반사광과 굴절 광이 이루는 각이 90°가 될 때 반사광은 완전편광이다.

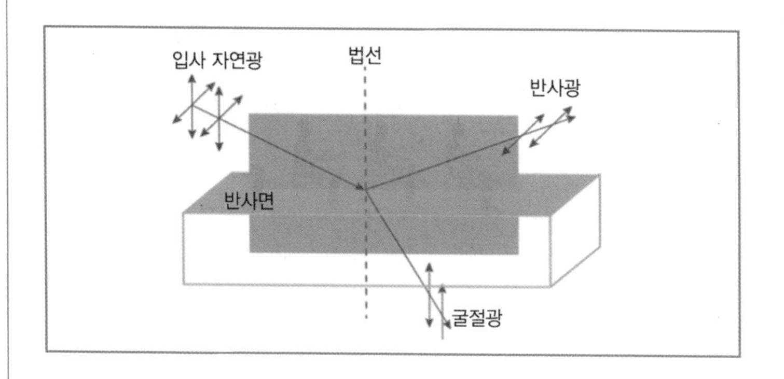

4. 서로 이웃한 두 개의 편광판의 편광축이 수직이면 자연광은 통과할 수 없다. 그러나 편광축의 방향이 조금씩 변하는 여러 개의 편광판을 사용하면 편광면을 회전시킨다.

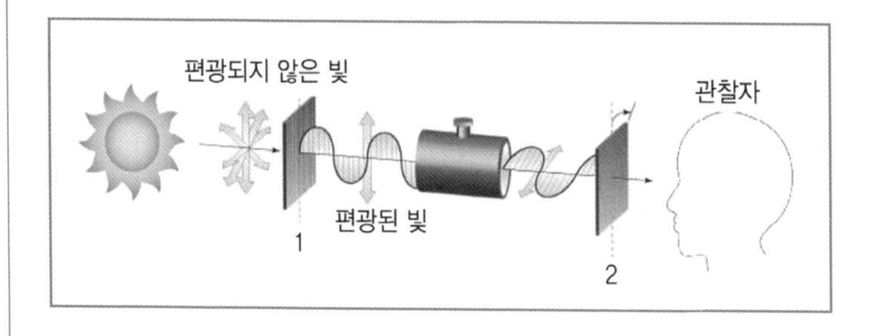

액정

5. 전자계산기: 흔히 사용하는 전자식 계산기는 계산기 액정에 편광을 사용하여 숫자를 표기하는 방식을 사용한다. 모든 구

역을 표시하지만 전력은 필요한 구역만 공급하여 '편광'된 빛이 액정에 표시되어 숫자를 만드는 방식이다.

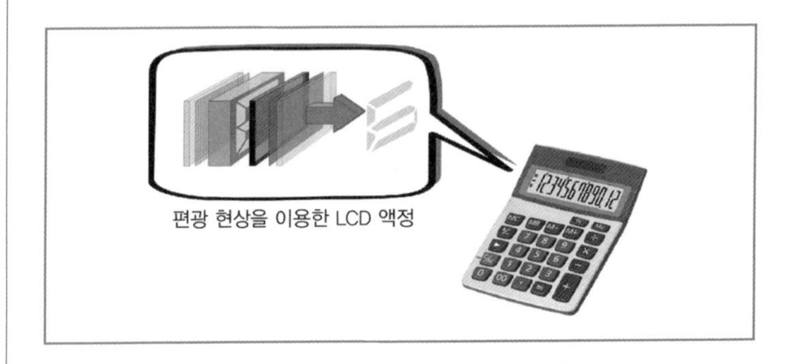

6. 편광 선글라스: 여름철 강한 햇빛을 막아주는 선글라스는 편광의 원리를 이용한 과학적 기술이 적용되어 있다. 직사광선의 세기는 절반으로 줄여주고 반사되는 반사광을 대부분 제거함으로써 여름철 햇빛이 강한 날에도 선글라스만 착용한다면 눈부심 없이 운전할 수 있으며 앞을 보고 다닐 수 있다.

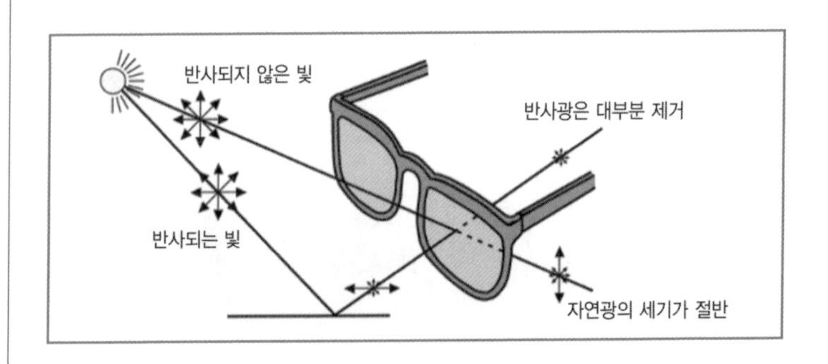

7. 편광 필름을 이용하여 나만 볼 수 있는 모니터
   일반 모니터는 대부분 액정에 편광 필름을 사용한다. 모니터의 액정은 특정 각도에서만 볼 수 있도록 화면 출력이 제작되

어 있다. 편광 필름은 액정에서 출력하는 특정 각도를 볼 수 있게 제작되어 있으며, 편광 필름이 없으면 모니터에는 흰색 화면만 출력되고 그림은 출력되지 않는다. 그런 원리로 편광 필름을 사용한다면 다른 사람은 볼 수 없고 나만이 유일하게 볼 수 있는 모니터를 만들 수 있다.

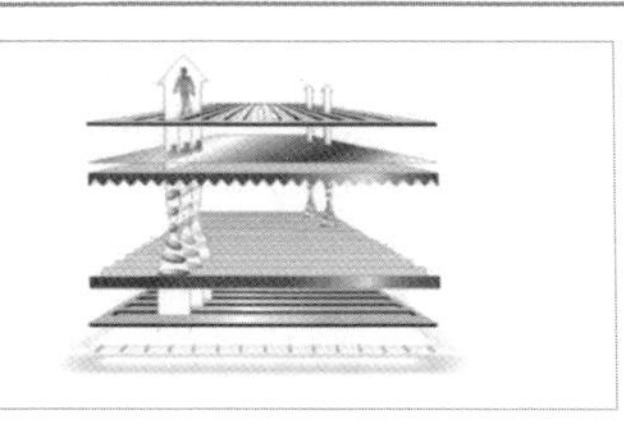

나만 볼 수 있는 비밀의 모니터 만들기

준비물: 일반 모니터, 칼, 알 없는 안경, 기타 공구

1. 사용하는 모니터의 앞부분을 분리한다.

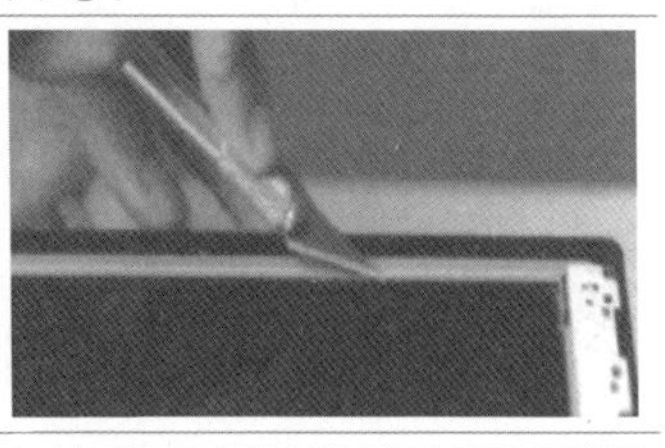

2. 분리한 모니터의 윗부분의 편광 필름(검정부분)을 제거한다.

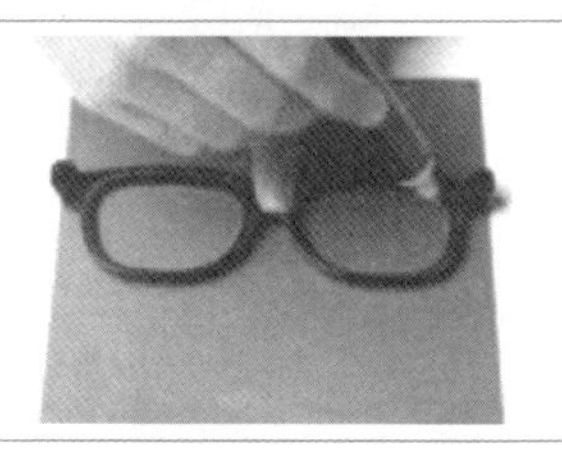

3. 편광 필름을 안경 틀에 맞춰 자르고 안경알 대신 끼운다.

4. 제작한 안경을 쓰고 편광 필름이 제거된 모니터를 본다.

영의 실험
(빛의 간섭)

정의 아래 그림과 같이 위상이 같은 단색광이 이중 슬릿S_1, S_2를 놓고 빛을 비추면 스크린에는 일정한 간격의 밝고(보강간섭) 어두운(상쇄간섭, 소멸간섭) 간섭무늬가 생긴다.

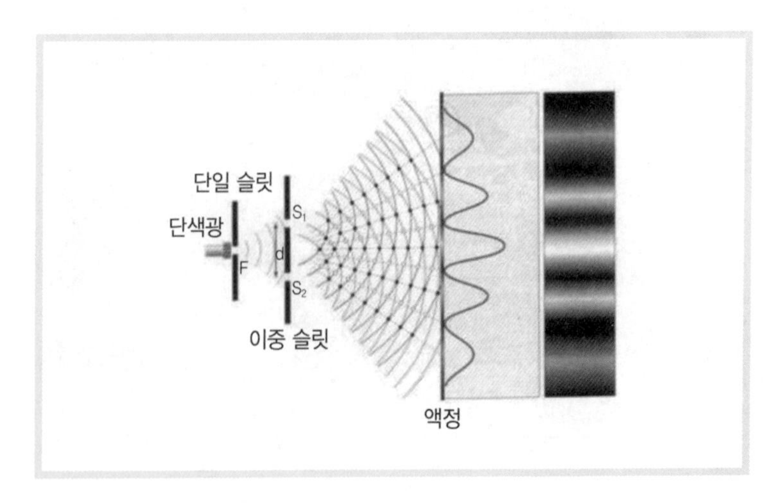

해설 다음 그림과 같이 파장이 λ인 단색광이 S에 도달하면 S를 파원으로 하는 구면파가 생기며 동시에 S_1 ,S_2에서 도달하게 된다. 그리하여 S_1 과 S_2에서 회절하여 나간 2개의 광선이 스크린 위의 한 점 P에 도달할 때 두 광선의 마루와 마루가 중첩된 빛은 밝고 마루와 골이 중첩된 광선은 약해져서 어두워진다.

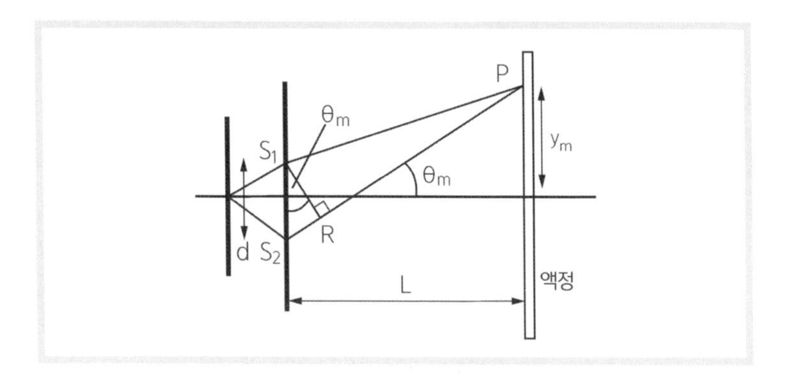

1. 보강간섭: 경로차 $S_1P \sim S_2P = m\lambda = \frac{\lambda}{2} \times 2m$ (m=0, 1, 2, 3, ... 정수) ☞ 밝음
2. 상쇄간섭: 경로차 $S_1P \sim S_2P = m\lambda = \frac{\lambda}{2} \times (2m+1)$ (m=0, 1, 2, 3, ······ 정수) ☞어두움
3. $S_1S_2 = d$, 슬릿과 스크린까지의 거리 L, 중심 O에서 P점까지의 거리 OP=x라 하고 근사값을 취하면 경로차 $S_1P \sim S_2P = d\sin\theta \fallingdotseq d\tan\theta = \frac{d\chi}{L}$가 된다.

따라서 보강간섭: 경로차 $S_1P \sim S_2P = \frac{d\chi}{L} = m\lambda = \frac{\lambda}{2} \times 2m$ (m=0, 1, 2, 3, ... 정수)

상쇄간섭: 경로차 $S_1P \sim S_2P = \frac{d\chi}{L} = m\lambda = \frac{\lambda}{2} \times (2m+1)$ (m=0, 1, 2, 3, ... 정수)가 된다.

✔ 생활 주변의 간섭 현상

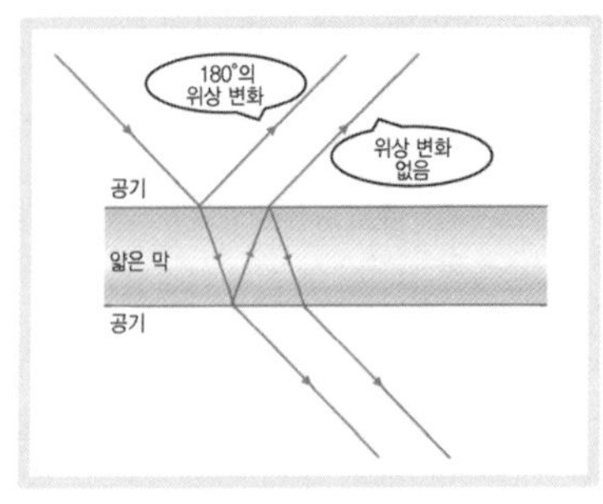

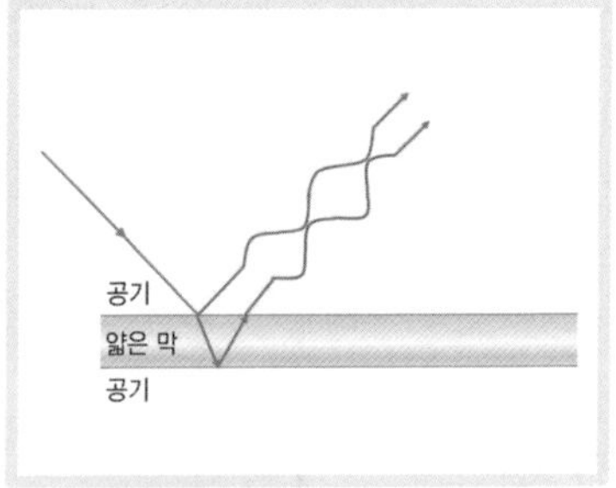

| 막의 두께가 파장보다 아주 작은 경우 상쇄 간섭을 한다.

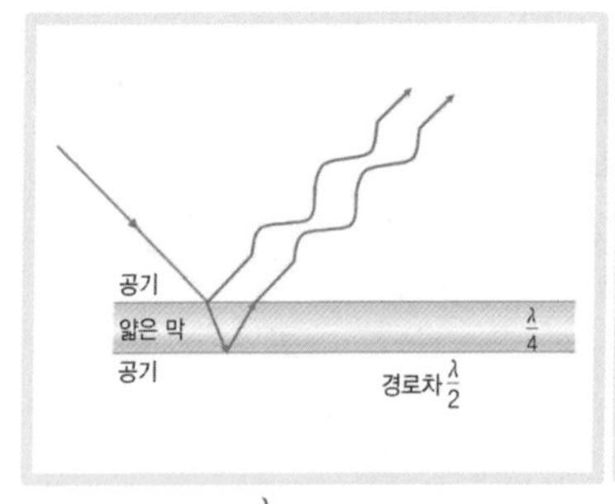

| 전체 경로차가 $\frac{\lambda}{2}$인 경우 위상차와 함께 보강간섭을 한다.

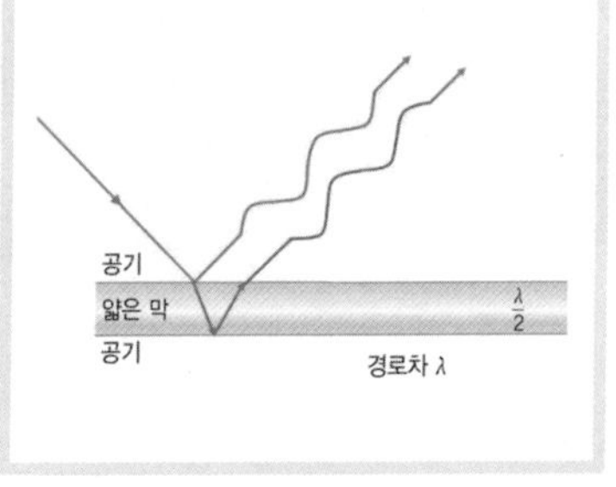

| 전체 경로차가 λ인 경우 위상차와 함께 상쇄간섭을 한다.

일상생활에서의 영의 법칙

자연계에서의 빛의 간섭

빛의 간섭은 자연에서 의외로 쉽게 찾아볼 수 있다. 예를 들면 나비의 날개, 공작의 깃털, 물고기의 비늘, 혹은 곤충류의 등 날개 껍질 등이 있다. 이러한 것들은 빛에 반사되어 빛이 나거나 상호 간섭에 반응을 한다.

그리고 이러한 자연의 동물에서 나오는 선명한 천연 색상을 응용하여 'IMOD'라는 디스플레이 소자가 발표되었다. 이 소자는 기존의 LCD 액정 기술과는 달라 입사된 빛의 반사와 상호 간섭에 의존한다. 따라서 기존 LCD의 복잡한 제작 과정과는 다르게 매우 단순한 구조로 대체할 수 있다.

자연에서 빛의 의한 간섭현상

비눗방울

비눗방울에 의한 간섭현상

비눗방울에도 간섭에 의한 무늬가 나타난다. 비눗방울의 막은 매우 얇은 3개의 막으로 이루어져 있는데, 샌드위치처럼 두 개의 비누 분자 층 사이에 물 분자 층이 끼어 있는 구조다. 비눗방울에 무늬가 생기는 이유는 모든 색을 담고 있는 백색광이 비누 막에 의해 반사되어 생기는데 첫 번째 비누 층과 두 번째 비누 층에서 반사된 빛이 상쇄·보강간섭을 해 여러 가지 무늬가 나타나게 된다.

영의 실험과는 달리 여러 무늬가 나타나는 이유

비누 막의 두께는 영의 실험에서와 다르게 비눗방울의 각 위치에서 각기 다른데다가 시간에 따라 비누 막이 아래로 내려오기 때문에 색의 변화가 관찰된다.

운동량과 충격량

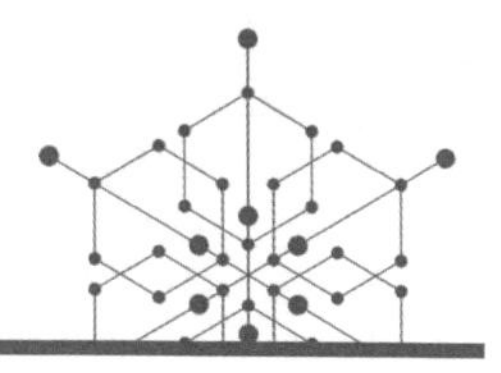

정의 운동량(P)은 물체의 운동 정도를 나타내는 물리량으로, 물체의 질량(m)과 속도(v)의 곱으로 표시한다. 운동량의 방향은 속도의 방향과 같다.

$$P = mv$$

충격량(I)은 물체가 받은 충격의 정도를 나타내는 물리량으로, 가한 힘(F)과 힘에 작용하는 시간(t)을 곱한 값으로 표시한다. 충격량의 방향은 힘의 방향과 같다.

$$I = Ft \text{ (아 파트)}$$

해설 충격량의 방향은 힘의 방향과 같고 운동량의 방향은 속도의 방향과 같다.

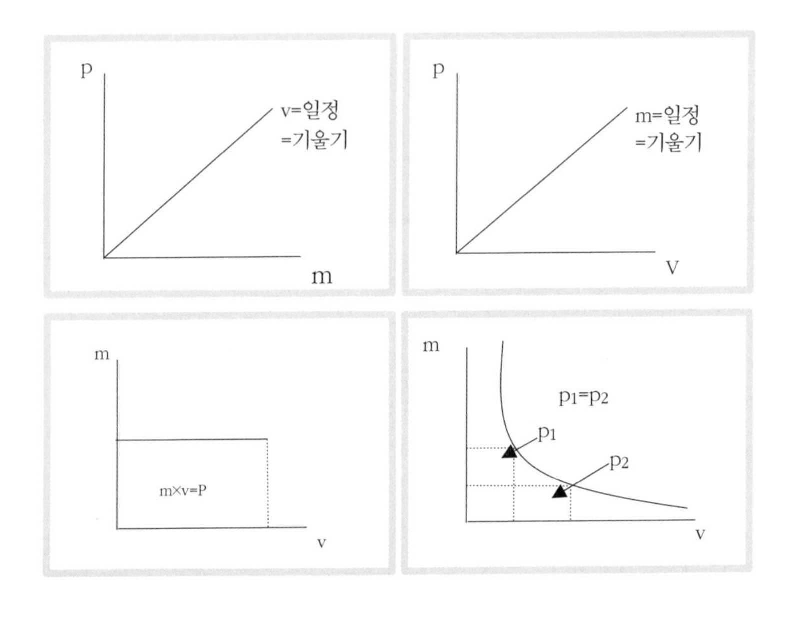

1. 힘이 일정할 때 면적=가로×세로 = F×t = 충격량이 된다.
2. 힘의 크기가 변할 때 매우 많은 짧은 직사각형들로 구성되어 있고 이 직사각형을 모두 더하면 면적이 된다. 수학시간에 배운 적분 개념을 도입하면 이해하기가 매우 쉽다.
3. 운동량과 충격량의 관계를 알아보자.

   뉴턴의 제2법칙에서 $a = \frac{v - v_0}{t} = \frac{F}{m}$ (v는 나중 속도, v_0는 처음 속도, t는 시간, F는 힘, m은 질량)

   위 식을 정리하면

   충격량 $Ft = mv - mv_0 = P - P_0 = \triangle P$ (운동량의 변화량)
4. 충격량의 변화량은 운동량이 되고, 운동량의 변화량은 충격량이 된다. 운동량의 변화가 크면 충격량이 증가하고 충격량이 작으면 운동량의 변화도 작아진다.

5. 삼단 공식: P = mv, m = $\frac{p}{v}$, v = $\frac{p}{m}$

- P와 m, P와 v는 비례관계에 있고 m과 v는 반비례관계에 있다.
- 비례관계, 반비례관계를 이용하여 삼단 공식은 수학적으로 그래프 4개를 자동으로 그릴 수 있다. P = mv(피엠부)

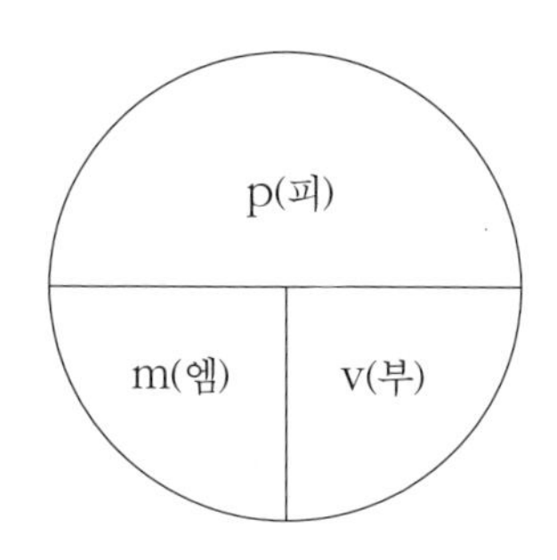

- P = mv 삼단 공식 그래프: 비례(운동량 p와 질량 m, 운동량 p와 속도 v)는 기울기로 표현되고 반비례(질량 m과 속도 v)는 면적으로 표현된다.

6. 충격량

- 물리에서 기본은 상호작용은 변화를 유도하고 변화는 언제나 새로운 변화를 만들어낸다. 외부의 충격량은 시스템의 운동량을 변화시키고 힘과 힘이 작용한 시간의 곱 F×t를 충격량이라고 한다. 충격량(Ft)은 운동량의 변화량($mV-mV_0$)과 같다.

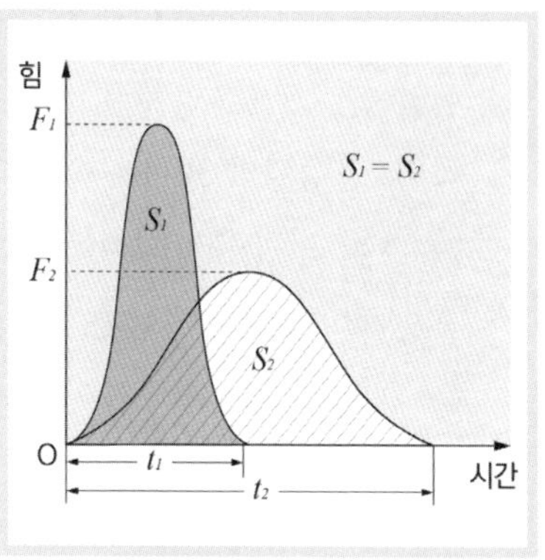

I 힘과 시간의 관계 그래프

- 충격량(I)은 물체가 받은 충격의 정도를 나타내는 물리량으로, 가한 힘(F)과 힘에 작용하는 시간(t)을 곱한 값으로, 충격량의 방향은 힘의 방향과 같다. 충격량이 같을 때 힘이 작용하는 시간이 길어지면 힘의 크기가 감소한다.
- 앞의 그림에서 힘이 일정할 때 면적=가로×세로 = F×t = 충격량이 된다. 힘의 크기가 변할 때 매우 많은 짧은 직사각형들로 구성되어 있고 이 직사각형을 모두 더하면 면적이 된다. 수학에서 적분 개념을 도입하면 이해하기가 매우 쉽다.
- 운동량과 충격량의 관계: 뉴턴의 제2법칙에서 $a = \frac{V - V_0}{t} = \frac{F}{m}$

  (V는 나중 속도, V_0는 처음 속도, t는 시간, F는 힘, m은 질량) 위 식을 정리하면 $Ft = mV - mV_0 = P - P_0 = \triangle P$, 운동량은 충격량의 변화량이고, 충격량은 운동량의 변화량이다.
- 상호작용은 변화를 만들고 변화는 새로운 변화를 만들어낸다. 변화가 없으면 새로움을 만들어내지 못한다. 예를 들면 속도의 변화, 운동량의 변화, 운동에너지의 변화, 자속의 변화 등은 여러 가지 형태의 물리량을 만들어낸다.
- 일반적으로 운동량을 표현하려면 질량(m)과 속도(v)를 알아야 하며, 운동량의 방향은 속도의 방향과 일치하고 벡터 량으로 p=mv로 나타내며 단위는 kg · m/s이다.
- 운동량은 물체의 빠르기(속도)를 표현해주는 것이 아니라 질량을 가진 물체가 얼마나 운동하느냐를 표현해주는 물리량이다. 예를 들면 자전거와 트럭이 같은 속력으로 달리고 있을 때 각각 다른 물체와 충돌하면 트럭이 더 큰 피해를 주는 것은 트럭의 질량이 자전거보다 크기 때문이다. (☞ 속도가 일정할 때 운동량은 질량에 비례한다.)

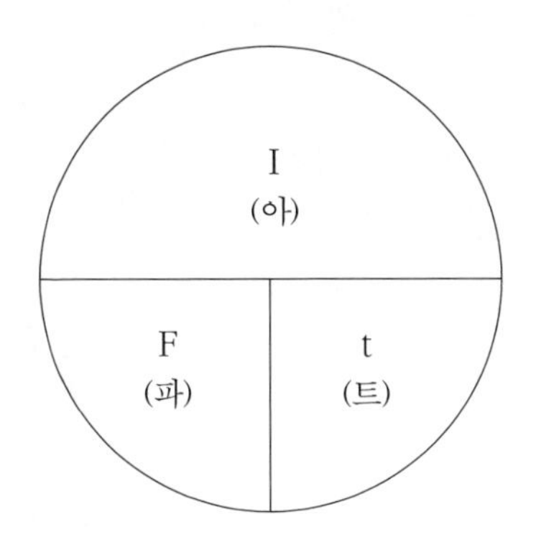

7. 삼단 공식: I = Ft (아파트), F = $\frac{I}{t}$, t = $\frac{I}{F}$

- 충격량(I)과 충격력(F), I와 t는 비례관계에 있고 F와 t는 반비례관계에 있다.
- 비례관계, 반비례관계를 이용한 삼단 공식으로 그래프를 4개를 그릴 수 있어야 한다. (삼단 공식은 y절편이 0인 1차 함수로 이해해야 한다.)

생.각.거.리.

일상생활에서의 충격량

1. 테니스

테니스를 잘 치는 방법은 경기할 때 공을 힘껏 밀어주는 느낌으로 치는 것이다. 시간을 길게 하면 공의 속도가 빨라지기 때문이다. 이렇듯 야구의 배트도 밀듯이 치면 공을 더 멀리 보낼 수 있다.

2. 대포

포탄을 멀리 나가게 하는 성능이 좋은 대포를 만드는 방법은 대포의 포신을 길게 하는 것이다. 대포의 포신이 길 다면 시간이 길어지기 때문에 멀리까지 나갈 수 있다. 그렇기 때문에 성능이 좋은 대포를 본다면 포신이 긴 것을 볼 수 있다.

3. 로켓

로켓을 발사하는 장면을 보면 연료를 분출하는 시간이 길다. 로켓은 무거운데다가 대기권을 뚫고 우주로 가야 하기 때문에 속도가 높아야 한다. 그래서 연료의 분출을 아주 길게 하여 속도를 높인다.

4. 에어백

달리던 자동차가 추돌사고로 급정거할 때 자동차의 에어백이 작용하면 충격 시간이 길어지게 되고 충격 시간이 길어지면 충격력이 작아져 생명을 구할 수 있다.

5. 포수 장갑

야구 경기장에서 포수는 두꺼운 장갑을 끼고 투수가 던지는 공은 받는다. 야구 장갑이 두꺼우면 공이 멈추는 시간이 길어져 공이 손에 작용하는 시간이 줄어 포수의 손을 보호할 수 있다.

6. 운동량과 운동에너지 보존

아래 그림에서 수평면으로 놓인 금속 구 1개를 옆으로 당겼다 놓고 충돌 과정을 관찰하며 잡아당기는 금속구의 개수를 늘리면서 실험을 했다.

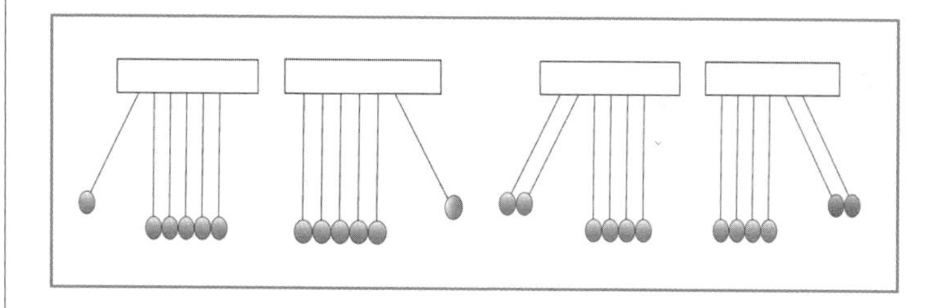

- 운동량 보존 법칙: 잡아당기는 금속구의 개수가 1개일 때 튕겨나가는 금속구 1개가 같은 높이까지 올라가며 운동량(mv)이 보존되었다. 즉, 충돌 전후의 운동량이 같다.
- 운동에너지 보존: 금속구가 같은 개수만큼 튕겨나가 같은 높이까지 올라가는 운동에너지가 보존된다.
- 반발계수(e)가 1인 완전 탄성 충돌이다.

7. 충격 흡수

산악자전거는 충격을 흡수하기 위해 고무로 된 타이어, 손잡이, 안장, 서스펜션 등을 사용하며 최근에는 압축공기로 만든 충격 흡수장치를 적용한 자전거도 많이 만들어진다.

8. 신소재

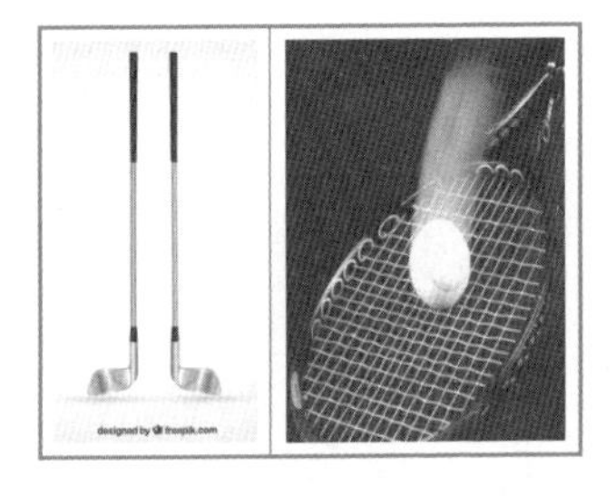

테니스 라켓과 골프채는 충격을 흡수할 수 있는 구조로 된 탄소 섬유를 사용한다. 최근에는 가벼우면서 충격 흡수 효과가 좋은 신소재가 개발되어 스포츠 용품에 사용되고 있다.

9. 충돌의 종류

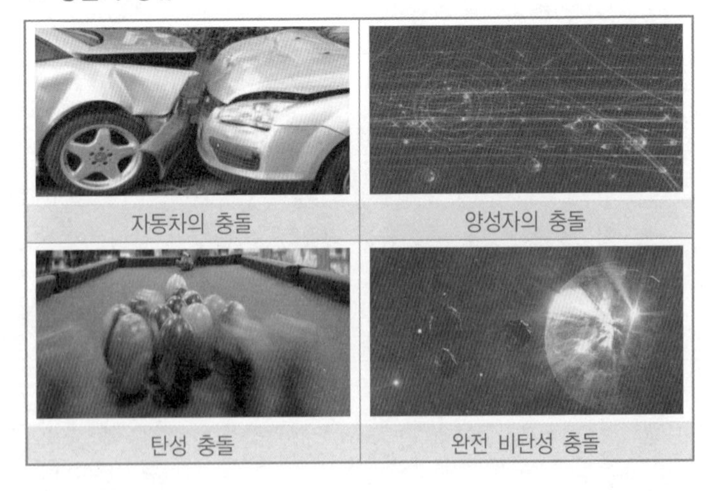

자동차의 충돌 | 양성자의 충돌
탄성 충돌 | 완전 비탄성 충돌

유도 기전력

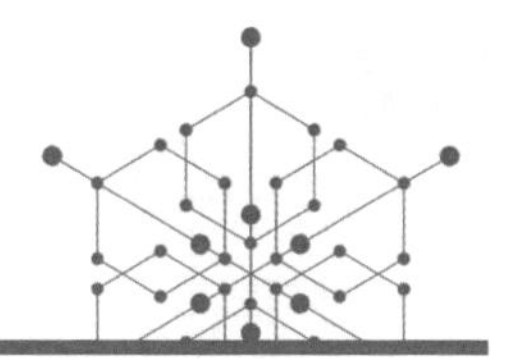

정의 유도 기전력(誘導起電力, induced electro-motive force)은 전자기 유도에 의하여 생기는 기전력으로, 폐회로 가까이에서 자석을 움직이거나 전류가 흐르는 다른 회로를 이용해 자기장을 변화시키면 폐회로에 전류가 통하게 되는데 이때 전류를 생성하는 힘을 뜻한다.
영국의 화학자이자 물리학자인 패러데이는, 코일을 통과하는 자기력선의 수(자속)가 변할 때 회로에 생기는 유도 전류는 자기력선의 수의 변화를 방해하는 방향으로, 또는 자석의 운동 방향으로 흐른다는 사실을 알아냈다.

$$V = -N\frac{\triangle \Phi}{\triangle t}$$ 여기서 (-)는 방해의 의미

($\triangle \Phi$: 자기력선의 수의 변화, N: 코일의 감은 횟수, V: 유도 기전력)

해설

1. 유도 기전력의 방향은 코일 면을 통과하는 자속의 변화를 방해하는 방향으로 나타난다. 즉, 유도 전류에 의한 자기장은 자속의 변화를 방해하는 방향이 된다. 이것을 렌츠의 법칙이라고 한다. 렌츠의 법칙은 에너지 보존 법칙의 한 예다. 만일 그림에서 코일의 위쪽에 S극이 유도된다면 자석은 저절로 가속되어 역학적 에너지가 증가하는 동시에 코일에는 유도 전류에 의한 전기에너지가 생길 것이다. 이것은 에너지 보존 법칙에 위배되는 경우다. 따라서 이와 같은 일이 일어날 수 없으므로 렌츠의 법칙과 같이 위쪽에 N극이 유도된다.

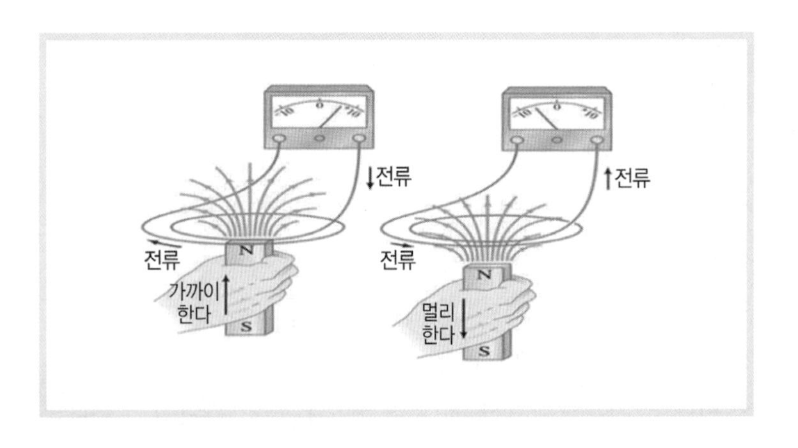

2. 위 그림에서와 같이 접근하면 코일에 접근하는 극이 생기고 멀어지면 코일에 반대 극이 생긴다. 따라서 N극이 코일에 접근하면 N극이 생기고 멀어지면 S극이 생긴다.
3. 자석을 솔레노이드 코일에 접근시키면 코일 속에 들어가는 자기력선의 개수가 증가하는데 이를 방해하는 방향으로 자기력선의 방향

이 결정되므로 위쪽이 N극이 되고 아래쪽이 S극이 되어 유도 기전력이 생기게 되고, 유도 기전력은 전압과 같은 역할을 하여 유도 전류가 흐르게 된다. 특히 "유도 전류의 방향은 접근하면 접근하는 극이 생기고 멀어지면 반대 극이 생긴다"고 이해하면 쉽다. 예를 들어 N극이 접근하면 접근하는 쪽(위쪽)은 같은 극인 N극이 형성되고 반대쪽(아래쪽)은 S극이 유도되어 유도 전류를 흐르게 한다.

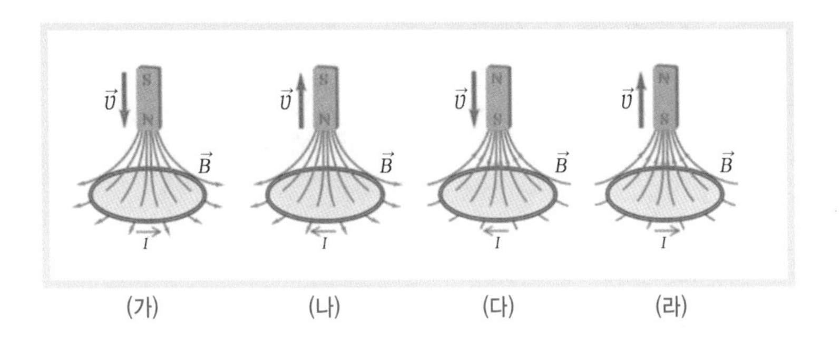

그림에서 (가)는 N극이 접근할 때, (나)는 N극이 멀어질 때, (다)는 S극이 접근할 때, (라)는 S극이 멀어질 때 그림이다. 접근하면 접근하는 극이, 멀어지면 반대 극이 생기는 원리를 이용하며 쉽게 유도전류의 방향을 알 수 있다.

4. 운동하는 도체에서 발생하는 유도 기전력: 자기장의 세기 B, 도체 막대의 이동 속도 V, 도체의 길이 l이라고 하면 다음 그림과 같이 ABCD에 생기는 유도 기전력은 패러데이 전자기 유도 법칙에 의해 유도 기전력 $V = N\frac{\triangle \Phi}{\triangle t}$(감은 횟수 N = 1회)

   자기력선의 수(자속) Φ = BS, 자기장의 세기 B는 일정하므로 유도 기전력 V는

$$V = -\frac{\triangle(B \cdot S)}{\triangle t} = -\frac{B \cdot \triangle S}{\triangle t} = -B\frac{(l \cdot v\triangle t)}{\triangle t} = -Blv$$ (☞'벌려봐'로 외우자.)

(여기서 S는 자속이 통과한 면적 = 세로 × 가로 = $l \cdot v\triangle t$)

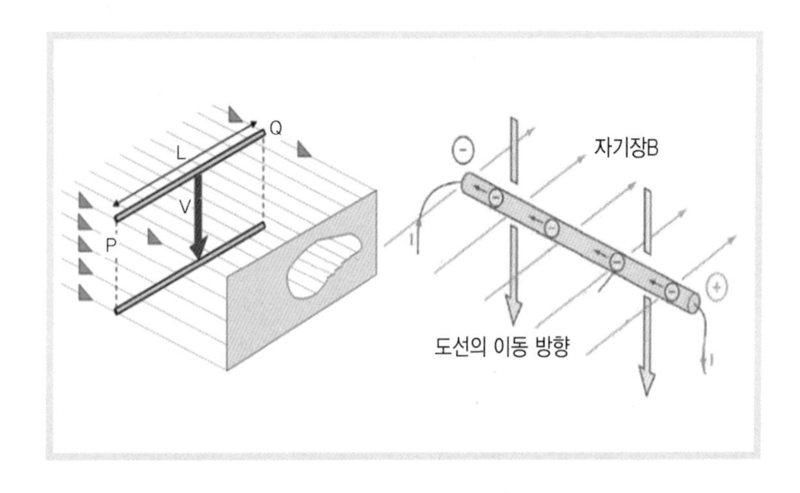

생.각.거.리.

일상생활에서의 유도 기전력

충전기의 발전

지금껏 우리는 충전기 단자를 휴대폰에 연결하는 방식으로 휴대폰을 충전시켜왔다. 하지만 이러한 방식으로 휴대폰을 오래 쓰면 휴대폰 충전단자가 휘는 등 훼손이 일어나거나 기판의 인식부분이 닳아서 충전량이 줄어든다. 하지만 이제는 이러한 단점을 보완하여 유선으로 충전하는 것이 아니라 '무선'으로 충전하는 충전기가 도래했다. 이러한 무선 충전기는 유도 기전력을 이용하여 휴대폰을 충전한다. 그렇기 때문에 충전단자가 훼손되어 충전 효율이 줄어드는 일은 없을 것이다.

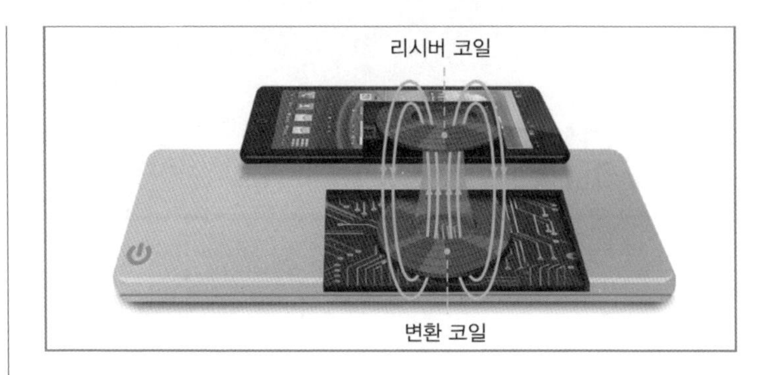

마이크

노래방에서나 TV에서 보는 마이크는 유도 기전력을 사용한 도구다. 마이크는 스피커를 정반대로 설계하여 만든 것이다. 그러므로 마이크를 스피커 연결부에 꼽으면 마이크에서 음악이 나온다. 그 반대로 스피커를 마이크 연결부에 꼽으면 스피커를 마이크로 사용할 수도 있다. 만약 마이크가 급하게 필요하다면 이어폰을 마이크 연결부에 꼽고 마이크를 사용해보자.

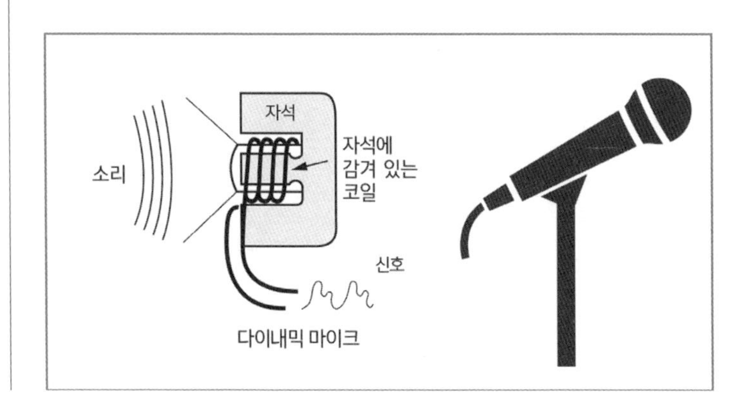

인공위성

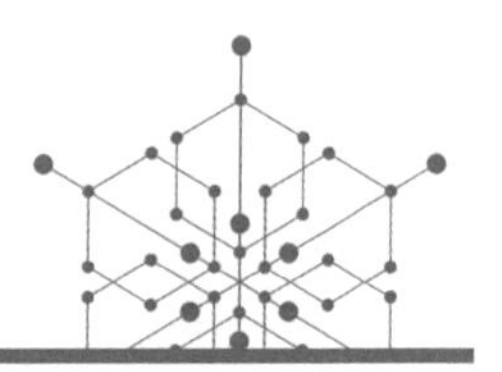

정의 태양의 중력을 구심력(mrw^2)으로 하여 원 운동을 하는 천체가 행성이라면, 지구의 중력을 구심력으로 하여 원운동을 하는 천체가 위성이다. 지구의 위성에는 달과 같은 천연의 위성과 인간이 만들어 궤도에 올려놓은 인공위성(人工衛星, earth satellite)이 있다.

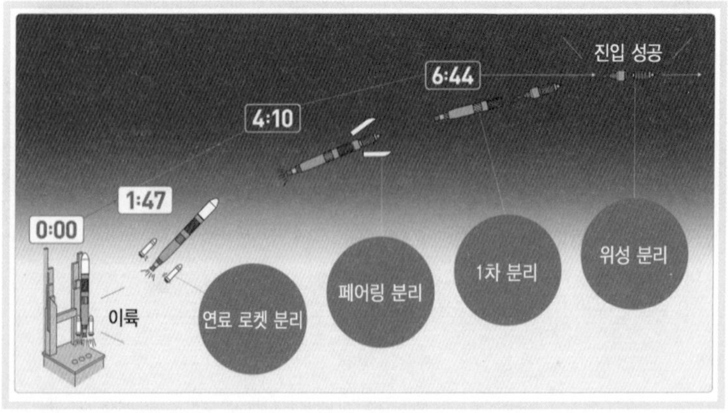

| 인공위성 발사 과정

해설 인공위성의 운동도 행성과 같은 원리로 움직이므로 케플러의 세 가지 법칙(조화의 법칙)을 충족시키면서 운동해야 한다. (r = R+h)

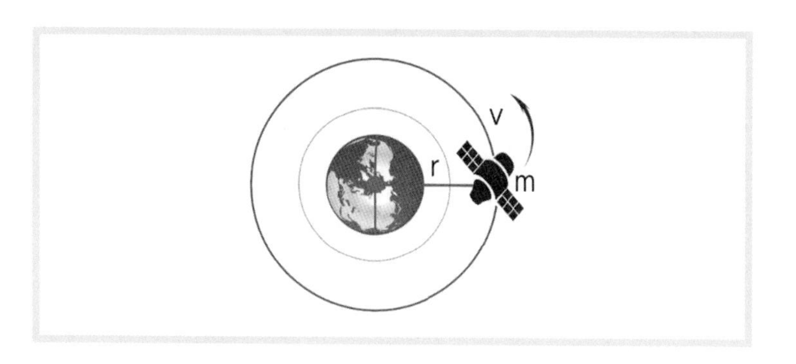

1. 위 그림에서 지상 h의 높이에서 v의 속력으로 운동하는 인공위성에 작용하는 만유인력($G\frac{Mm}{R^2}$)이 구심력(mrw^2)이므로 지구의 질량은 M, 인공위성의 질량은 m, 반경은 R, 만유인력 상수는 G라 할 때, 다음과 같은 식을 충족한다.

   $\frac{mv^2}{R+h}$ = $m(R+h)w^2$ 여기서 각속도 w = $\frac{2\pi}{T}$를 대입하면

   $\frac{mv^2}{R+h}$ = $m(R+h)\ (\frac{2\pi}{T})^2$ 에서 주기(T)에 대해 정리하면

   인공위성의 주기 $T^2 = \frac{2\pi(R+h)^3}{GM}$이 되고, 만약 지구의 표면을 스치듯이 움직이는 인공위성이 있다면 h가 0인 경우이므로 주기 $T^2 = \frac{2\pi R^3}{GM}$이 된다.

2. 주기의 제곱(T^2)은 장반경 세제곱(R^3)에 비례한다는 케플러 제3법칙(조화의 법칙)이 인공위성에도 적용됨을 알 수 있다.

✔ 인공위성의 원리 및 정지위성

1. 인공위성의 원리: 돌을 수평 방향으로 던지면 중력에 의해 곧 땅에 떨어진다. 더 빠르게 던지면 좀 멀리 가서 땅에 떨어지고, 이렇게 속도를 증가시키다 보면 땅에 떨어지지 않고 계속 돌 수 있는 원리를 이용한 것이 인공위성이다. 물리적으로 8km/s 이상의 속력으로 던지면 돌은 땅에 떨어지지 않고 지구 주위를 돌 수 있다.
2. 정지위성: 지구의 자전 주기와 같은 주기를 가지고 지구 주위를 공전하는 인공위성은 상대적으로 정지해 있는 것처럼 보이는데 이런 위성을 정지위성이라고 한다. 정지위성의 주기는 24시간이어야 하므로 위 식에서 T를 86,400초로 만드는 인공위성의 고도 h=36,000km로 지구 반경의 약 5.6배의 높이에 해당한다.
3. 지구의 공전주기는 1년이고 목성의 공전주기를 8년이라 할 때 목성의 궤도 긴반지름은 지구의 타원궤도 긴반지름의 몇 배인가?

[풀이] 주기의 제곱(T^2)은 장반경 세제곱(R^3)에 비례한다는 케플러 제 3법칙(조화의 법칙)에 의해 태양 주위를 공전하는 행성은 $\frac{T^2}{R^3}$ 비가 항상 일정하다.

$\frac{T^2}{R^3}$ = 일정하므로 $\frac{T^2_{지구}}{R^3_{지구}} = \frac{T^2_{목성}}{R^3_{목성}}$ 이므로 $\frac{1^2}{R^3_{지구}} = \frac{8^2}{R^3_{목성}} =$

$R^3_{목성} = 64R^3_{지구}$ 그러므로 $R_{목성} = 4R_{지구}$

답은 4배

일상생활에서의 인공위성

남북한의 스페이스 클럽 가입 경쟁

스페이스 클럽(space club)은 순전히 자력으로 만든 인공위성을 발사해 궤도에 진입시킨 국가만 들 수 있는 단체다. 그런데 남한은 북한(10번째)보다 한 발 늦은 11번째로 이 클럽에 가입했다. 경제력은 물론 기술력도 거의 모든 분야에서 남한이 북한보다 월등히 앞서 있지만 인공위성 분야에서만큼은 북한이 앞서 있다는 지표다.

한국 최초의 인공위성은 1992년 8월 11일 발사되어 궤도 진입에 성공한 '우리별 1호'지만 영국 서리 대학(University of Surrey)과의 공동 연구로 만든 인공위성이어서 스페이스 클럽 가입 요건을 충족하지 못했다. 이후 남북한은 인공위성의 독자 개발에 힘써 스페이스 클럽 가입 경쟁을 벌였다.

1998년 8월 북한은 '광명성 1호'를 제작하여 발사했지만 궤도 진입에 실패했다. 2005년 9월 남한은 나로 호를 발사할 예정이었지만 기술상의 문제로 일정이 연기되었다. 그러는 사이 북한은 2009년 4월 13일 '광명성 2호'를 발사하여 궤도 진입에 성공했다고 선전했지만 세계에서는 거짓 선전으로 보고 인정하지 않았다. 나중에 보도된 분석 기사에 따르면 정상 궤도 진입에는 성공했으나 3단 로켓 분리 실패로 추락한 것으로 보인다. 이후 남한은 2009년과 2010년에 잇달아 인공위성 발사에 나섰지만 발사에 실패하거나 추락했다. 북한 역시 여러 차례 인공위성을 발사했지만 번번이 실패했다.

그러다 2012년 12월 12일, 북한은 마침내 '광명성 3호'를 궤도에 진입시켰으며, NORAD(북미항공우주방위사령부)도 이를 공식

확인했다. 그리하여 북한은 10번째로 스페이스 클럽 가입국이 되었고, 남한은 불과 한 달 보름 뒤인 2013년 1월 30일에 나로 호를 궤도에 진입시켜 간발의 차이로 북한에 이어 11번째 스페이스 클럽 가입국이 되었다.

로켓 재활용 시대

1926년 세계 최초로 액체 연료 로켓이 발사된 후 지금까지 수많은 로켓이 우주로 발사되었다. 그러나 로켓의 임무를 마친 뒤 지구로 돌아오지 못하고 모두 산산이 부서진 채 고철 형태로 귀환하는 것이 전부였다, 하지만 2015년 로켓 팰컨 9는 궤도 진입에 성공한 후 임무수행을 마친 뒤 1단 추진 로켓이 지구로 안전하게 귀환했다. 이는 천문학적인 돈이 들어가는 우주개발에 일대 중요한 사건이었다. 추진 로켓을 회수하면 막대한 경제적 비용을 줄일 수 있으며 실제로 로켓 재활용으로 우주 발사 비용을 100분의 1 이하로 줄일 수 있어 경제적 · 환경적으로 매우 큰 의미가 있다.

일

정의 물체에 힘(F)을 주어 힘의 방향으로 S만큼 이동했을 때 한 일(work) W = FS이고, 단위는 J(줄)이다.

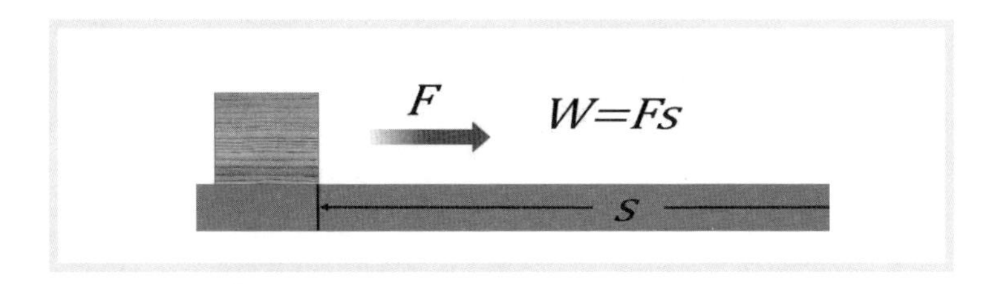

해설

1. 과학에서의 일은 일상생활에서의 일과 구분된다. 과학에서의 일은 먼저 힘이 작용해야 하고, 힘이 작용한 방향으로의 이동 거리가 있어야 하며, 힘의 작용 방향과 물체의 이동 방향이 직각이어서는 안 된다.

$$W = F\cos\theta \times s = Fs\cos\theta \text{ (우 포스코)}$$

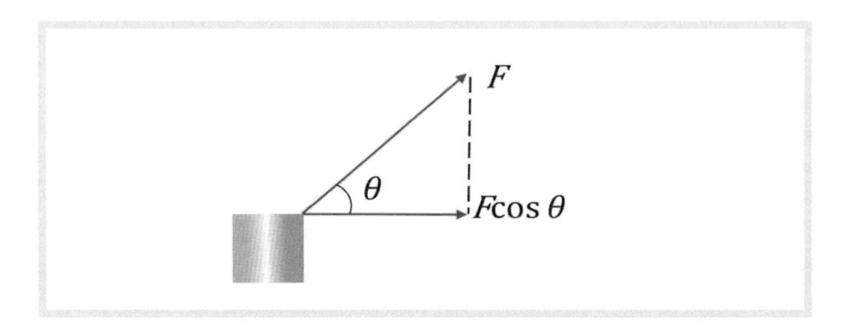

2. 일의 단위: 일의 단위로는 J(줄)을 사용하며, 1J은 1N의 힘이 작용하여 물체가 1m 이동했을 때 한 일의 양이며, 일을 해주면 계에 에너지가 변한다.

$$1J = 1N \times 1m = 1N \cdot m = 1kg \cdot f \times 1m = 1kg \cdot m^2 / s^2$$

3. 한 일의 양이 0인 경우: 힘이 0인 경우, 이동거리 s가 0인 경우, 힘의 방향과 이동거리의 방향이 수직일 때 일은 0이 된다.
4. 힘의 크기가 일정하지 않을 때의 일: 물체에 작용하는 힘의 크기가 일정하면 힘-거리 그래프로, 그래프의 밑넓이를 통해 한 일의 양을 쉽게 구할 수 있다.

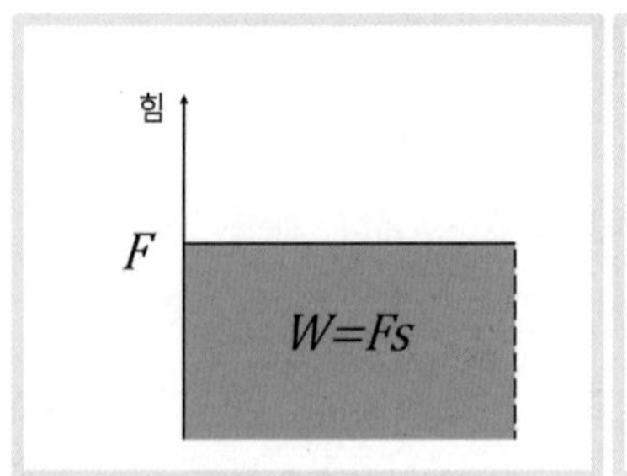

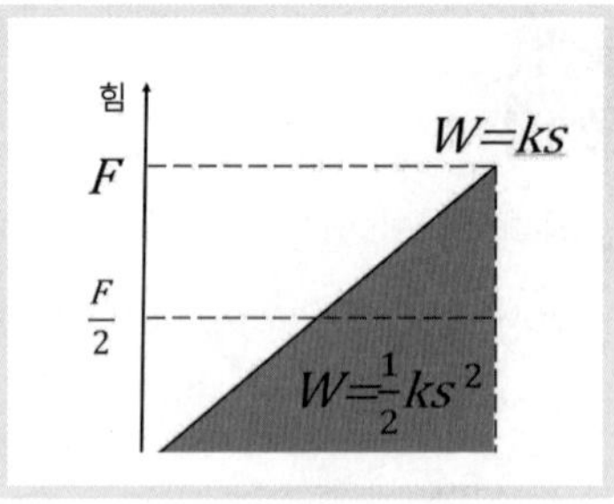

그래프의 면적이 한 일이므로 W = $\frac{1}{2}$FS= $\frac{1}{2}k x^2$ 이 된다.

5. 중력이 하는 일: 질량이 m인 물체가 중력($F = mg$)을 받으면서 떨어질 때 한 일 (W = F×s)이 되고, F는 중력 mg이므로 W= mgh 인 중력에 의한 위치에너지가 된다.
6. 기체가 외부에 한 일: W = F△S에서 F = PA를 대입하면 W = PA△S = P△V

   S는 이동거리, P는 압력, A는 면적, V는 압력, F는 힘
7. 일의 원리: 빗면 S에서 한 일과 수직으로 h만큼 한 일의 양은 같다. 힘의 이득은 있지만 일의 이득은 없으며 빗면에서 일은 W= Fsinθ × S이다.

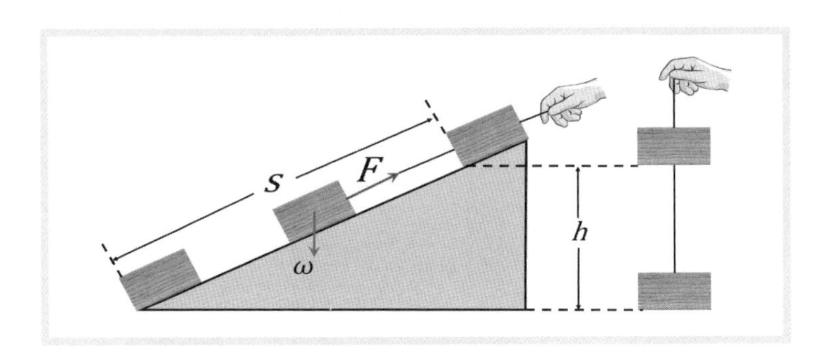

8. 3단 공식의 이해: 과학은 많은 3단 공식을 가지고 있다. 다른 공식에도 똑같이 적용하여 공부하면 쉽게 이해할 수 있다.
   - 3단 공식: 과학 및 다른 과목에도서 3개의 공식이 연결된 3단 공식이 매우 많다. 이런 3단 공식에 1차 함수를 대입하여 쉽게 공부해보자.
   - 3단 공식은 W = F×S, F = $\frac{w}{s}$, s = $\frac{w}{F}$이고 y절편이 0인 1차

일

함수로 그래프 4개를 그릴 수 있으며, 비례는 기울기로 표현되고 반비례는 면적으로 표현된다.

- 3단 공식에서 비례는 기울기(F, s)가 일정하고 반비례는 면적 일(W)이 일정하다.

$$W = F \times S \ , \ F = \frac{w}{s} \ , \ s = \frac{w}{F}$$

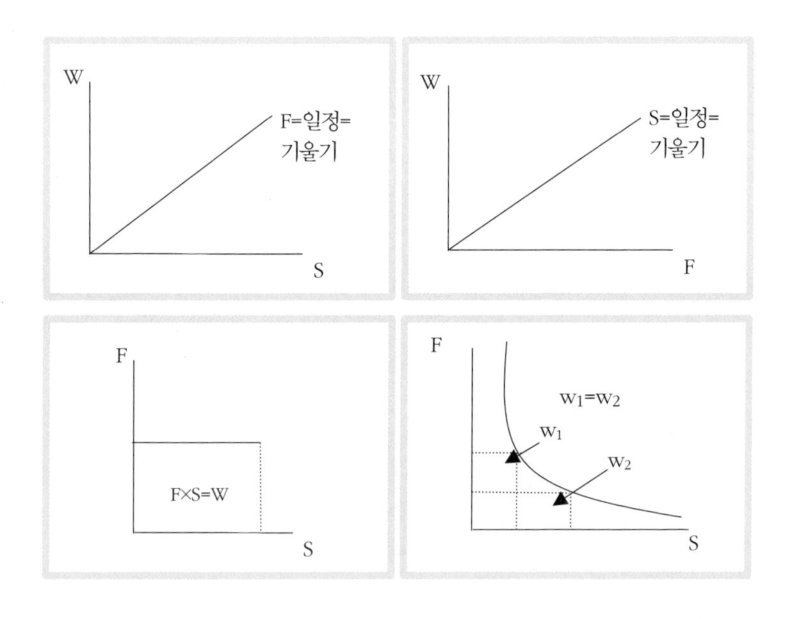

- 일 W와 거리 S가 비례하면 힘 F는 일정하고 기울기로 표현된다.
- 일 W와 힘 F가 비례하면 거리 S는 일정하고 기울기로 표현된다.
- 힘 F와 거리 S가 반비례하면 일 W는 일정하고 면적으로 표현된다.

그러므로 비례는 기울기로 표현되고 반비례는 면적으로 표현된다.

생.
각.
거.
리.

일상생활에서의 일

힘의 방향과 운동의 방향

올림픽 역도 경기에서 역도 선수가 역기를 들고 있을 때 힘을 위쪽으로 주고 있는데 역도선수의 힘이 부족하거나 역기가 너무 무거우면 역기가 아래로 내려오게 된다. 분명히 힘은 위쪽 방향으로 주고 있으나 운동 방향은 힘의 반대 방향이므로 일이 음수(-)가 된다. 즉, 기준점에 대하여 기준점 아래로 물체가 이동한다면 물체가 한 일은 음수가 된다. 다른 예로는 달리는 자동차를 달리는 방향의 반대 방향으로 힘을 가한다면 오히려 차가 밀고 있는 방향으로 움직이기는커녕 밀고 있는 사람이 차에 치어 부상을 당할 수 있다. 결론적으로 힘의 방향과 운동 방향이 같을 때와 힘의 방향과 운동 방향이 반대일 때 물리적 현상이 다르게 나타난다.

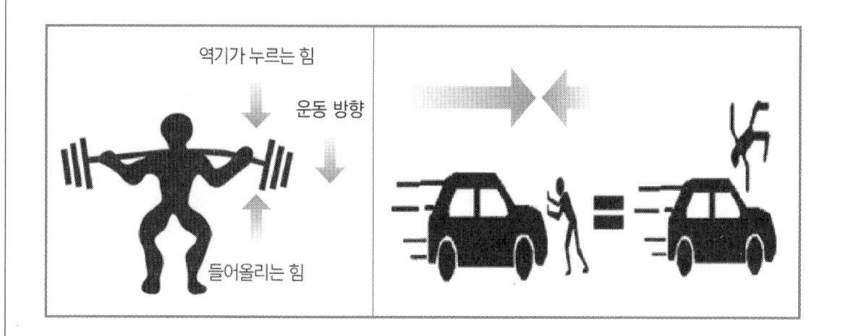

예를 들면 물체가 수평면에 놓여 있는데 여기에 사람이 힘 F를 줘서 s를 끌고 갔다면 사람이 한 일은 F×s가 되고 그때 마찰력이 f로 작용했다면 '마찰력이 한 일'은 -f×s가 된다(마이너스의 의미는 운동 방향과 반대로 일을 했다는 것이다).
이때 알짜 힘이 한 일은 (F-f)s가 된다.

일

연극으로 표현하는 일(운동에너지 정리)

아래 그림과 같이 수평에 질량이 m 물체가 운동할 때

등가속도 공식 $V^2 - V_0^2 = 2as$에서 가속도 $a = \frac{F}{m}$이므로 대입하면

$2as = 2\frac{F}{m} \times s = V^2 - V0^2$. 그러므로 알짜 힘이 한 일은 = FS

$= \frac{1}{2}mv^2 - \frac{1}{2}mv_0^2$가 된다. 그러므로 알짜 힘이 한 일은 운동에너지 변화가 된다.

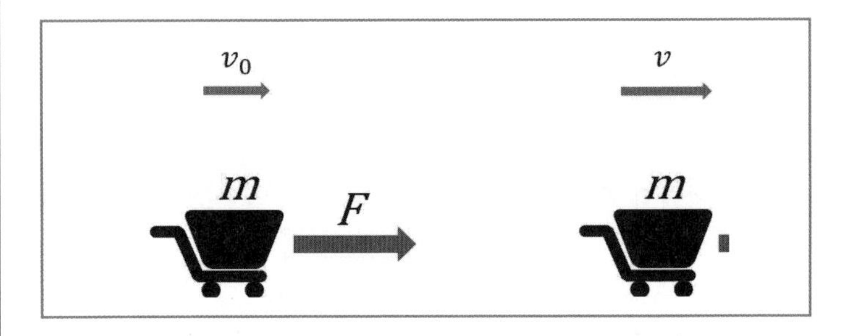

𝄞 무엇이, 무엇이 똑같을까? 알짜 힘이 한 일과 운동에너지의 변화가 똑같아요. ♬

- 상황 묘사 이해: 일과 에너지가 어떤 경우에 사용되는지 상황을 설정하여 연극으로 표현해보자. 모든 공식이 어떤 상황에서 어떻게 활용되는지 이해하는 것이 매우 중요하다.

  수레: 나는 수레! 속력이 V_0지?

  슈퍼맨: 나는 슈퍼맨! 수레가 움직이는 방향으로 F의 힘으로 힘껏 밀었지!!

  수레: 나는 수레! 슈퍼맨에게 힘(F)을 받아 속력이 V로 증가하고 거리 S만큼 이동했지!!!

$$\Rightarrow FS = \frac{1}{2}mv^2 - \frac{1}{2}mv_0^2$$

- 수레를 축구공으로 역할을 바꿔 상황을 묘사하면 일과 에너지 공식이 어떤 때 사용되는지 쉽게 알 수 있다.

  축구공: 나는 축구공! 속력이 V_0지!!

  슈퍼맨: 나는 슈퍼맨! 축구공이 이동하는 방향으로 F의 힘으로 힘껏 발로 찼지!!

  축구공: 나는 축구공! 슈퍼맨에게 힘(F)을 받아 속력이 V로 증가하고 거리 S만큼 이동했지!!! $\Rightarrow FS = \frac{1}{2}mv^2 - \frac{1}{2}mv_0^2$

- 힘의 방향과 운동 방향: 힘의 방향과 운동 방향이 같으면 속력은 증가하고 힘의 방향과 운동 방향이 반대 방향이면 속력은 감소한다.

자기력선

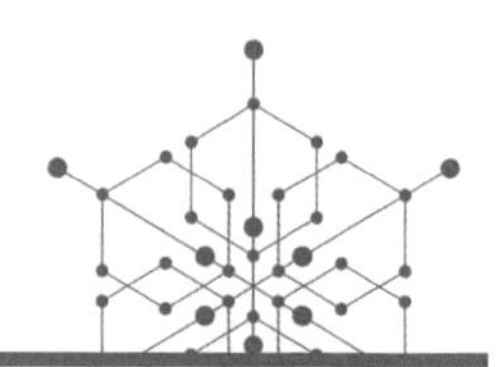

정의 자기장 내에서 자침의 N극이 가리키는 방향을 연속으로 연결한 선을 자기력선(磁氣力線, lines of magnetic force)이라고 한다. N극에서 나와 S극으로 들어간다.

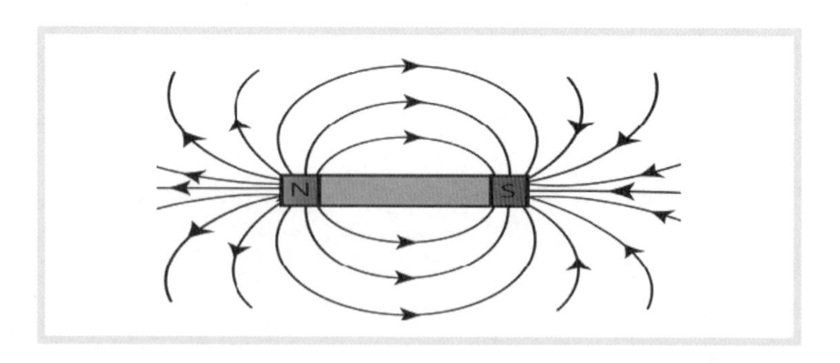

해설 자기장을 시각적으로 나타낸 것을 자기력선이라고 한다. 자기력선(곡선인 경우에는 접선 방향)은 그 지점의 자기장 방향을 나타낸다. 자기력선에 수직한 단위 면적을 지나는 자기력선의 수는 자기장의 세기를 나타낸다. 이러한 자기력선의 모양은 자석 주위에 작은 쇳가루나 작은 자침을 뿌려놓으면 쉽게 관찰할 수 있다.

1. 자기력선의 특징: 자기력선은 N극에서 나와 S극으로 들어가며, 도중에 갈라지거나 교차되지 않으며, 자기력선의 임의 한 점에서 그은 접선의 방향이 그 점에서 자기장의 방향이며, 자기력선의 간격이 좁을수록 자기장의 세기가 세다.

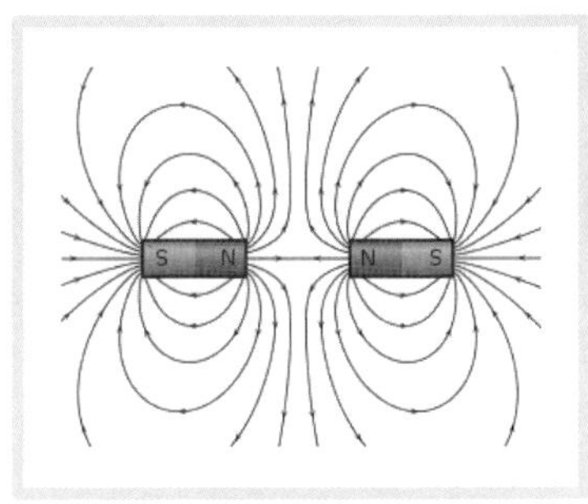

| 척력이 작용하는 자기력선

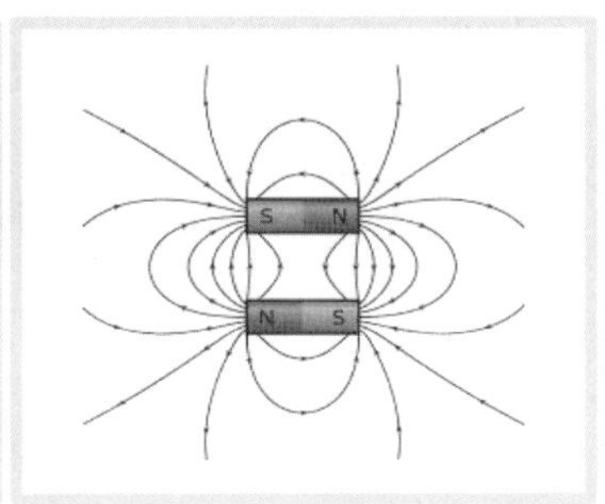

| 인력이 작용하는 자기력선

2. 자석 주위의 자기력선: 위 그림에서 자석 주위에 배열된 철가루의 모양으로 자석 주위의 자기력선을 관찰할 수 있는데, 같은 극 사이에는 서로 밀어내는 척력 방향으로 자기력선이 분포하고 다른 극 사이에는 서로 당기는 인력 방향으로 자기력선이 분포하며, 자석 끝 부분에서 자기력선의 밀도가 크다.
3. 자기선속(Φ): 자기장에 수직인 단면을 지나가는 자기력선의 수를 의미하며, 자기선속은 자기력선의 다발로 단위는 Wb(웨버)를 사용한다.
4. 자기장의 세기(B): 다음 그림에서 자기장에 수직인 단위 면적을 통과하는 자기력선의 수(자기선속, 자속)를 자기장의 세기라고 하며, 면적이 S인 단면을 수직으로 통과하는 자기선속이 Φ일 때 자기장의 세기 B는 다음과 같다.

- 면적 S가 일정할 때는 자기력선의 개수가 많이 통과할수록 자기장이 세진다.
- 자기력선의 수(자속)이 일정할 때는 면적이 작을수록 자기장이 세진다.

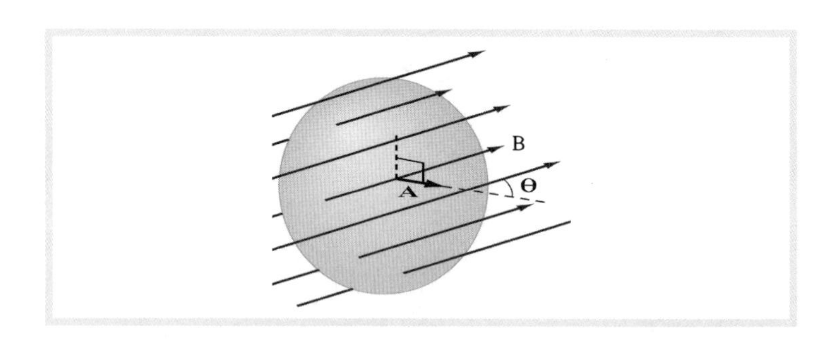

- B = $\frac{\Phi}{S}$ [단위: T(테슬라), 1T = 1Wb/m^2]

✔ 3단 공식을 쉽게 이해하는 방법

- $\boldsymbol{\Phi}$ = BS('파 비스'로 외우자), $\boldsymbol{\Phi}$ = B×S, B = $\frac{\Phi}{S}$, S = $\frac{\Phi}{B}$
- 비례는 기울기로 표현되고 반비례는 면적으로 표현된다.

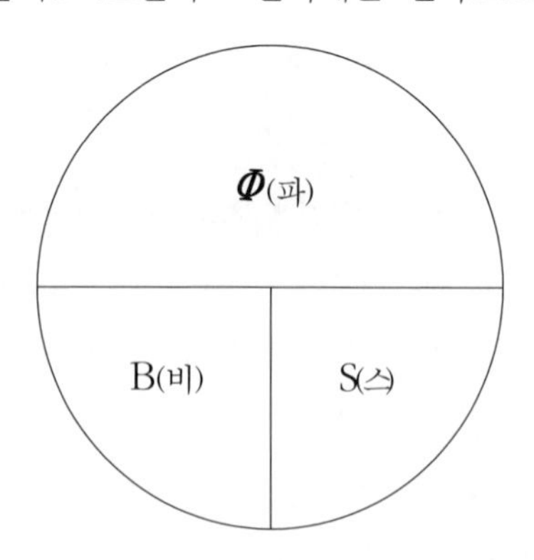

생.
각.
거.
리.

일상생활에서의 자기력선

1. 예제

다음 그림은 A, B를 통과하는 자기력선의 개수다. A는 면적 $0.01m^2$에 자기력선이 3개 통과하고, B는 면적 $0.1m^2$에 자기력선이 6개 통과한다. 자기장의 세기는 A가 B의 몇 배인가?

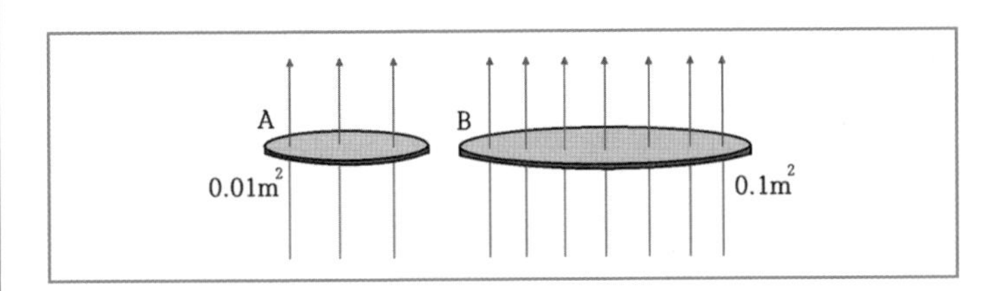

[풀이]

자기장의 세기 $B = \dfrac{\Phi(\text{자기력선의 개수})}{S(\text{면적})}$ 이므로

A의 자기장의 세기$= \dfrac{3}{0.01} = 300T$,

B의 자기장의 세기 $= \dfrac{6}{0.1} = 60T$.

따라서 자기장의 세기는 A가 B의 5배다.

2. 지자기

어느 점의 자기장 방향은 그곳에 자침을 놓았을 때 그 자침이 가리키는 방향으로 정의한다. 따라서 막대자석의 N극 주위의 자기장은 밖으로 나가며, S극 주위의 자기장은 들어가는 방향이다. 즉, 자기장의 방향은 N극에서 나와 S극으로 들어가는 형태로 형성된다. 그러므로 지구를 하나의 커다란 자석으로 볼 때 북극(North)은 자침의 N극이 가리키는 방향이므로 S극이고, 남극(South)이 N극이다. 따라서 지구는 하나의 거대한 자석이다.

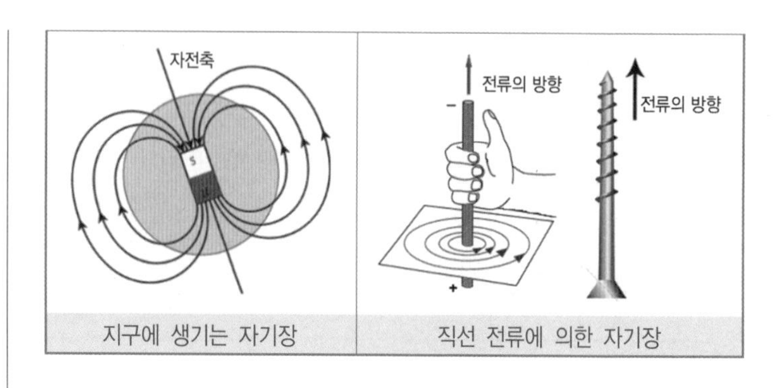

지구에 생기는 자기장　　직선 전류에 의한 자기장

3. 직선 전류의 자기장

엄지손가락은 전류의 방향으로, 나머지 손가락은 자기장의 방향으로 향하면 자기장의 크기는 B= $k\frac{I}{r}$ (K= 2×10 - 7N/A2, I는 전류, r는 반지름)

4. 원형 전류에 의한 자기장

원형 도선에 전류가 흐르면 원형 도선 중심에 생기는 자기장의 방향은 직선 전류에 의한 자기장과 반대 방향으로 생각하면 된다. 즉, 자기장의 방향이 엄지손가락이면 나머지 손가락은 전류의 방향이다.

자기장의 크기는 B= $k\frac{I}{r}$ (K= $2\pi \times 10^{-7}N/A^2$, I는 전류, r는 반지름)

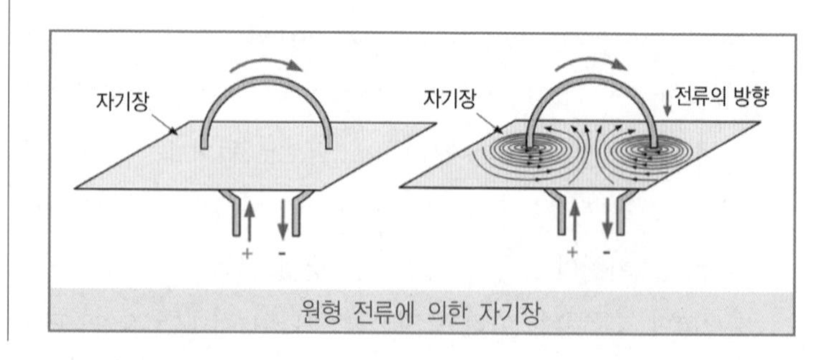

원형 전류에 의한 자기장

5. 솔레노이드에 의한 자기장

솔레노이드는 코일로 여러 번 감은 것으로, 원형 전류의 자기장 방향과 같으며 엄지가 자기장 방향이며 나머지 손가락은 전류의 방향이 된다. 특히 솔레노이드 내부는 균일하게 자기장이 분포하며 막대자석과 같은 역할을 한다.

자기장의 크기는 B = knI(K= $4\pi\times10^{-7}$N/A^2, I는 전류, n은 단위 길이 당 감은 횟수)

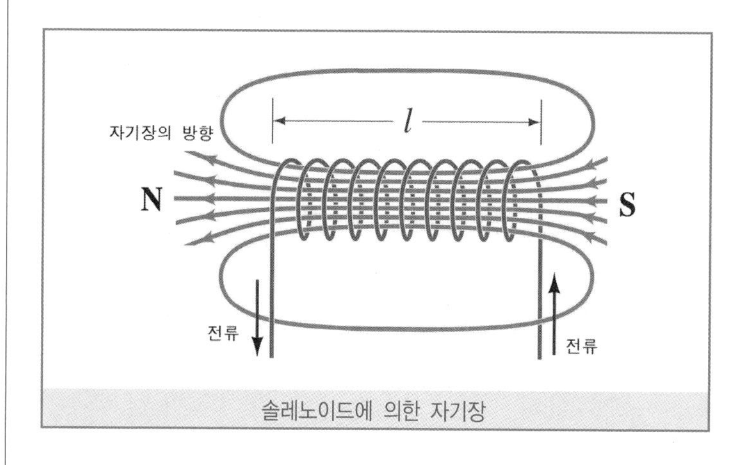

솔레노이드에 의한 자기장

솔레노이드는 원형 전류를 여러 번 감아서 만들기 때문에 내부에 강한 자기장을 형성할 수 있다. 또한 도선에 전류가 흐르면 주변에 자기장이 만들어진다. 이때 도선 주변에 생기는 자기장의 모양은 주변에 쇳가루를 뿌려서 그들이 배열되는 것을 통하여 알 수 있다. N극은 자기력선이 나오는 곳이며 직선 도선을 원형으로 만들면 자기력선의 대칭이 깨져 들어오는 방향과 나가는 방향을 구별할 수 있고, 따라서 N극과 S극을 정할 수 있다. 솔레노이드에 의한 자기장인 경우 오른손 엄지손가락 방향이 N극이 된다.

6. 자석으로 자기력선 만들어보기

- 준비물: 막대자석 2개, 투명 아크릴판, 철가루
- 실험 과정:
  - 흰 종이 위에 자석을 놓고, 자신이 원하는 대로 배열한다.
  - 자석 양쪽에 낮게 받침대를 놓고 그 위에 투명 아크릴판을 올린다.
  - 투명 아크릴판 위에 철가루를 골고루 뿌린다.
  - 아크릴판을 손가락으로 톡톡 쳐가면서 철가루가 어떤 모양으로 변하는지 관찰한다.

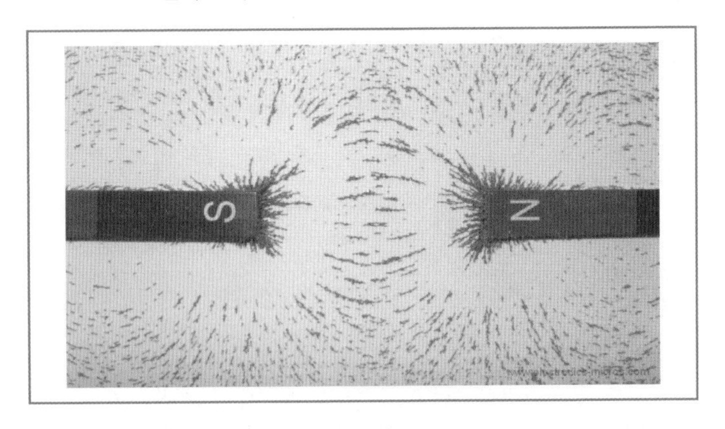

자기장(B) 속에서 전류(I)가 받는 힘(F)

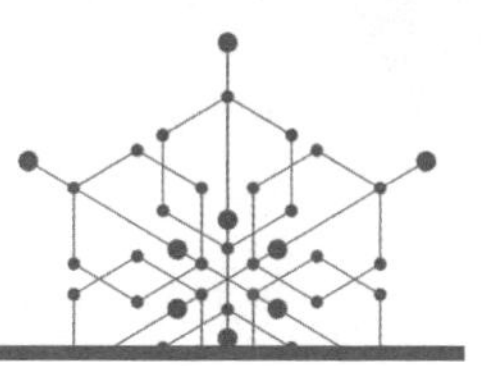

정의 자기장(B) 속에서 도선에 전류(I)가 흐를 때 이 도선은 힘(F)을 받게 되는데 이때 힘을 전자기력이라 하며 힘의 크기는 F = Bilsinθ('빙신'으로 암기하자)이다.

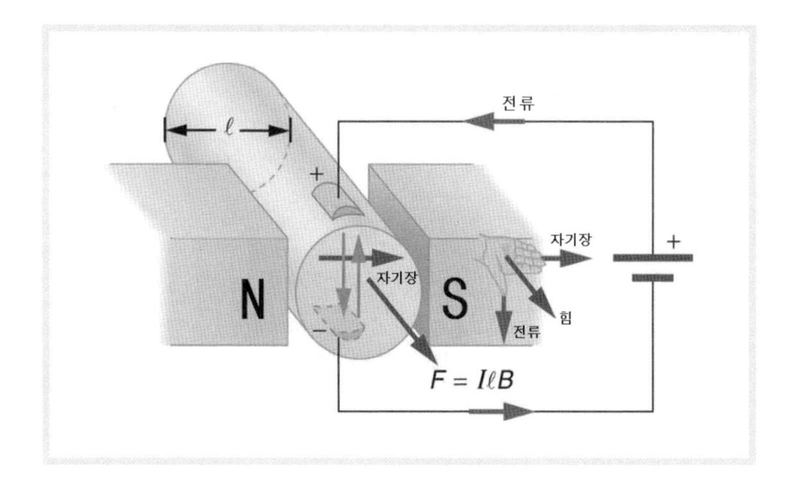

해설 앞의 그림은 왼손과 오른손으로 전류, 자기장, 힘의 방향을 나타내는데, 왼손으로 이해하는 경우가 더 좋은 것 같다. 왼손으로 장풍을 일으키면 장풍이 나오는 방향이 힘(F)의 방향이 되고 엄지는 전류(I)의 방향, 나머지 손가락은 자기장(B)의 방향이 된다.

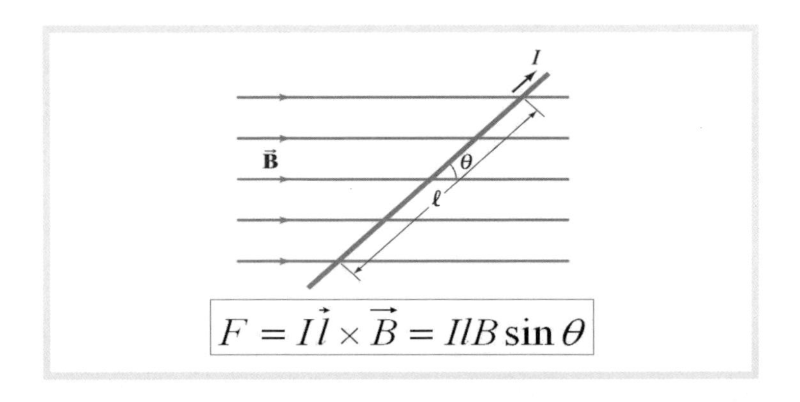

1. 도선에 흐르는 전류와 θ의 각도를 유지하며 흐를 때 힘은 다음과 같다.

   F = Bilsinθ(빙신). 여기서 B는 자기장의 세기, I는 전류, l은 도선의 길이, θ는 전류의 방향과 자기장의 방향이 이루는 각도로 θ가 90°인 경우 힘은 최대가 된다.

   앞으로 '빙신'은 왼손(FBI)으로 이해하고, 유도 기전력 방향은 오른손(FBI)으로 이해하면 물리 문제 풀 때 많은 도움이 될 것이다.

2. F = Bi$l$sinθ(빙신)에서 전류 I = $\frac{q}{t}$이므로 F = B× $\frac{q}{t}$×l 이 되고 $\frac{l}{t}$=V(속력)이 되기 때문에 F = BqV(버커봐)로 유도되며, 중요한 것은 빙신(Bi$l$sinθ)에서 버커봐(BqV)로 유도됨을 알 수 있다.

3. 평행한 두 직선 사이에 작용하는 힘: 다음 그림과 같이 평행한

두 직선 사이에 작용하는 힘이 작용되는데 전류의 방향이 같으면 인력이 작용하고 전류의 방향이 다르면 척력이 작용한다.

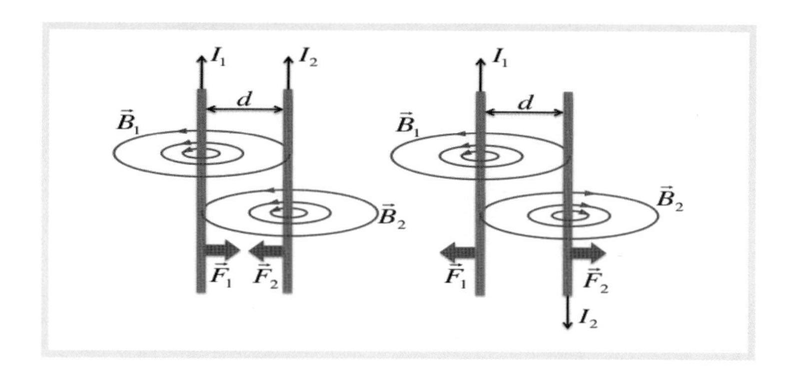

4. 도선의 길이가 l인 두 도선에 전류 I_1과 I_2가 각각 흐를 때 두 직선 사이에 작용하는 힘 F는

$$F = k\ \frac{I_1 I_2}{r} l$$

5. 아래 그림을 보고 직선 도선의 의한 자기장 방향을 참고하여 전류의 방향이 같으면 인력이 작용하고 전류의 방향이 다르면 척력이 작용하는지 표현해보자.

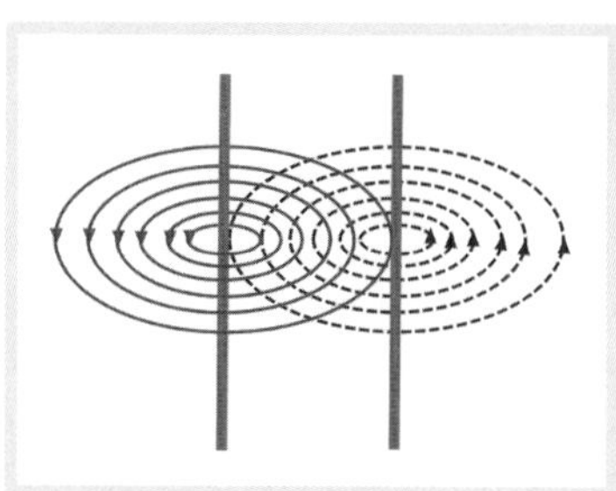
| 전류의 방향이 같을 때(인력)

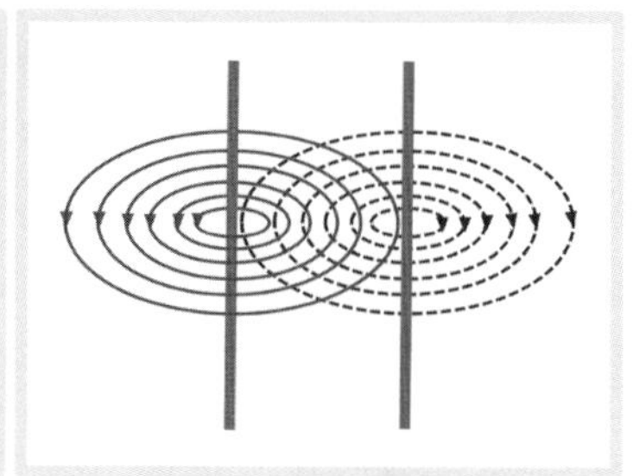
| 전류의 방향이 다를 때(척력)

6. 플레밍의 왼손 법칙

- 자기장 속에서 전류가 받는 힘(F: 힘, B: 자기장, I: 전류)

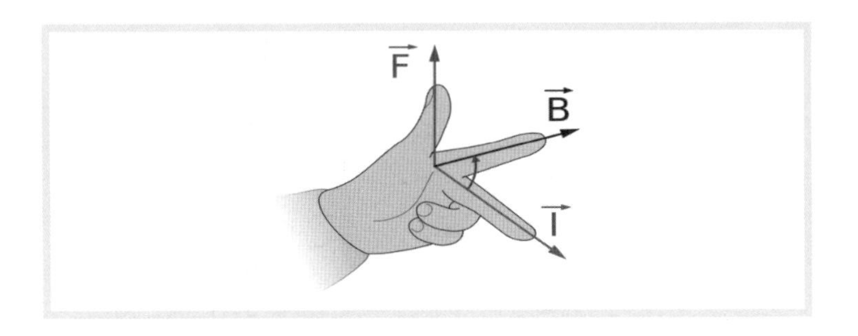

그림 (가)와 (나)에서 힘은 어느 방향으로 작용할까?

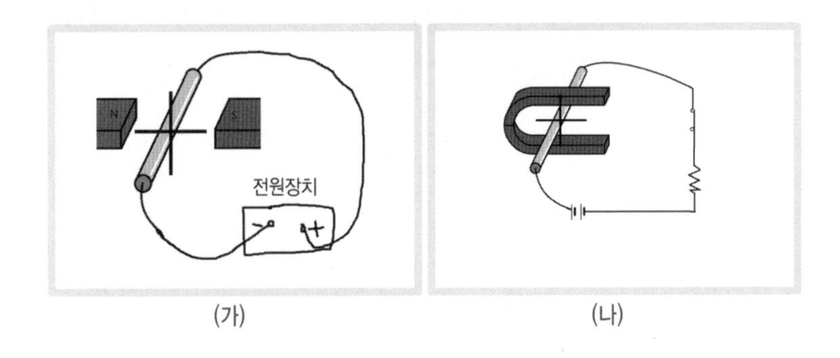

(가) (나)

[답] (가) 위쪽, (나) 오른쪽

전류 방향은 N극에서 S극, 전류의 이동은 (+)극에서 (-)극으로 이동한다.

생.각.거.리.

일상생활에서의 자기장

1. 오로라는 지구가 형성하는 자기장인 지구자기장(밴앨런대)의 극 부분인 남극과 북극으로 태양의 대전입자가 이끌려와 지구의 대기와 부딪히며 발생하는 현상이다. 남극과 북극 쪽으로 대전입자가 끌려가기 때문에 극지방에서 더 잘 관측된다.

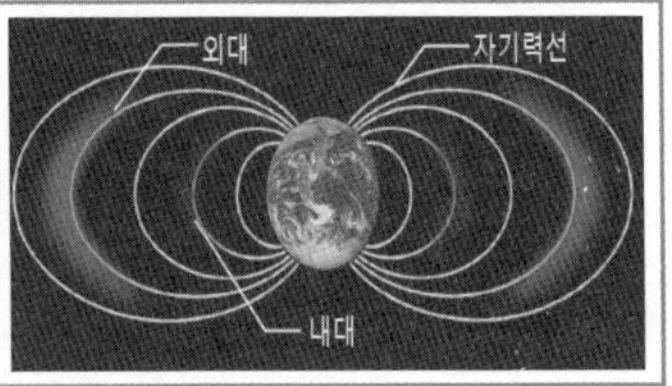

2. 지구의 자기장은 위의 예처럼 오로라를 우리에게 보여줄 뿐 아니라 태양풍과 같은 지구 외 권으로부터의 위협에서 우리를 지켜주는 역할을 하는 고마운 존재다. 과거 한때 유행했던 '2012년 지구 멸망설'에서 지구 멸망의 원인으로 가장 크게 부각된 내용이 이 지구 자기장과 관련이 있다.
3. 컴퓨터의 보조기억장치로서 저장장치인 HDD(hard disk drive)는 자기장을 이용하여 데이터를 처리한다.

4. 현재 인류가 사용하고 있는 전기 발전 방식 중에서 태양광 발전을 제외한 대부분의 발전은 자기장을 이용한 전자기 유도를 이용하여 전기를 생산한다. 또한 교통카드나 하이패스와 같이 RFID(radio frequency identity)를 이용한 물건에서도 자기장에 변화를 주어 전류를 만드는 전자기 유도를 이용한다.

자성

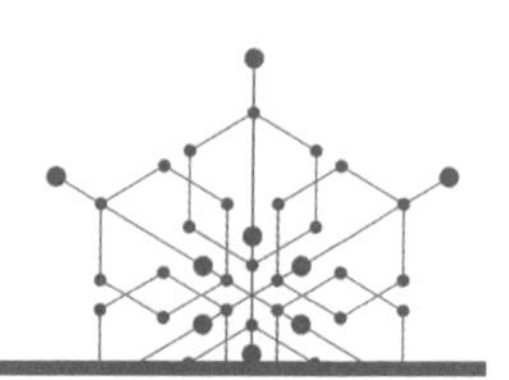

정의 자성(磁性, magnetism)의 원인은 물질을 구성하는 원자 속 전자의 운동이며, 전자의 운동은 원자핵 둘레를 도는 궤도운동과 전자 자신의 축을 기준으로 자전하는 스핀으로 구분된다.

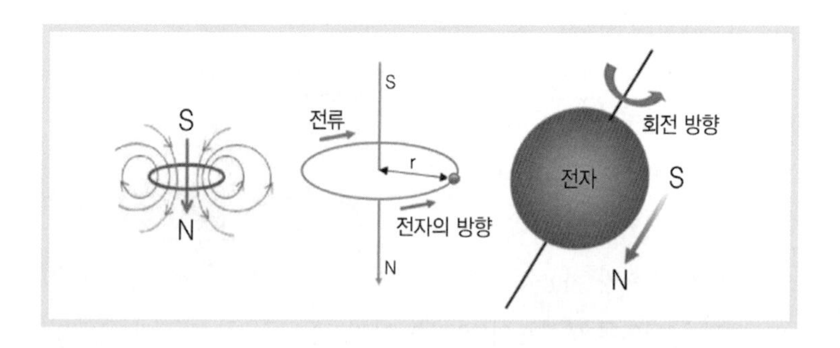

해설 모든 물질은 원자 내의 전자를 가지고 있으므로 항상 자석의 효과를 나타내야만 하며, 자성의 원인은 전류에 의한 자기장, 전자의 궤도 운동, 전자의 스핀이 있다.

1. 전류에 의한 자기장: 원형 고리에 전류가 흐를 때 고리의 중심에서 앙페르 법칙에 의해 오른손을 사용하면 아랫방향으로 자기장이 형성된다.
2. 전자의 운동 궤도: 전자가 원자핵 둘레를 반시계 방향으로 회전하면 전류는 전자와 방향이 반대이므로 시계 방향으로 흐르게 된다. 오른손 앙페르 법칙에 의해 자기장의 방향은 앞의 그림과 같이 수직 아래가 된다.
3. 전자의 스핀: 전자의 스핀(회전) 방향이 반시계 방향일 때 앞의 그림과 같이 자기장이 형성되는데 원자 내 전자의 궤도 운동과 스핀은 자기장을 형성하기 때문에 하나의 원자를 작은 자석으로 생각할 수 있다. 이를 원자 자석이라고 한다.

tip

모든 물질이 원자 내 전자를 가지고 있지만 자성을 나타나지 않는 이유: 서로 반대 방향으로 회전하는 전자들이 쌍을 형성하여 전자가 만드는 자기장이 서로 상쇄되어 자석의 효과가 발현되지 못하게 된다.

4. 물체 내의 어떤 면을 통과하는 자기력선의 수로, 극에서 나오는 자기력선을 하나의 묶음으로 한 것을 말한다. 단위는 Wb(웨버)를 사용하며 자기력선의 개수, 자기력선속 또는 자속이라고도 한다.

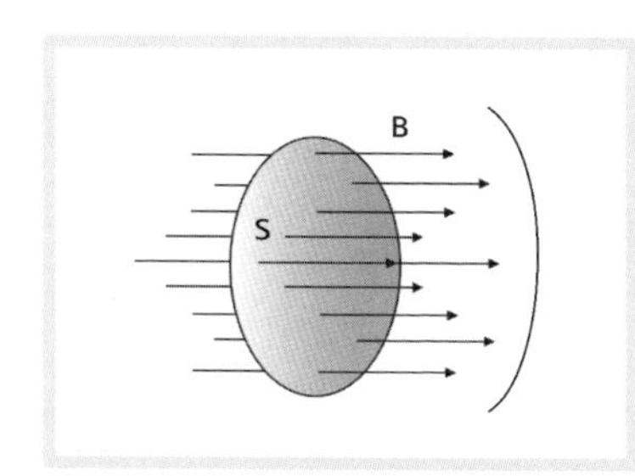

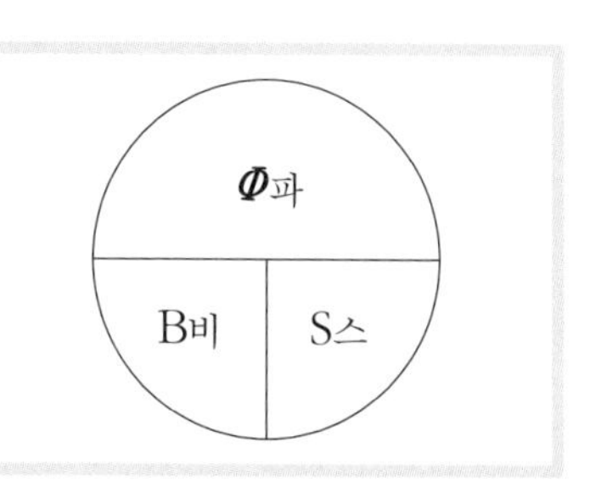

5. 모든 물리 법칙의 기본은 상호작용에 의한 변화가 어떻게 유발되고 어떤 결과를 초래하는지 둘 사이의 관계를 알아가는 것이다. 앞의 그림에서 면적 S를 통과하는 자기력선의 개수(자속)의 변화가 전자기 유도 현상을 유발한다.

- 자속(Φ): 자기장에 수직인 단면을 지나가는 자기력선의 수를 의미하며, 자기선속은 자기력선의 다발로 단위는 Wb(웨버)를 사용한다.
- 자기장의 세기(B): 앞의 그림에서 자기장에 수직인 단위 면적을 통과하는 자기력선의 수(자기선속, 자속)를 자기장의 세기라고 하며, 면적이 S인 단면을 수직으로 통과하는 자기선속이 Φ일 때 자기장의 세기 B는 다음과 같다.
- 면적이 크고 큰 면적을 통과하는 자기력선의 개수가 작을수록 자기장은 작아지고, 면적이 작고 작은 면적을 통과하는 자기력선의 개수가 많을수록 자기장은 커진다.

$$B = \frac{\Phi}{S} \text{ [단위: T(테슬라), 1T = 1Wb/m}^2\text{]}$$

tip

3단 공식을 쉽게 이해하는 방법(y절편이 0인 1차 함수 $y=ax$, 기울기 a는 항상 일정)의 형태임을 잊지 말자. 위 도표에서 Φ = BS ('파비스'로 외우자.)

$$\Phi = B \times S,\ B = \frac{\Phi}{S},\ S = \frac{\Phi}{B}$$

일상생활에서의 자성

전자 계전기

전자 코일에 전류를 흘려주면 전자석이 되는 성질을 이용하여 철편을 당기고 여기에 부착된 접점이 붙거나 떨어지는 동작을 통해 전류를 개폐한다. 전류를 이용해 자유롭게 전류를 개폐할 수 있는 특성 때문에 일종의 스위치로 인식이 된다. 작은 입력 신호를 큰 출력신호로 변환할 수 있고 하나의 입력신호로 다수의 출력신호를 얻을 수 있다. 이러한 특성 때문에 제어공학에서 빠질 수 없는 기술이 되었다.

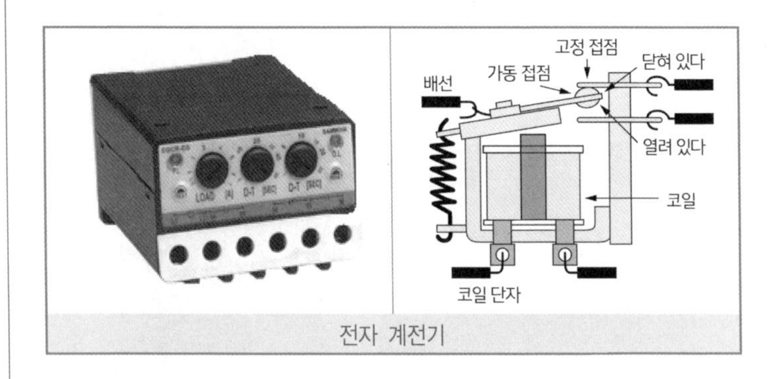

전자 계전기

전류의 세기에 따라 자성의 세기를 조정할 수 있는 전자석

- 단순히 끌어당기는 성질: 전기종, 기중기 등
- 당기는 힘을 이용하여 회전력을 얻음: 전동기, 전류계 등
- 전자를 편향시키는 성질: TV 브라운관 등
- 전기를 띠는 입자(전자, 이온)를 가두는 성질: 플라즈마 가둠 장치 등 – 토카막(tokamak) 식
- 전기를 띠는 입자를 가속시키는 성질: 입자 가속기 등

방전 현상을 이용한 플라즈마 볼

플라즈마 볼은 진공상태에 가까운 적은 양의 공기에서는 방전이 잘 일어난다는 점을 이용하여 전기를 띠는 입자를 가두고 공 내부를 진공에 가깝게 만들어 가정 전압과 같이 비교적 낮은 전압에서도 쉽게 방전 현상을 눈으로 볼 수 있게 만든 기구다. 플라즈마 볼에 손을 가져다 대면 그 부분으로 전기가 이동하는 이유는 전기가 조금이라도 더 잘 흐르는 곳으로 이동하는 성질을 가지고 있기 때문이다. 플라즈마 볼을 오래 사용하면 전자파에 쉽게 노출될 뿐 아니라 미약하게 공기 중으로 방전된 전류가 산소와 만나 오존이 되면서 불쾌한 냄새가 나고, 호흡기관에 나쁜 영향을 끼칠 수 있으니 주의해야 한다.

플라즈마-토카막 식	전자식 기중기

전자식 기중기

전자식 기중기는 전자의 원리를 이용하여 무거운 물체를 들어 올리는 장치다. 자석의 인력(끌어당기는 힘)을 이용하여 폐차장에서 주로 사용한다. 전자식 기중기는 전류가 흐르면 자석이 되는 전자석을 이용해 만든 기계다.

흑백 브라운관 텔레비전(CRT-TV)

1970년대 흑백 TV는 전자의 스핀이 일어나면 발생하는 자기장을 이용해 전자를 편향시키는 원리를 이용한 것이다. 브라운관 TV의 내부에는 전자총이라는 전자를 쏘아 보내는 장치가 있는데, 이곳에서 쏘아 보내진 전자가 자기장을 걸어주는 장치를 지나며 색이 표현될 곳에 정확히 들어가게 된다.

전기력

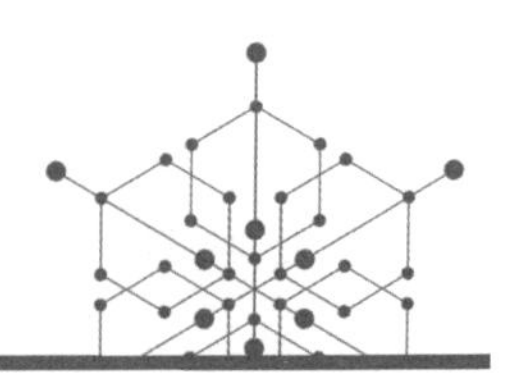

정의 전기력(電氣力, electric force)은 전하를 띤 두 대전체 사이에서 작용하는 힘이다. 서로 다른 종류의 전하 사이에는 인력, 같은 종류의 전하 사이에는 척력이 작용하고 전기력은 전하를 띤 물체가 접촉하지 않고 떨어져 있어도 작용한다. 전기력의 세기는 물체가 띠고 있는 전하의 양에 비례하고 떨어진 거리의 제곱에 반비례한다. F = qE('바퀴'로 외우자)이다.

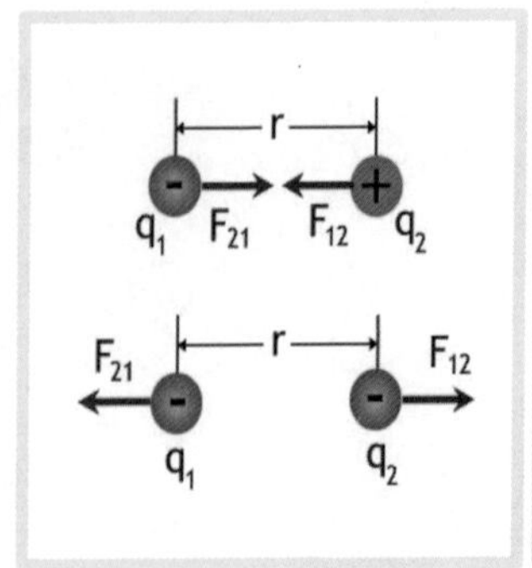

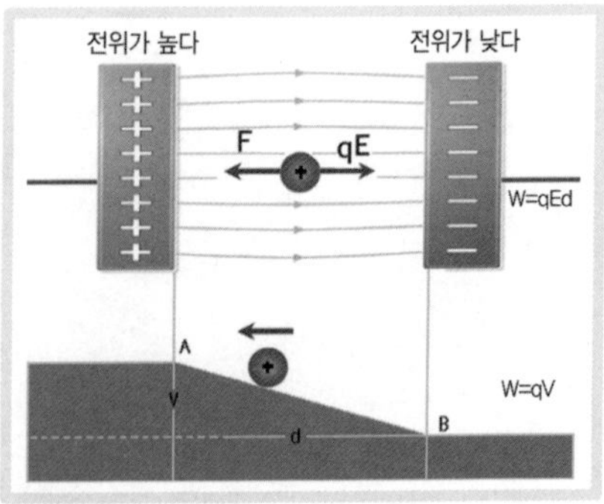

해설 두 대전체 사이에 작용하는 전기력의 크기 F는 대전체 사이의 거리 r의 제곱에 비례하고 전하량의 곱 q_1 q_2에 비례한다.

$F = k\frac{q_1q_2}{r^2}$ (K는 쿨롱 상수 9.0×10^9 $N\cdot m^2/C^2$) 쿨롱의 법칙. 모든 전기 현상의 근본은 (+) 전하와 (-) 전하가 있는데 전하가 이동하는 것을 전류($I = \frac{q}{t}$) 라고 한다. q는 물체가 가진 전하의 양으로 전하량이라 하며, 전하량의 단위는 C(쿨롬)이다. 1C은 도선에 1A의 전류가 흐를 때 1초 동안 도선을 지나는 전하량으로 표현한다.

$F = qE = k\frac{q_1q_2}{r^2}$ ⇨ 전기장의 세기 $E = k\frac{q}{r^2}$가 유도된다.

1. 균일한 전기장에서 전위차: 전기장에서 +q의 전하가 받는 힘 F =qE, 전하가 극판 간격 d를 이동할 때 일 W= Fd = qEd, 전하가 이동할 때 전위는 증가하므로 W=qV가 된다.

   qv = qEd에서 V = dE('비례'로 공식을 기억하자)이다.

   - 중력장에서 위치에너지 E = mgh에서 m → q, g → E, h → d로 바꿔주면
   - 전기장에서 전기에너지 E = qEd = qV = Vit(q=it)로 식이 변형됨을 알 수 있다.

2. 전기력선: 전기장(E) 속에서 (+)전하가 전기력을 받은 방향을 연속적으로 이은 선으로 + Q로부터 멀어지는 방향으로 - Q는 들어오는 방향으로 모여든다. 전기력선은 도중에 분리되거나 교차되지 않으며 전기력선에 그은 접선의 방향은 그 점에서 전기장의 방향을 나타낸다.
3. 전기장(E)을 시각적으로 나타낸 것으로 중도에 끊어지지 않고 연속적인 선으로 그 곡선 위의 모든 점에서의 접선 방향이 그 점에서

의 전기장 방향이, 각 지점에 작은 양(+) 전하를 놓을 때 양(+) 전하가 받는 전기력의 방향을 이은 선이다. 전기력선의 모양은 자석 주위에 쇳가루를 뿌려놓을 때 자기력선을 관찰할 수 있다.

- 전기력선의 모양

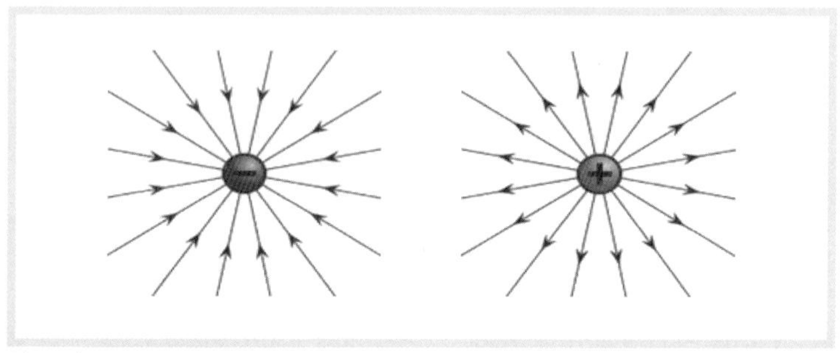

| (−, +) 전하 주위의 전기력선

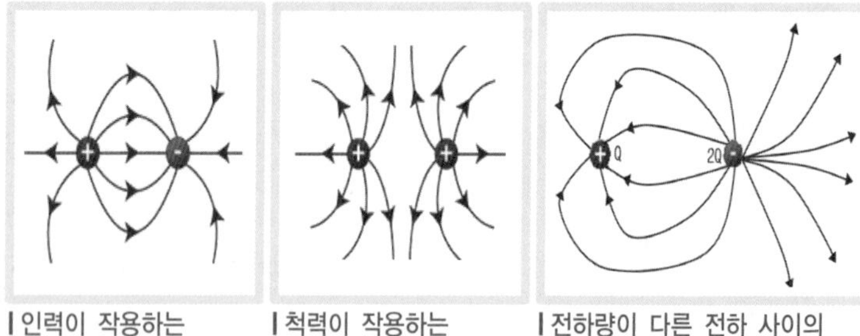

| 인력이 작용하는 전기력선 | 척력이 작용하는 전기력선 | 전하량이 다른 전하 사이의 전기력선

- 평행한 금속판 사이에 전기력선 = 균일한 전기장 = 등가속도 운동
- 전하량이 q, 전기장의 세기 E, 질량이 m인 대전체를 평행한 금속판 안에 넣으면 전기장의 세기는 전기력선에 밀도에 비례하기 때문에 평행한 금속판 사이에 전기력선은 밀도가 일정하므로 전기장(E)의 세기가 일정하다. 즉, 균일한 전기장이다.

- F = qE(바퀴)에서 전기장의 세기(E)가 일정하므로 전기력(F)도 일정하다.
- F = ma = qE이므로 전기장의 세기 a = $\frac{qE}{m}$인 등가속도 운동을 한다.

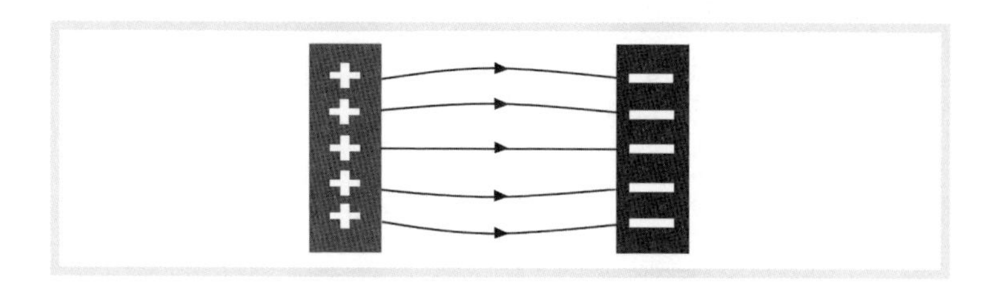

생.각.거.리.

일상생활에서의 전기력

전기력

풍선으로 머리를 비비면 머리카락이 같이 따라 올라간다. 이는 머리카락과 풍선이 비벼지면서 마찰 전기가 발생하고, 이로 인해 전기력이 생기는 것인데 이를 이용한 또 다른 간단한 실험을 해 보자. 머리카락과 털가죽도 전기력을 발생시키는 좋은 재료이므로 정전기가 잘 일어나는 물체와 풍선을 비벼보아라. 또한 물을 약하게 틀어놓은 수도꼭지에 이 풍선을 가까이 접근하면 어떤 일이 발생하는가?

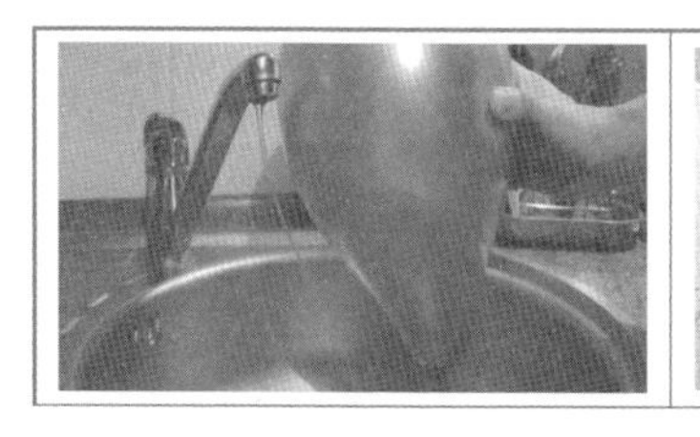

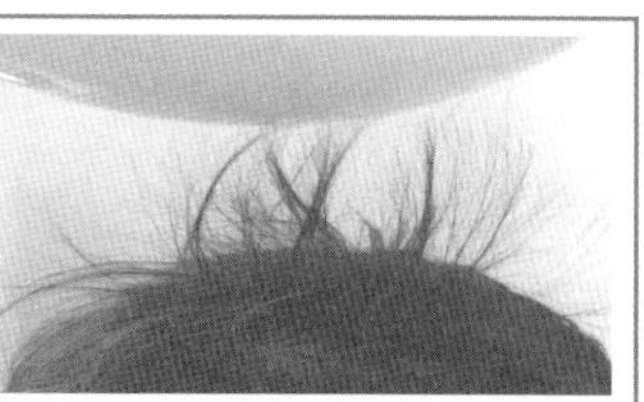

정전기 현상

위 실험에서 나타나는 공통적인 현상은 마찰시킨 물체에 다른 물체가 달라붙으려 한다는 것이다. 이는 물체를 마찰시킬 때 전하가 대전되기 때문인데 흔히 '정전기'라고 부른다.

비닐봉지 띄우기

- 준비물 - 풍선, 면티(수건도 좋다), 비닐봉지, 가위
- 실험 과정
  - 비닐봉지의 윗부분과 밑의 막힌 부분을 잘라 고리 모양으로 만들어준다.
  - 잘라낸 고리 모양의 비닐봉지에 준비된 면티나 수건을 마찰시킨다.
  - 풍선을 분 뒤, 풍선도 마찰시켜 준다.
  - 마찰시킨 비닐봉지를 던진 뒤 떨어지려는 봉지 밑에 풍선을 가져다 대본다.
  - 어떤 결과가 일어나는지 관찰한다.
- 실험 결과

  풍선과 비닐봉지 모두 수건에 비벼져 대전된 상태이기 때문에 같은 전하를 가지게 되고 그 결과 서로가 서로를 밀어내어 비닐봉지가 떠다니게 된다.

전력 손실

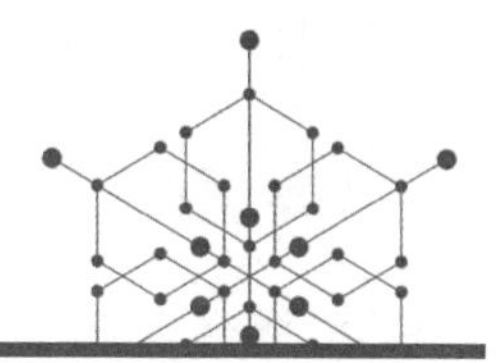

정의 전력을 공급할 때 전선의 저항 때문에 전설에서 열이 발생하여 생산된 전기에너지의 일부가 소모된다. 따라서 1초 동안 송전선에서 소모되는 열에너지를 전력 손실(電力損失, electricity losses)이라고 한다.

해설 전선에 전류가 흐르면 열이 발생한다. 전선의 저항이 작으면 전선에 흐르는 전류가 증가하여 발생되는 열이 많아지고 소모되는 전기에너지도 많아진다.

1. 전력 손실을 줄이는 방법: 송전선에서 손실 전력 $P = I^2R$이므로 전력 손실을 줄이기 위해서는 송전선의 굵기를 굵게 하여 저항을 줄이거나 송전선에 흐르는 전류를 작게 해야 하며, $P = VI$이므로 전류(I)가 작아지면 전압(V)을 높여주어야 한다.
2. 송전 전력이 일정할 경우 송전 전압이 n배 증가하면 송전선에 흐

르는 전류는 $\frac{1}{n}$배로 감소하게 되므로 송전선에서의 손실 적력은 $\frac{1}{n^2}$배로 줄어든다.

3. 발전소에서 각 가정이나 공장까지 송전될 때 송전선의 저항에 의하여 전기 에너지가 소모된다. 송전선의 저항을 R이라고 하면 송전선에 의한 전력 손실 P = IR = $(\frac{P}{V})^2$R이 된다.

   따라서 전력 손실을 줄이려면, 저항이 작은 물질로 송전선을 만들거나 도선의 길이를 짧게, 굵기를 크게 한다. 그러나 같은 거리를 연결하는 경우에는 송전선의 길이를 줄일 수 없고 굵기를 크게 해야 하는데, 이 경우에도 재료가 많이 들고 전선이 무거워 운반과 설치에 많은 비용이 든다.
4. 저항(R)값이 일정한 경우 전류를 줄이면 전자와 원자핵의 충돌이 줄어드므로 손실 전력을 줄일 수 있다. 전력이 일정할 경우 전압을 높이면 전류의 세기가 감소한다. 송전 전압을 높이면 송전할 수 있는 전력을 증가시키면서도 송전선을 흐르는 전류가 작아져 송전선에서 발생하는 열(전력 = I^2R)을 줄여 손실 전력을 감소시킬 수 있다
5. 송전 전압을 n배 ⇨ 전류는 $\frac{1}{n}$ ⇨ 전력 손실 $\frac{1}{n^2}$배.
6. 전력: 1초 동안 공급하거나 소비하는 전기에너지로 전력 P = VI = I^2R = $\frac{V^2}{R}$로 표현되며, 전력의 단위는 W와트를 사용한다. V= IR ('비니루'로 외우자).

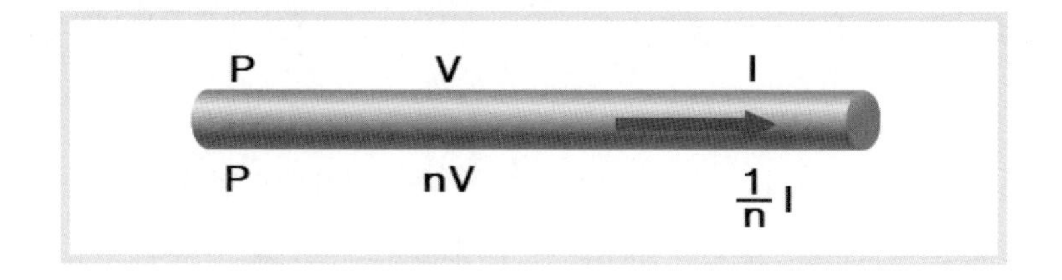

7. 위 그림에서 같은 크기의 전력을 송전할 때 전압이 n배가 되면 전류는 $\frac{1}{n}$배가 된다. 전력은 단위 시간 동안 소비되는 전기에너지다. P = VI = I^2R = $\frac{V^2}{R}$이며 단위로 W(와트) = V·A = J/s = V^2/Ω이다. 1W의 전력은 1초 동안에 소비되는 전기에너지가 1J을 의미한다.
8. 전압(V): 전기장 안에서 단위 양전하(+1C)가 갖는 위치에너지의 차이로 전압 V = $\frac{W}{q}$ (J/s)이다. 1V의 전압에 의해 1C의 전하는 1J의 일(W=qV)을 할 수 있다.
9. 전류(I): 단위 시간당 도선의 단면을 통과하는 전하량(q)으로 전류 (I) = $\frac{q}{t}$로 단위는 A(암페어) = c/s 이다.
10. 전구의 밝기를 비교할 때 전력을 이용할 수 있다. 전력이 클수록 전구의 밝기는 밝아진다.

전력 손실

생.
각.
거.
리.

일상생활에서 전력

미래의 에너지 소비 혁명

불을 이용하기 시작하면서 인류의 생활은 획기적인 변화를 이루었다. 인류는 증기를 발명하여 산업혁명을 이루었으며, 전기의 발명으로 첨단 산업시대를 열었다. 이제 산업은 인공지능 로봇으로 상징되는 4차 산업시대로 진입했다. 미래에는 에너지 소비 분야에서도 혁명적인 변화가 이루어질 것이다. 지금까지는 발전소에서 전기를 생산하여 소비자에게 공급하기 위해 교류(AC) 형태로 먼 곳까지 송전하느라 많은 전력 손실을 가져왔다. 그러나 머잖아 전기를 저장하고 저장한 에너지를 사용하는 형태로 변모할 것이다. 각 가정의 지붕에서 태양광 발전으로 전기를 생산하여 바로 가정에서 사용할 수 있으며, 이런 전기 혁명에는 에너지 저장 장치인 프리에토 배터리(prieto battery)가 이용될 것이다. 또한 전기자동차를 1회 충전하면 5일 정도는 집에서 사용 가능한 혁신적인 에너지 저장 장치(ESS)가 널리 활용될 것으로 예상된다.

송전 과정에서의 전력 손실

전선에 전류가 흐르면 열이 발생하며 발전소에서 만들어진 교류 전기는 '발전소 ⇨ 변전소 ⇨ 주상변압기 ⇨ 소비자'의 순서로 송전된다. 발전소에서 만들어진 전기에너지를 소비자까지 공급하는 과정을 송전이라고 하는데, 그 과정에서 일어나는 전력 손실은 그림과 같다.

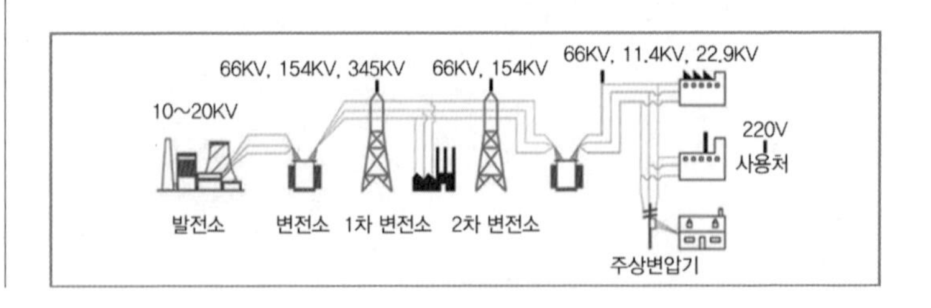

태양광 발전

원자력과 화력 발전의 생산 단가는 비교적 싼 편이지만 태양광에는 없는 송전비용과 유지 · 관리비용, 환경비용 등을 고려하면 결코 싸지 않다. 특히 원자력 발전의 천문학적인 위험비용을 고려하면 하루빨리 제로 원자력을 이루어야 한다. 다행히도 태양광 발전의 생산 단가가 가파르게 하락하는 추세여서(현재 태양광 발전의 효율성은 1년에 21%씩 증가) 2030년에는 모든 에너지가 태양광 발전으로 대체될 것으로 내다보고 있다.

기존의 발전 방식으로 생산된 전력은 송전 시설 설치와 유지에만 최근 10년간 무려 27조 원의 비용이 들어갔다. 그러나 태양광 발전은 송전 비용이 없고 지붕 위에서 생산한 전기를 배터리에 저장했다가 필요할 때 가정에서 사용하는 편리한 에너지다. 이런 이유로 미래에는 지붕에 태양광 발전이나 풍력 발전을 필수로 설치하여 에너지를 독자적으로 사용할 수 있는 친환경 주택이 대세를 이룰 것이다.

[신기술 이야기] 소수력 발전과 스마트 그리드

소수력 발전(분산전원)은 기존의 중앙 집중형 발전에서 전력 손실을 최소화하고 효율을 극대화시키기 위해 고안된 신기술이다. 분산전원은 쉽게 말하면 큰 발전기 하나를 놓는 대신 전기가 필요한 곳 근처에 중소 규모의 발전기를 여럿 배치시켜서 수송거리를 단축시켜 전력 손실을 최소화하는 것을 말한다. 이 같은 분산전원은 기존의 초고압 송전선로 건설의 사회적 비용을 줄이고 재생 에너지를 활용하기 때문에 환경 문제 개선을 기대할 수 있다. 스마트 그리드는 기존의 발전 방식이 전력 손실, 소비자의 과수요에 대비해 10%를 더 발전하는 것과 달리 전력 회사와 IT 회사가 협업하여 소비자의 정보를 받아 필요한 만큼만 전기를 생산하는 기술이다. 충북 단양(가곡면) 남한강 지류에 소수력 발전소를 만들어 인근 주민에게 전기를 공급하고 있으며, 2009년 8월 제주도에서는 스마트 그리드 실증단지를 구축하는 작업이 시작되었다. 소비자가 더 많은 전기를 원할 때는 탄력적으로 전기를 더 생산해낼 수 있고, 소비자도 전력 회사에서 제공되는 실시간 전기요금 등을 받을 수 있기 때문에 경제적인 전력 사용이 가능하다. 또한 소비자의 효율적인 자제가 가능하기 때문에 지구온난화 해소에도 큰 도움이 된다.

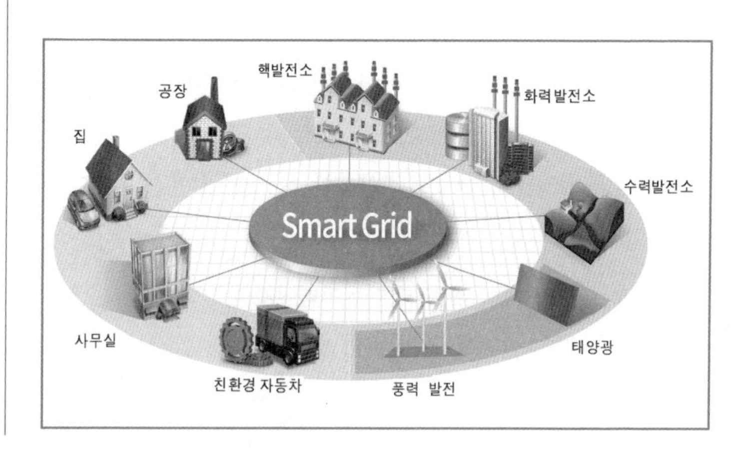

전반사

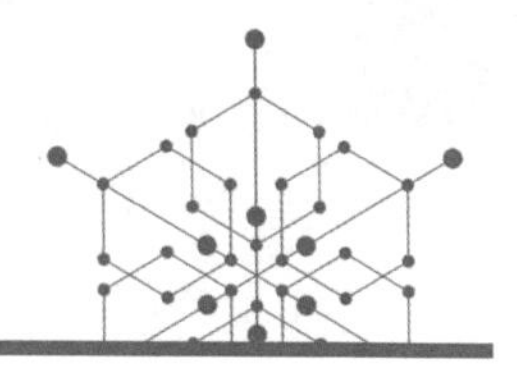

정의 전반사(全反射, total reflection)는 빛이 굴절률이 큰 매질(밀한 매질)에서 굴절률이 작은 매질(소한 매질)로 진행할 때 입사각이 임계각보다 클 경우 경계면에서 전부(100%) 반사되는 현상이다.

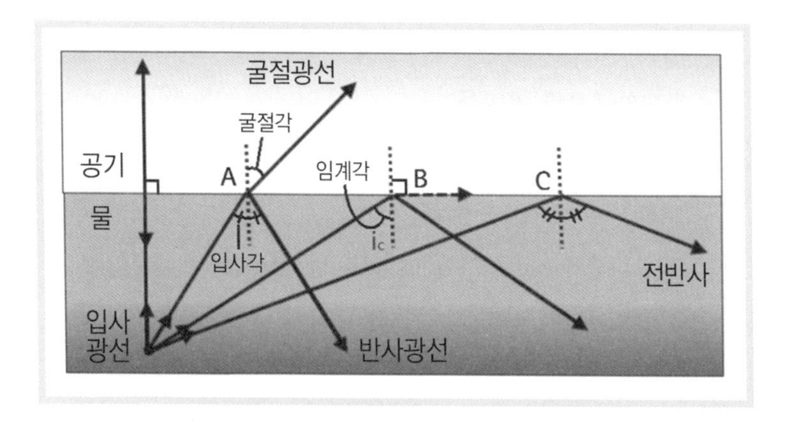

해설 일반적으로 굴절률이 큰 매질(밀한 매질)에서 굴절률이 작은 매질(소한 매질)로 진행하면 경계면에서 일부는 투과해 나가고 일부는 반사된다. 그러나 입사각을 점점 증가시키면 특정한 각 이상이 되었을 때 투과하는 빛은 전혀 없고 전부 경계면에서 반사한다. 이것을 전반사라고 하며, 이때 입사각을 임계각이라고 한다. 앞의 그림에서 A, B 광선의 경우 일부는 반사하고 일부는 투과해 나가지만 C의 경우에는 밖으로 투과해 나가는 광선이 전혀 없다. 이때 입사각이 임계각이다. 입사각이 임계각 i_C가 되었을 때 굴절각이 90°가 된다.

1. 전반사가 일어날 조건
   - 빛이 굴절률이 큰 매질(밀한 매질)에서 굴절률이 작은 매질(소한 매질)로 입사해야 한다.
   - 입사각이 임계각보다 반드시 커야 한다.

2. 임계각을 구하는 공식
   - $\frac{\sin 90}{\sin i_c} = \frac{n_1}{n_2} = \sin i_c = \frac{n_2}{n_1}$(공기로 진행할 때는 $n_2 = 1$)

일상생활에서의 전반사

생.각.거.리.

광섬유

굴절률이 큰 코어와 굴절률이 작은 클래딩으로 구성되어 있어 안쪽에서 바깥쪽으로 입사할 때 전부 반사하므로 에너지(정보)의 손실 없이 멀리 보낼 수 있다.

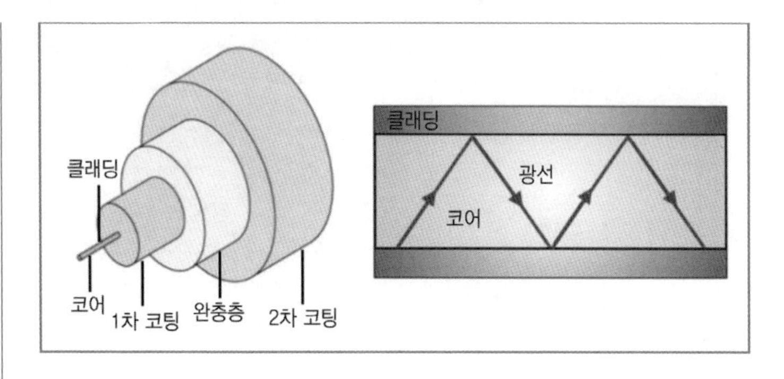

내시경

광섬유 케이블을 환자의 입을 통해 위 안에 넣고 빛을 비추면 광섬유를 따라 빛이 전반사되어 위 속을 들여다볼 수 있게 된다.

프리즘

빛의 진행 방향을 90°, 180°로 바꿔주는 광학기기로 쌍안경, 잠망경 및 사진기 등에 이용되며 전반사가 일어나는 이유는 안쪽 면의 입사각이 45°로 유리의 임계각보다 크기 때문이다.

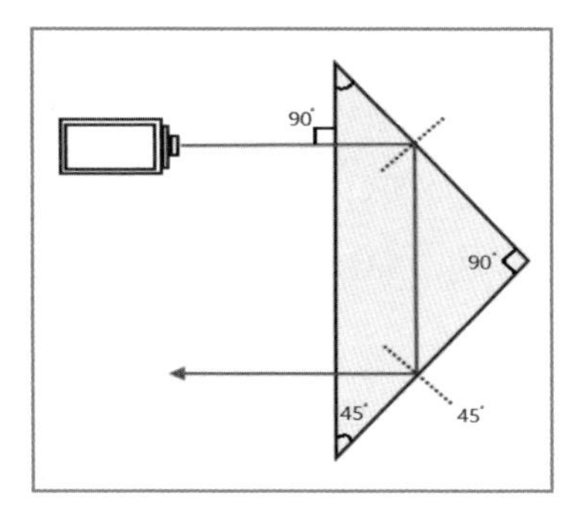

광통신

빛에 정보를 담아 광섬유를 통해 정보를 주고받는 통신 방식이다.

- 송신 과정: 음성신호를 전기신호로 전환시키고 이를 변조 방식의 디지털 신호로 바꾼 후 광섬유를 통해 전달한다. (변조)
- 수신 과정: 빛 신호가 광섬유를 통해 전달되면 광검출기를 통해 전기신호로 바꾼 다음 정보로 재생한다. (복조)

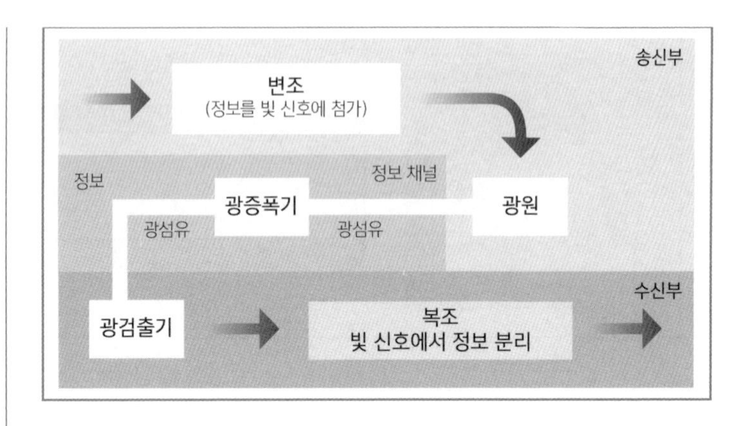

다채로워 보이는 수족관의 물고기의 비밀

해양박물관 어항에서 열대어를 구경할 때는 비늘 색이 다채롭지만 열대어 가게에서 분양받아 와서 집에서 키울 때는 그처럼 다채로워 보이지 않는다. 같은 어항을 써도 왜 박물관이나 열대어 가게에서만 색이 다채로워 보일까. 비밀은 어항의 조명에 있는데, 어항의 조명이 전반사가 되면 물고기의 비늘이 다채롭게 보이지만 직사되는 빛을 쬐면 상대적으로 단조롭게 보인다. 그래서 애완 물고기 가게에서는 넓은 조사각의 조명을 이용하여 어항의 유리에 빛이 전반사 되도록 한다.

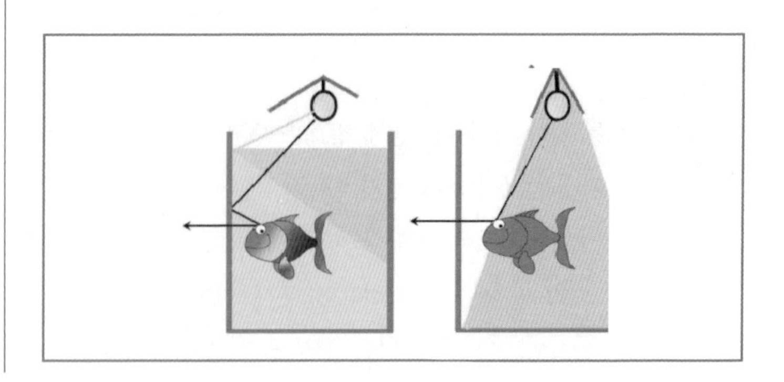

빛의 전반사를 이용한 잠망경과 쌍안경

일반적으로 거울을 이용하여 잠망경을 만들지만, 거울의 반사율은 보통 70% 정도이고 아주 좋아도 95% 전후 정도다. 그러나 직각 프리즘의 전반사 현상을 이용하면 100%의 반사를 만들 수 있다. 따라서 반사가 필요한 곳에는 거울 대신 직각 프리즘의 전반사를 이용한다.

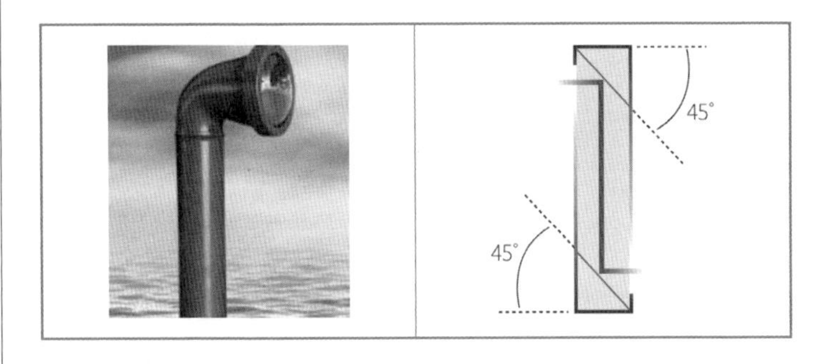

쌍안경의 경우도 빛이 들어오는 두 렌즈의 사이의 거리는 두 눈 사이의 거리보다 길다. 따라서 눈으로 들어오게 하려면 경로를 약간 바꿔야 하는데, 이때도 한쪽에 2개의 프리즘, 즉 전체에 4개의 직각 프리즘이 들어 있다.

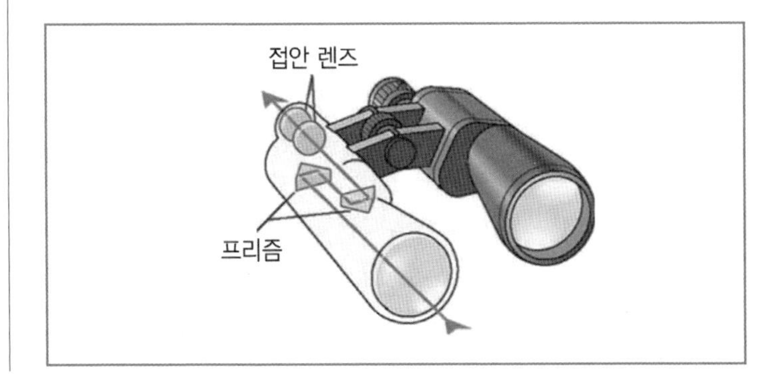

전자기 유도

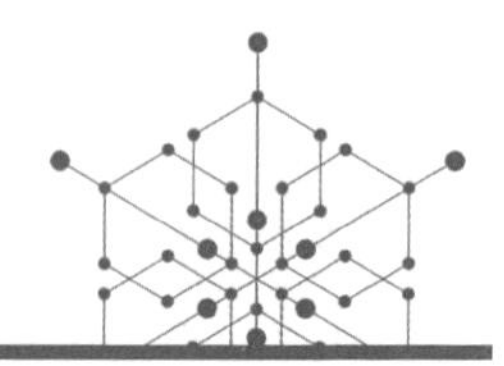

정의 영국의 물리학자 패러데이(Michael Faraday, 1791~1867)가 발견한 전자기 유도(電磁氣誘導, electromagnetic induction)는 솔레노이드 코일에 자석을 왕복운동시키면 자기력선 개수(Φ=BS)의 변화로 유도 기전력이 생기는 현상이다.

해설 이때 유도 기전력(전압)은 다음과 같다.

$$유도\ 기전력\ V = -n\frac{\triangle \Phi}{\triangle t} = -n.\frac{\triangle BS}{\triangle t} = -n\frac{B\triangle S}{\triangle t}$$

$$= -B\ell V(벌려봐) = -L\frac{\triangle I}{\triangle t}$$

(n은 코일에 감은 수, Φ는 자속, B는 자기장의 세기, S는 면적, I는 전류)

1. 다음 그림과 같이 막대자석을 코일에 가까이했다 멀리했다 하여 코일 속을 지나는 자기력선에 변화를 주면 코일에 유도 전류가 발생된다. 이 경우 전류의 세기는 코일의 감은 횟수와 자기력선의

변화에 비례하여 커지는데, 교류 발전기는 이 원리를 이용한 것이다. 아래 그림에서, 코일의 양끝에 검류계를 연결하고 자석을 코일에 가까이했다 멀리했다 하면 검류계의 바늘이 움직인다. 이때 전류의 세기는 자석을 움직이는 속도가 빠를수록 크고, 전류의 방향은 가까이할 때와 멀리할 때 반대가 되며, N극과 S극에서도 반대가 된다.

2. 자석을 그대로 둔 채 코일만 움직이는 경우: 자석이나 코일의 움직임 없이도 유도 전류를 만들 수 있다. 두 코일을 인접시켜 놓고 한 코일에 스위치를 달아 열고 닫으면 다른 코일에 유도 전류가 흘러 검류계의 바늘이 움직인다. 이처럼 자기장의 변화에 의하여 도체에 기전력이 발생하는 현상을 전자기 유도라고 하며, 이 기전력을 유도 기전력, 흐르는 전류를 유도 전류라고 한다.

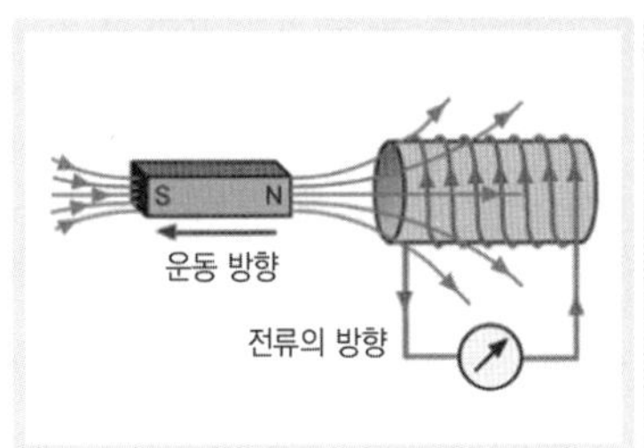

| 자기력선의 개수(자속)가 증가할 경우

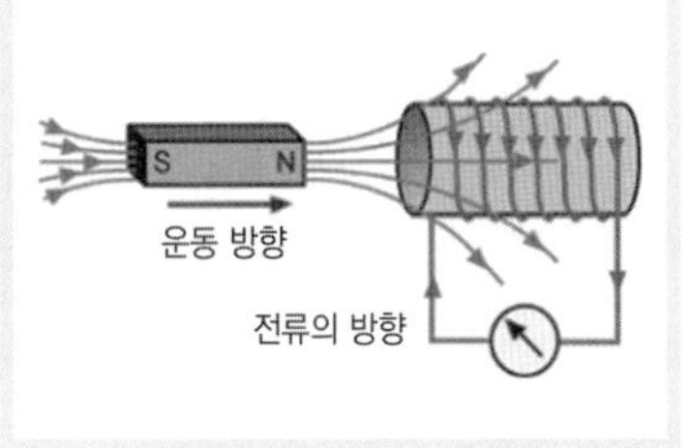

| 자기력선의 개수(자속)가 감소할 경우

tip

코일에 자속이 변하거나, 자기장이 변하거나, 전류가 변하거나, 면적이 변하면 유도 기전력이 발생하고 이때 유도 기전력은 전압(V=IR '비니루'로 암기)의 역할을 하게 되어 유도 전류가 흐른다. 또한 코일에 자석이 접근할 경우 접근하면 접근하는 극이 생기고 멀어지면 반대 극이 생긴다.

생.
각.
거.
리.

일상생활에서의 전자기 유도

자기장 속에서 움직이는 도체 막대의 유도 기전력

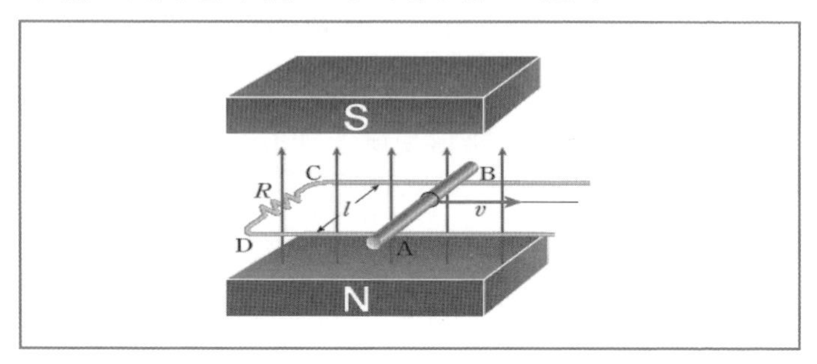

유도 기전력 V = $-n\frac{\triangle\Phi}{\triangle t}$에서 감은 수 n =1이므로 $-\frac{B\triangle S}{\triangle t}$ = $\frac{Blv\triangle t}{\triangle t}$ = IR = -BlV ('벌려봐'로 기억하자)

플레밍의 오른손 법칙

전류, 자기장, 도체 운동의 세 방향에 관한 법칙(플레밍의 법칙) 중 플레밍의 오른손 법칙은 자기장 속을 움직이는 도체 내에 흐르는 유도 전류의 방향과 자기장의 방향(N극에서 S극으로 향한다) 도체의 운동 방향과의 관계를 나타내는 법칙이다. 자기장 속에서 도선이 움직일 때 유도되는 전류의 방향을 오른손을 이용하여 알아볼 수 있다.

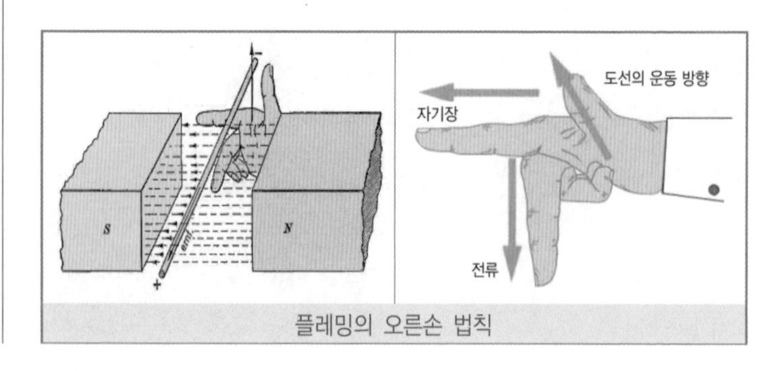

플레밍의 오른손 법칙

발전기의 원리

발전기는 자기장 속에서 코일을 회전시키면 코일에 전압의 역할을 하는 유도 기전력이 발생하여 유도 전류가 흐르게 된다.

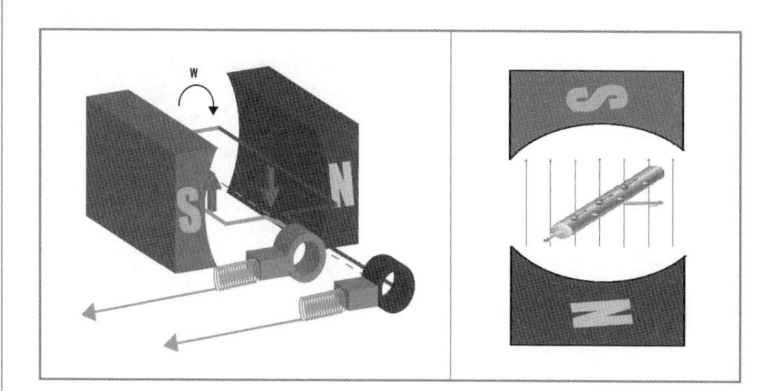

유도 기전력 구하기

면적이 A이고 N번 감긴 코일이 균일한 자기장 B 안에서 자기장에 수직한 축을 중심으로 회전시킬 때 유도 기전력은 다음과 같이 구한다. 시각이 t일 때 코일 면의 법선이 자기장과 θ각을 이루고 있다. 이때 코일 면을 통과하는 자속(Φ, 자기력선의 개수)은 $\Phi = BA\cos\theta$이므로 코일이 일정한 각속도 $\omega = \frac{\theta}{t}$로 회전하면 $\Phi = BA\cos\omega t$가 된다. 그러므로 코일에 유도되는 기전력은

$$V = -N\frac{d\Phi}{dt} = -N\frac{d}{dt}(BA\cos\omega t) = -NBA\frac{d}{dt}(\cos\omega t) = NBA\omega\sin\omega t$$

유도 기전력은 자기장(B), 면적(A), 감은 수(N), 각속도(ω)가 클수록 크다.

교류 전류

아래 그림은 자기장 속에서 코일을 회전시키면 코일에 전압의 역할을 하는 유도 기전력이 발생하여 유도 전류가 흐르게 된다. 이때 브러시와 집전 고리를 이용하여 외부 회로에 전류의 방향과 세기가 주기적으로 바뀌는 교류 전류(AC)를 얻게 된다.

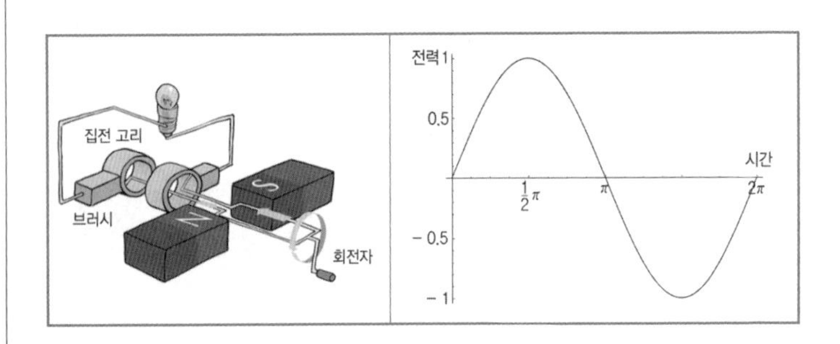

수력 발전

물의 중력 위치에너지 차이를 이용하여 터빈을 회전시키고 터빈과 연결된 발전기가 돌아가면서 전자기 유도 현상에 의해 전기를 생산한다.

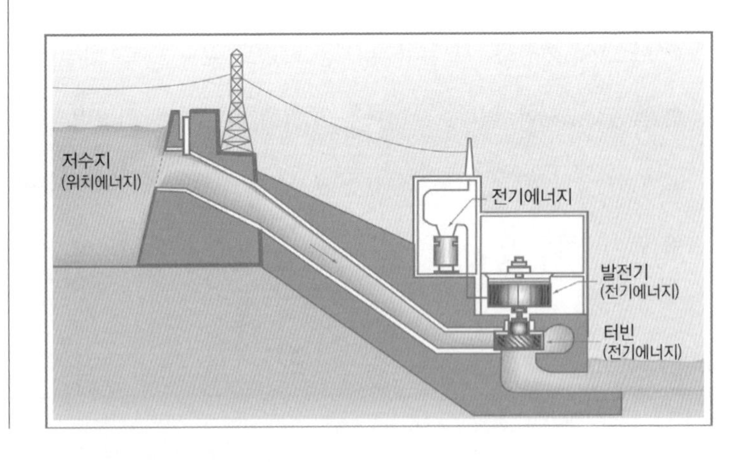

화력 발전

석유, 석탄 등과 같은 화석연료를 태울 때 발생하는 열로 물을 끓이고 이때 나오는 증기를 이용하여 터빈을 돌리면 터빈과 연결된 발전기가 돌아가면서 전자기 유도 현상에 의해 전기를 생산한다.

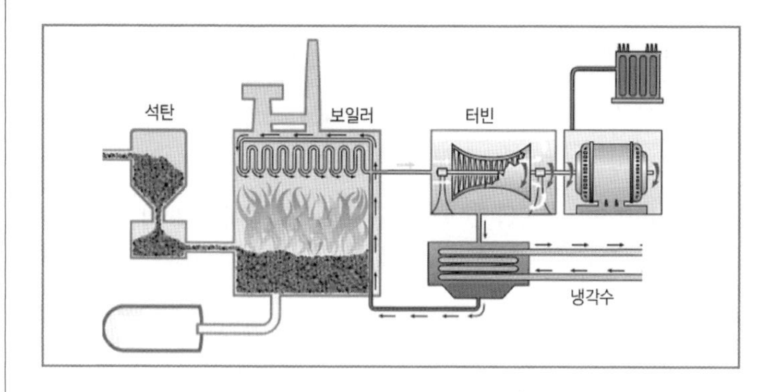

원자력 발전

원자로에서 핵연료가 핵분열을 할 때 발생하는 열에너지로 물을 끓이고 이때 나오는 증기를 이용하여 터빈을 돌리면 터빈과 연결된 발전기가 돌아가면서 전자기 유도 현상에 의해 전기를 생산한다.

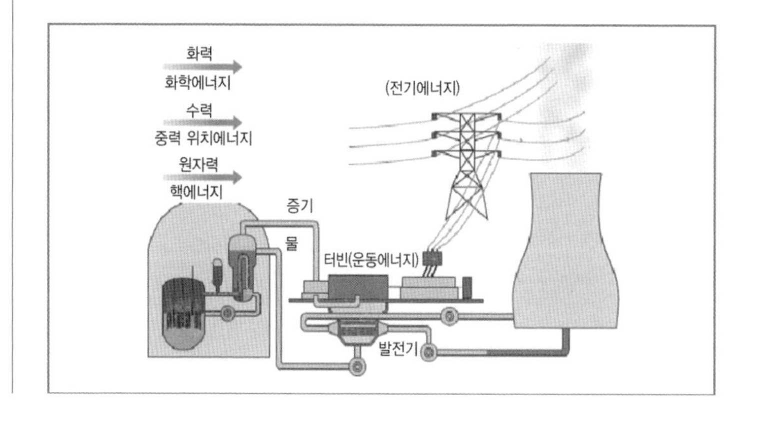

■ 천재과학자 패러데이

오늘날 인류는 빛의 속도로 정보를 교환하며 소통하고 있다. 이런 현상이 어떻게 가능할까? 이런 신기한 현상을 가능하게 한 이는 정규 교육조차 제대로 받지 못했던 마이클 패러데이(Michael Faraday)다. 그는 처음으로 탄소와 염소의 화합물을 만들고, 벤젠을 분리했으며, '전기긴장' 상태를 제안하고, 유도 전류의 세기는 단위시간에 도체에 의해 끊기는 역선의 수에 따른다는 법칙을 발견했다. 또 모든 전기들이 정확히 같은 특성을 가지고 같은 효과를 나타낸다는 패러데이 법칙을 세우고, 상자성과 반자성 물질을 발견했으며, 장이론을 탄생시켰다.

패러데이는 1791년 런던 근교 빈민가에서 태어났다. 가난한 패러데이는 초등학교를 중퇴하고 13세에 책을 제본하는 제본소에 취직하여 낮에는 책을 제본하고 밤에는 전기에 대한 끊임없는 열정으로 책을 열심히 읽으며 독학했다.

그러던 중 21세 때 운명적인 사건이 일어난다. 왕립연구소에서 열리는 과학 강연을 듣게 되는데, 그때의 연사는 나트륨 · 칼륨 등을 발견한 전기화학의 선구자이자 대중강연의 마술사로 불리는 험프리 데이비(Humphry Davy)였다. 그는 쇼맨십이 뛰어났으며 전기에 대한 과학 쇼를 보여주며 청중의 박수갈채를 받았다. 패러데이는 그의 강연을 열심히 기록했으며, 강연이 끝난 후 제본소로 돌아와 자신이 기록한 내용을 제본하여 데이비에게 전달한다. 제본을 받아 든 데이비는 어떤 기분이 들었을까?

자신의 강연을 경청하고 제본까지 한 패러데이에게 무한한 신뢰감이 들었을 것이다. 그 후 데이비는 실험 도중 눈을 다치게 되자 패러데이를 불러 실험조수의 임무를 부여한다.

패러데이는 당시 화학자인 윌리엄 월러스턴(William Hyde Wollaston)과 함께 전류가 흐르는 도선에 나침판이 움직이는 외르스테드 실험(전류의 자기작용)을 하다가 나침판이 돌아가는 원인에 대해 이야기하게 된다. 전기와 자기가 연관성과 전류가 전선을 자석처럼 작용하게 만든다는 사실은 알고 있었지만 자침이 돌아가는 힘의 원인은 알아내지 못했다. 만약 그 원인을 알게 되면 이것을 이용한 새로운 발전이 이룰 수 있다는 확신을 가지고 있었다. 열정을 가지고 실험한 결과 눈에 보이지 않고 아직 발견되지 않는 무한한 전자를 이용할 수 있는 최초의 모터를 발명한 것이다. 모터는 전류를 지속적인 기계적 운동으로 전환하는 장치로 현대사회에서 많이 이용하고 있다. 또 보이지 않는 힘의 장을 따라 입체적으로 확산시키면 결국 지구가 하나의 커다란 자석이라는 사실도 알게 된다.

참고로, 철새들이 어떻게 수천 km씩 날아갈 수 있을까? 철새들 몸속에 나침판이 있어 우리들이 눈에서 시각정보를 처리하는 것과 똑같이 철새들도 몸속 나침판을 이용하여 정보를 분석하는 능력을 갖고 있다. 즉, 극지방에서 자력이 최대가 되기 때문에 철새들은 자력이 많고 적음에 따라 위도에 따른 자신의 위치를 분명하게 인지하게 된다.

이를 통해 패러데이는 유명해졌고, 데이비는 자기보다 명성이 더 높아진 패러데이에게 연구를 못하게 광학 유리 제조를 지시하지만 4년 동안의 실험에도 유리블록만 만든 채 실패하게 된다. 그러나 역사의 아이러니인가? 이 유리블럭이 전기와 자기가 빛과 연관성을 알려주는 3가지 자연의 통합성을 알려주는 결정적인 역할을 하며 패러데이 일생에 가장 훌륭한 업적을 만들게 된다.

데이비의 사망으로 실험 감독이 된 패러데이는 청소년을 위한 크리스마스 과학 공연을 기획하여 전기로 가스에 불울 붙이고 전기의 새로운 사실들을 쇼로 보여준다. 그러나 49세에 패러데이는 기억상실증과 우울증에 시달리면서 자기장으로 하나의 광선을 조종할 수 있는지, 자석이 빛의 움직임에 도움이 되는지를 실험하기 위해 편광판을 이용하여 다양한 물질들로 실험해보지만 모두 다 실패하고 만다. 그런데 마지막이라는 생각으로 실행한 유리블록 실험에서 자석의 힘이 빛을 휘게 한다는, 다시 말해 전자기력이 빛을 조정할 수 있다는 자연의 통합성을 알게 되었다.

60세에 이르러 패러데이에게 커다란 시련이 닥친다. 일부 과학자들은 패러데이의 '보이지 않는 힘의 장' 등이 엉터리라고 주장하고 나섰다. 그는 초등학교를 중퇴한 터라서 수학에 대한 지식이 없어 전기적 이론을 수학적으로 설명할 수 없었다. 해결할 수 없는 커다란 장벽이 패러데이를 둘러쌓고 있을 때 이론 물리학자 맥스웰은 패러데이의 전기에 관한 책을 모두 읽고 나서 '보이지 않는 힘의 장' 이론이 맞는다는 확신을 가지고 그것을 수식으로 정리하게 되는데, 이것이 훗날 전자기학의 기초가 되는 맥스웰 방정식(Maxwell's equations)이다.

또 패러데이는 뉴턴의 풀지 못한 문제를 해결한다. 뉴턴은 행성의 운동 등은 설명했지만 정작 태양이 접촉하지 않는 행성들을 어떻게 돌아가게 하는지 원인을 설명할 수 없었다. 그 답은 '장(field)'이었다. 중력장과 전기장은 태양과 자성을 지닌 모든 것의 주위 공간으로 뻗어 나가는 보이지 않는 힘의 장을 따라 나타난 흔적으로, 패러데이는 태양이 행성과 접촉하지 않아도 보이지 않는 힘의 장(중력장)이 행성과 보이지 않게 접촉하고 있기 때문에 무리 없이 태양 주위를 돌게 된다는 사실로부터 뉴턴의 수수께끼를 해결하고 나아가 아인슈타인에게 상대론적 통찰력과 영감을 미치게 한다. 전동기, 발전기, 전자기 유도 현상뿐만 아니라 스마트폰, PC 등 통신기기로 가득한 오늘날 문명은 패러데이에서 나온 것이라 해도 과언이 아니다. 패러데이는 자신의 발명품으로 막대한 부를 축적할 수도 있었지만 특허도 내지 않고 오직 불리한 환경 속에서도 연구에만 최선을 다했던 위대하고도 진정한 천재 과학자임에 틀림없다.

전자기파

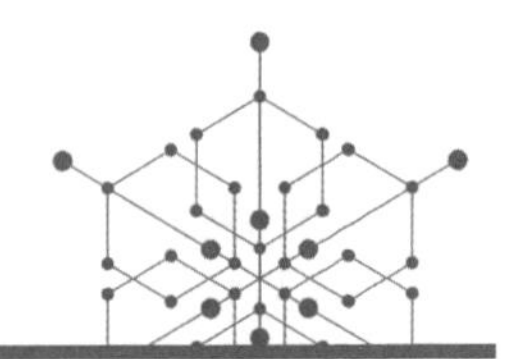

정의 전자기파(電磁氣波, electromagnetic wave)는 반사, 굴절, 회절, 간섭, 편광 등과 같은 파동의 일반적인 특징을 나타내며, 파동의 진행 방향과 진동 방향이 수직인 횡파이고, 진공 중의 전파 속도는 3×10^8m/s이며, 전기장과 자기장이 시간에 따라 변할 때 발생하는 파동이다.

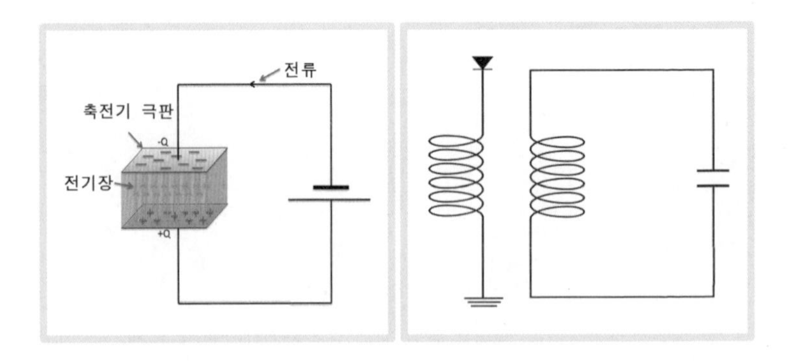

해설 전기장(E)과 자기장(B)이 시간에 따라 변할 때 발생하는 파동이다. 매질이 없어도 공간을 통하여 한 영역에서 다른 영역으로 전파된다. 전자기파의 예로는 빛, X선, 적외선, 자외선, 라디오파, 마이크로파 등을 들 수 있다.

1. 앞의 그림에서 축전기 양극판에 도선을 이용하여 교류 전원을 연결하면 도선에서 자유 전자가 진동하면서 교류가 흐른다.
2. 앙페르 법칙에 따라 전류 주위에 자기장이 발생하며 도선 주위에는 진동하는 자기장이 발생하여 축전기 양 극판에서 충전과 방전을 반복하면서 극판 사이에서 진동하는 전기장을 발생한다. 이 진동하는 전기장은 도선에 흐르는 전류(변위전류)와 마찬가지로 진동하여 자기장을 유도한다.
3. 진동하는 전기장과 자기장이 서로 번갈아 유도하면서 전자기파는 진공에서 빛의 속도로 퍼져나간다.

   따라서 공간의 한 곳에서 전기장의 변화가 일어나면 자기장이 생기고 이 변하는 자기장은 다시 전기장을 만들어준다. 이와 같이 변하는 전기장과 자기장은 서로를 유도하면서 공간으로 퍼져 나간다. 이것을 전자기파라고 한다. 이러한 전자기파는 다음과 같은 성질을 지니고 있다.

- 전기장의 진동 방향, 자기장의 진동 방향, 전자기파의 진행 방향은 항상 서로 수직이다.
- 공간상의 한 점에서 유도 전기장과 유도 자기장은 서로 동일한 위상으로 변화한다.
- 전자기파는 전기장과 자기장의 변화에 의하여 진행하는 파동으로 매질이 없는 진공 중에서도 전파한다.
- 전자기파의 진공에서의 전파 속도는 모두 $c=3\times10^8 m/s$로 같다.
  (☞ 1초에 지구를 7바퀴 반을 돌 수 있다.)

- 전자기파의 발생: 앞의 그림에서 1차 코일에서 발생한 자속(자기력선수)의 변화는 상호 유도에 의해 2차 코일의 변화하는 유도기전력을 만든 다음 안테나 양단에 변화하는 전기장을 만드는데, 이 변화하는 전기장에 의해 자기장이 유도되며 다시 변화하는 자기장에 의해 변화하는 전기장을 유도하면서 공간으로 전파된다. 이처럼 변화하는 전기장과 자기장이 서로를 유도하면서 공간으로 퍼져나가는 것을 전지기파라고 한다.
- 전자기파의 종류: 파장에 따라 전파, 적외선, 가시광선, 자외선, X선, r선으로 구분되며, 파장이 짧을수록 투과력, 직진성이 강하고 진동수와 에너지가 커지며, 파장이 길수록 진동수와 에너지는 작아지고 대신 파장이 길어져 회절 현상은 잘 일어난다.

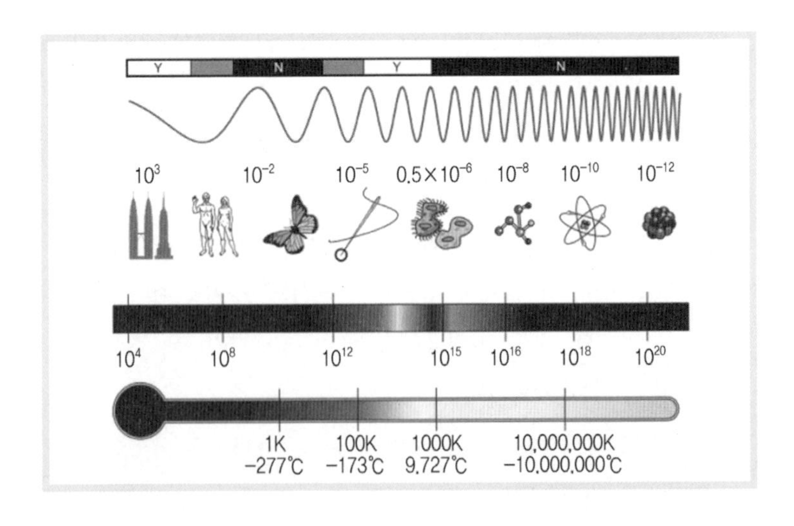

- 파장이 길어 진동수가 작고 에너지도 작은 라디오파는 무선통신, 마이크로파는 전자레인지, 적외선은 리모컨, 자외선은 살균작용, X선은 X선 사진에 이용되고, 파장이 작아 진동수가 크고 에너지가 큰 감마선은 암 치료에 이용된다.

일상생활에서의 전자기파

전자레인지의 마이크로파

전자레인지는 마이크로파에 의해 음식물을 데우는 기계다. 전자기파 중 하나인 마이크로파는 파장은 아주 짧기 때문에 진동수는 매우 높다. 이 때문에 마이크로파는 마치 양극과 음극이 1초에 24억 5000만 번 교대로 바뀌는 전극과 같은 역할을 한다. 반면 수소(H)와 산소(O) 원자로 이루어져 있는 물 분자(H_2O)는 수소(H) 원자가 있는 쪽이 양극을 띠고 산소(O) 원자가 있는 쪽이 음극을 띤다. 그리고 양극은 음극을, 음극은 양극을 끌어당기는 (인력) 성질을 가지고 있다. 따라서 물 분자(H_2O)가 극이 계속 바뀌는 마이크로파를 만나면 서로 반대의 극을 끌어당기는 성질 때문에 회전을 하게 된다. 마치 나침반에 자석을 갖다 대면 나침반의 바늘이 빙빙 도는 것과 같은 이치다. 이와 같이 음식물을 전자레인지 안에 넣고 마이크로파를 쪼이면, 음식물 속에 있는 물 분자들이 회전하면서 서로 부딪혀 마찰열을 일으킨다. 바로 이 열 때문에 음식물이 익거나 데워지는 것이다.

전자기파의 검출

아래 그림에서 구리선 사이에 불꽃 방전이 일어나면 안테나의 발광다이오드에서 불이 잠깐 켜지는데 알루미늄박과 안테나 사이의 거리가 멀수록 발광다이오드의 불빛은 약해진다.

백열전등을 전자레인지에 놓고 돌리면 전자레인지에서 나오는 전자기파(마이크로파)에 의하여 백열전등이 켜진다.

전자기파의 수신

금속으로 된 직선 안테나에 전파가 도달하면 안테나 속의 전자는 전기력을 받아 전기장의 방향과 반대 방향으로 진동하고 교류 전류가 흐른다. 이때 이 교류 전류를 증폭하여 수신한다.

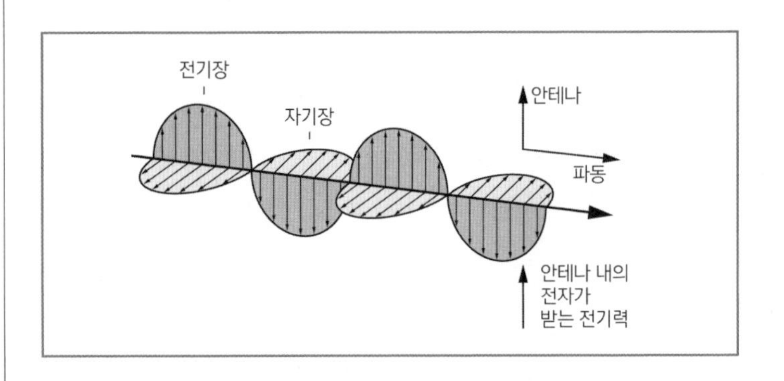

안테나

전파를 송신하거나 수신하기 위한 전형적인 장치인 안테나에는 쌍극자 안테나와 고리 안테나가 있다. 자기장의 변화로 유도 전류가 흘러 전파를 수신한다.

전자기파의 발생과 수신

전하가 가속도 운동을 하면 전하 주위에 생긴 전기장(E)이 변하고, 전기장(B)의 변화에 변하는 자기장이 유도하면서 공간에 퍼져나가는 전자기파가 발생한다. 또한 축전기에 교류 전류가 흐르면 교류 전류의 진동 때문에 축전기 극판 사이에 진동하는 전기장(E)이 진동하는 자기장(B)을 유도하여 전자기파를 발생시킨다.

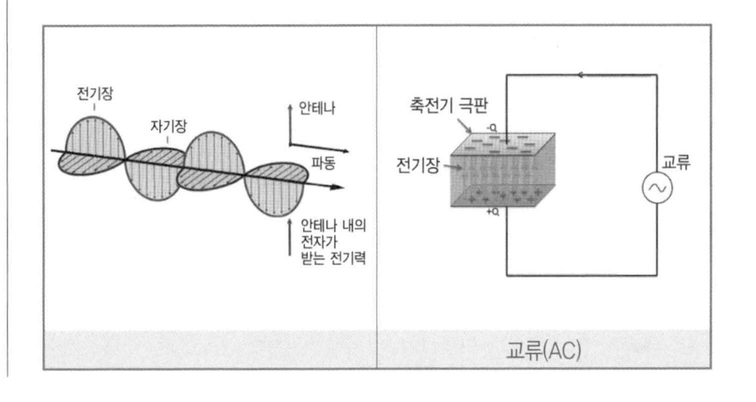

교류(AC)

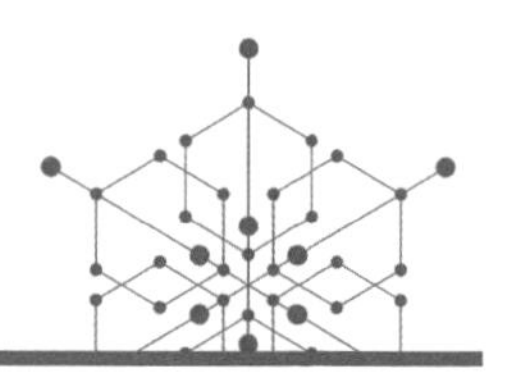

전지

정의 우리나라는 전기의 60% 가량을 화력 발전으로 생산한다. 화력 발전에 쓰이는 연료는 화석연료다. 그러나 화력 발전을 하는 것보다 적은 양의 화석연료를 이용하여 많은 양의 발전을 할 수 있는 전지(電池, cell)가 연료전지다. 기존의 화력 발전은 화석연료를 연소해서 증기기관을 돌리고 다시 터빈을 돌림으로써 발전을 하기 때문에 발전 도중에 많은 양의 에너지가 손실되지만 에너지 손실이 적은 장점이 있다. 건전지는 직류(DC) 형태로 우리 생활에 많이 사용되었다. 이동이 간편하고 크기를 조정하여 다양하게 이용되었다.

그러나 전기 용량의 문제로 발전소에서 생산하는 교류를 선호하였다. 그러나 미래 사회에서는 연료전지, 태양전지, 태양광 및 에너지 저장장치(ESS)와 같은 배터리 산업이 더욱 주목받을 것으로 예상된다.

해설 연료전지는 수소와 산소의 전기화학반응에 의해 전기를 생산하고 부산물로 물과 열을 얻는 장치다. 다시 말해 물(H_2O)을 전기분해하면 수소(H_2)와 산소(O)로 나뉘는데 그 반대 과정으로 수소와 산소의 전기화학 반응에 의해 전기에너지를 얻는 장치를 연료전지라고 하며 부산물로 물과 열을 얻는다.

1. 연료전지의 원리: 연료전지는 수소와 산소의 전기화학 반응에 의해 전기에너지를 얻는 장치로, 부산물로 물과 열을 얻으며 수소연료를 공급하는 (-) 전극과 전해질 용액, 산소를 공급하는 (+) 전극으로 구성된다.
2. 수소는 (-) 전극에서 이온화되어 전자는 외부 회로를 통해 이동하고 수소이온은 전해질을 통해 (+) 전극으로 이동하여 산소와 반응해 물과 열을 발생하고 외부 회로에 전류가 흐르게 된다.

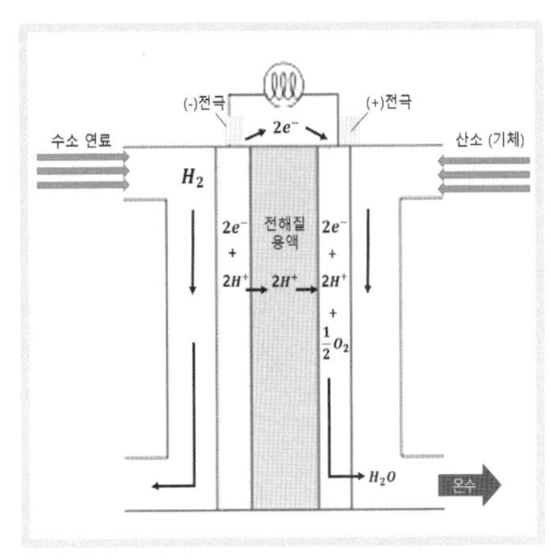

(-)전극에 대한 반응: $H_2 = 2H^+ + 2e^-$

(+)전극에 대한 반응: $2H^+ + 2e^- + \frac{1}{2}O_2 \rightarrow H_2O + 열$

3. 연료전지의 이용: 연료전지는 에너지 전환 효율이 80% 이상으로

매우 높고, 이산화탄소의 배출이 거의 없으며, 부산물로 발생하는 물과 열을 이용할 수 있다. 그러나 수소의 저장과 수송에 어려움이 있으며 현재 연료전지는 휴대용 전원, 연료전지 자동차, 발전용 전원, 우주선에서의 전원 및 음료 등에 이용된다.

4. 신·재생에너지: 신에너지와 재생에너지를 합쳐 부르는 용어로 기존의 자원에 지나치게 의존하는 것을 막고 환경 훼손과 오염이 적으며 재생이 가능하거나 에너지 효율이 높은 에너지다.

생.각.거.리.

일상생활에서의 전지

미래의 태양광이 바꾸는 세상

미래사회에는 태양광 발전이 주요 에너지원이 될 것으로 보인다. 태양광에너지 발전 단가와 화석에너지 발전 단가가 같아지는 시점을 그리드 패리티(grid parity)라고 하는데, 그 시점을 2018년 무렵으로 보고 있는데다가 태양광 기술은 나날이 눈부시게 발전하고 있다. 태양광 발전은 송전에 따른 전력 손실이 거의 없으며 지붕 위에서 집으로 끌어오기 때문에 송전비용도 없다. 또한 끊임없는 기술의 발달로 생산비용이 계속 감소할 것으로 예상되는 등 미래사회는 태양광을 떠나서는 생각할 수 없게 되었다.

태양전지

태양전지는 반도체의 성질을 이용하여 태양의 빛에너지를 전기에너지로 전환하는 장치로 p형 반도체와 n형 반도체가 접합되어 있으며, 이 접합부분에 빛을 쪼이면 광전 효과에 의해 전기가 만들어지는 원리를 이용한다.

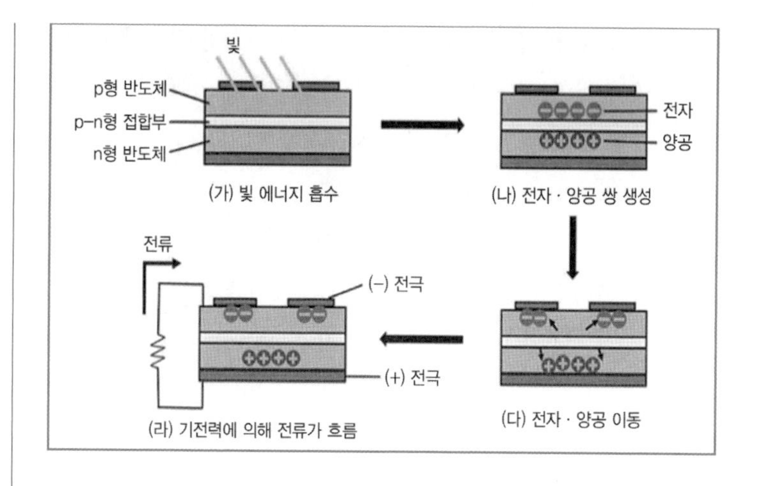

- 태양에너지를 전기에너지로 변환할 목적으로 제작된 광전지로, 태양으로부터 생성된 빛에너지를 전기에너지로 바꾸는 반도체 소자다. 태양 전지에 빛을 비추면 빛에너지(광자)에 의하여 전자와 정공이 생긴다. p형 반도체에서 다수 캐리어가 정공이고 소수 캐리어가 전자이므로 빛(광자)에 의하여 생성된 전자와 정공으로 인하여 형성된 밀도 차는 전자의 경우에 더욱 급격한 변화를 겪고, n형 반도체에서는 이와 반대 현상이 생긴다. 이러한 밀도 차에 의하여 전자와 정공이 주변으로 확산하다가 전위차가 형성된 p-n 접합부에 도달하면 강한 전기장에 의하여 분리가 일어난다. p형 반도체에서 확산되어온 전자는 n형 반도체 쪽으로, n형 반도체에서 확산되어온 정공은 p형 반도체 쪽으로 이동하여 전류가 흐른다.
- 그림 (가): 태양전지가 빛을 흡수한다.
- 그림 (나): 실리콘의 띠 틈은 약 1.1eV이며 빛에너지에 의해 원자 속의 전자는 띠 틈을 넘어 전도띠로 이동하게 되어 p형 반도체와 n형 반도체의 접합부에 전자 양공쌍이 생긴다.

- 그림 (다): 접합부에는 n형 반도체에서 p형 반도체 방향으로 전기장이 형성되어 있어 전자는 n형 반도체로 이동하고 양공은 p형 반도체 방향으로 이동한다.
- 그림 (라): n형 반도체는 (-)전극, p형 반도체는 (+)전극을 형성하여 외부 회로에 전류가 흐르게 된다.
- 태양전지의 이용: 태양전지 셀을 연결하여 모듈을 형성하고 여러 모듈을 연결하여 어레이를 구성한다. 이것을 넓은 장소에 설치하면 태양광 발전이 된다. 설치 장소와 날씨에 영향을 받는 단점이 있지만 에너지원이 무한대이고 이산화탄소 배출이 거의 없는 장점이 있다. 가로등의 전원, 자동차, 소형 가전제품에 사용할 수 있다.

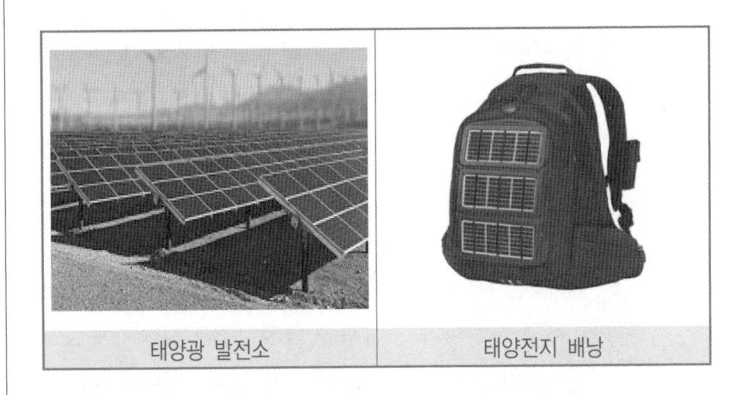

태양광 발전소 | 태양전지 배낭

tip

태양전지의 구성 단위: 셀 ⇨ 모듈 ⇨ 어레이

- 셀: 태양전지의 기본 단위로 최대 전력이 1.5W 정도다.
- 모듈: 여러 개의 셀을 직렬 및 병렬로 연결하고 유리와 프레임으로 보호한 장치로 수백 W의 전력을 생산할 수 있다.

- 어레이: 여러 개의 모듈을 직렬 및 병렬로 연결하여 태양광 발전기에 사용하는 장치다. 또한 태양전지 어레이는 가능하면 태양으로부터 빛을 수직으로 받는 시간이 최대가 되도록 건물 옥상 등에 설치한다.

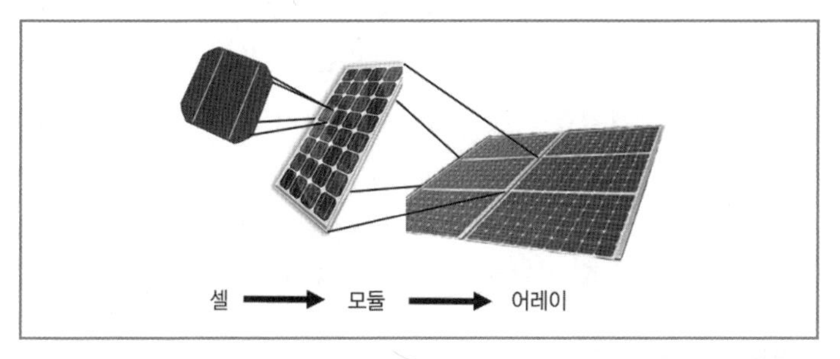

실험 - 과일전지 만들기

- 준비물
  - 귤(오렌지, 레몬), 구리판 2개, 아연판 2개, 집게전선 2개, 꼬마전구

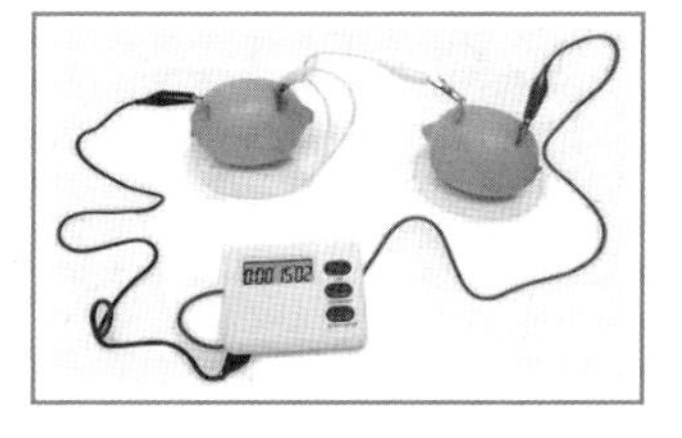

- 실험 과정
  - 준비한 과일을 반으로 가른다.
  - 반으로 가른 과일 각각에 구리판과 아연판을 하나씩 꽂는다.

- 집게전선을 이용해 아연판과 구리판을 연결한다.
- 집게전선의 반대편 집게는 꼬마전구에 연결한다.
- 어떤 변화가 일어나는지 관찰한다.

• 실험 결과
  - 미세하지만 불이 들어온다. 같은 방식으로 더 많은 과일을 이용해 전지를 만들면 더 밝은 불빛을 볼 수 있다.
  - 원리: 산성을 띠는 과즙에 구리보다 더 잘 반응하는 아연이 구리와 연결된 채로 과즙에 닿으면 구리가 산화되는 것을 막기 위해 아연이 먼저 산화되면서 전자가 구리판 쪽으로 이동할 때 전구를 지나가며 불이 들어오는 원리다.

실생활에서의 전지

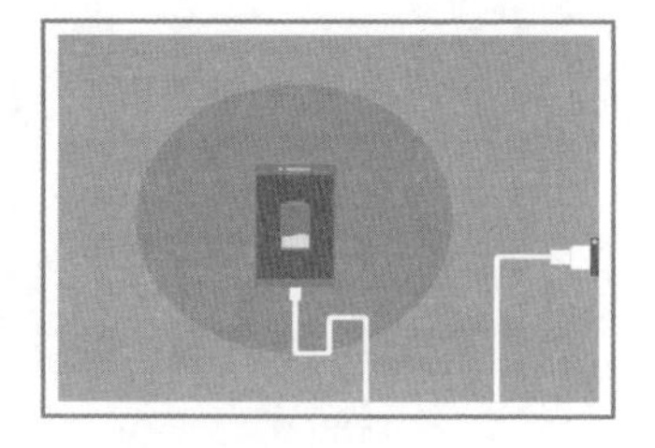

스마트폰의 배터리는 방전만 가능한 1차 전지가 아니라 충전과 방전이 가능한 2차 전지다. 2차 전지가 없다면 지금같이 편리한 형태의 스마트폰을 갖기는 어려웠을 것이다. 2D 구조의 2차 전지에 비해 3차 전지는 3D 구조를 가지고 있어 충전, 방전, 축전이 가능한 에너지 저장장치(ESS)인 프리에토 배터리(prieto battery)가 활성화될 것으로 예상된다.

정상파

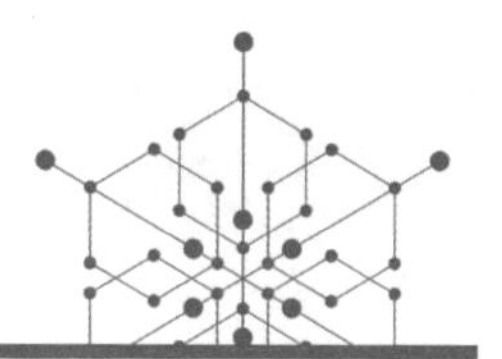

정의 동일한 매질에서 진은 진폭과 진동수가 같은 두 파동이 반대 방향으로 진행하다가 중첩되었을 때 어느 방향으로 이동하지 않고 제자리에서 진동하는 것처럼 보이는 파동을 정상파(定常波, standing wave)라고 한다.

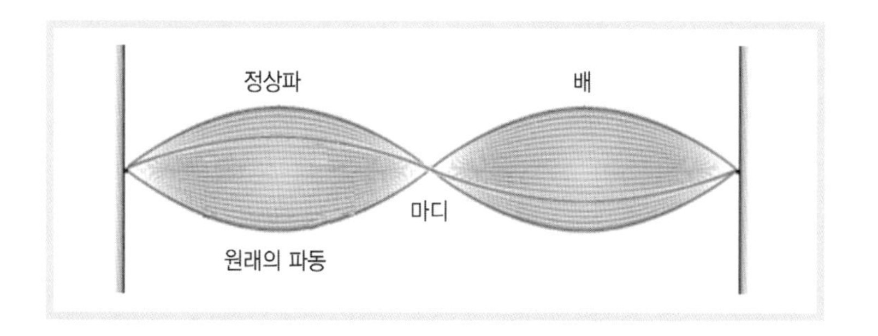

해설 정상파의 진폭이 최대인 곳을 배, 정상파의 진폭이 0이 되는 곳을 마디라 하며 정상파의 발생 주기 과정은 다음 그림과 같다.

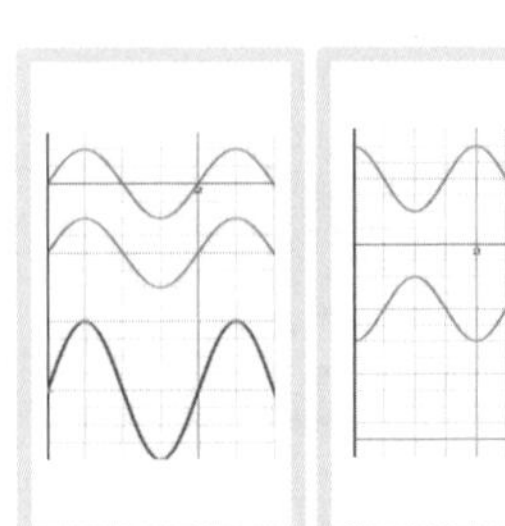

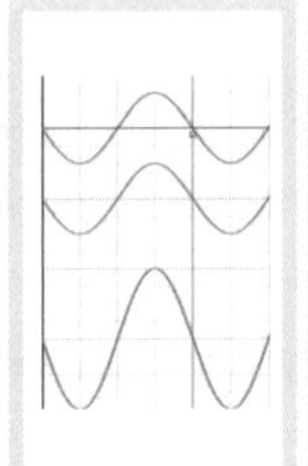

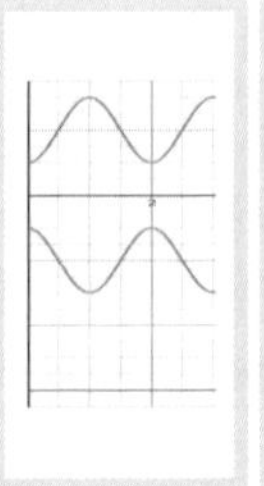

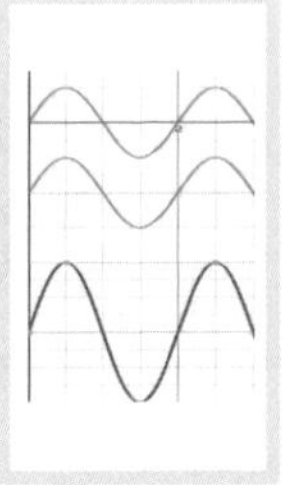

t = $\frac{2T}{4}$ t = $\frac{3T}{4}$ t = T

1. 양 끝에 고정된 현의 정상파

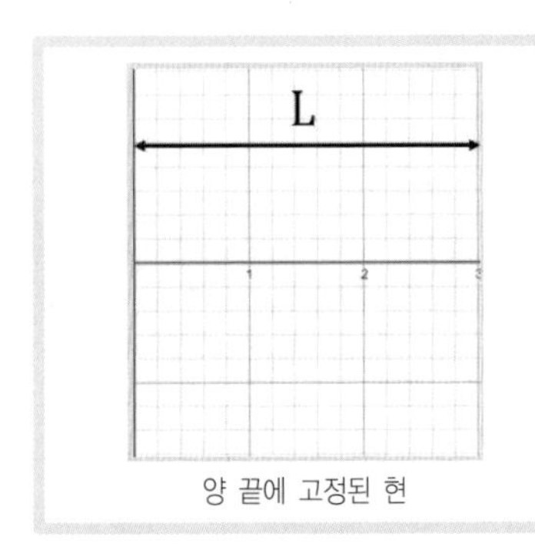

양 끝에 고정된 현

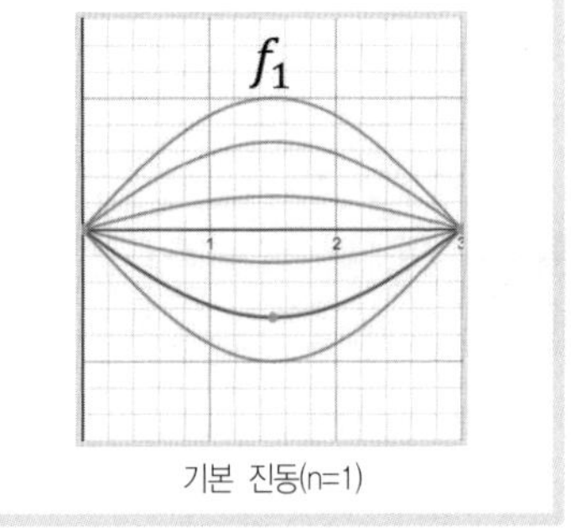

기본 진동(n=1)

L = L

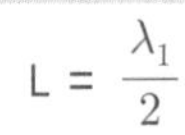

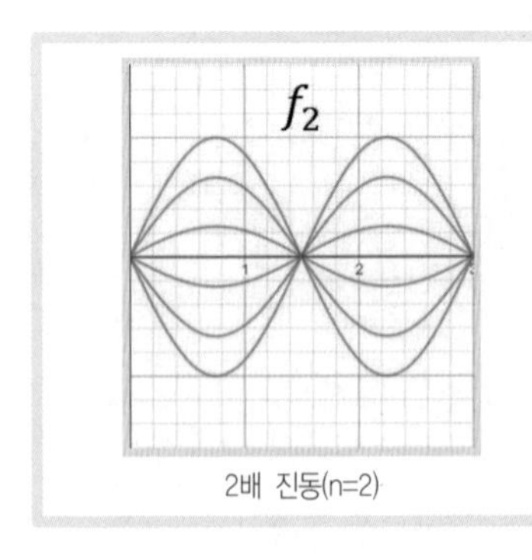

2배 진동(n=2)

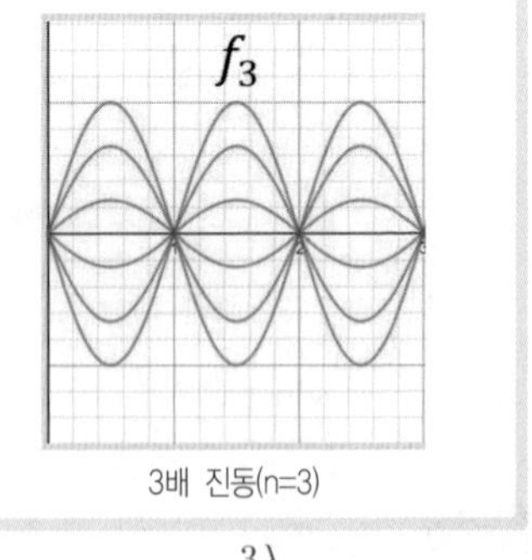

3배 진동(n=3)

L = λ

L= $\frac{3\lambda_1}{2}$

등차 수열적으로 볼 때 $L=\frac{\lambda_n}{2}n$, $\lambda_n=\frac{2L}{n}$가 되며 V=fλ이므로

$$_n=n\frac{v}{2L}\ (n=1,\ 2,\ 3,\ \cdots\cdots)$$

3. 기주 공명에 의한 고유 진동수: 공명이란 외부에서 고유한 진동수를 갖는 물체에 주기적인 힘이 작용하는 경우 외부에서 물체에 작용하는 힘의 진동수가 물체의 고유 진동수와 일치할 때 진폭(에너지)이 커지는 현상이다.

구 분	한쪽만 열린 관(폐관)	양쪽이 모두열린 관(개관)
관속 정상파 형태	L λ_1-4L $\lambda_2 - \frac{4}{3}$L $\lambda_3 - \frac{4}{5}$L $\lambda_4 - \frac{4}{7}$L	L λ_1-2L $\lambda_2 - \frac{2}{2}$L$-$L $\lambda_3 - \frac{2}{3}$L $\lambda_4 - \frac{2}{4}$L$-\frac{L}{2}$
특징	막힌 쪽은 마디, 열린 쪽은 배가 됨	열린 양쪽이 모두 배가 됨
정상파 조건	관이 길이가 1/4 파장의 홀수 배일 때만 성립	관이 길이가 1/2 파장의 정수 배일 때만 성립
정상파 조건 관계식	$\lambda_n = \frac{4L}{2n-1}$ (n = 1, 2, 3, ……)	$\lambda_n = \frac{2L}{n}$ (n = 1, 2, 3, ……)
고유 진동수	$f_n=\frac{v}{\lambda_n}= n\frac{2n-1}{4L}V$ (n=1, 2, 3, ……)	$f_n=\frac{v}{\lambda_n} = n\frac{n}{2L}V$ (n=1, 2, 3, ……)

일상생활에서의 정상파

불꽃으로 만든 정상파

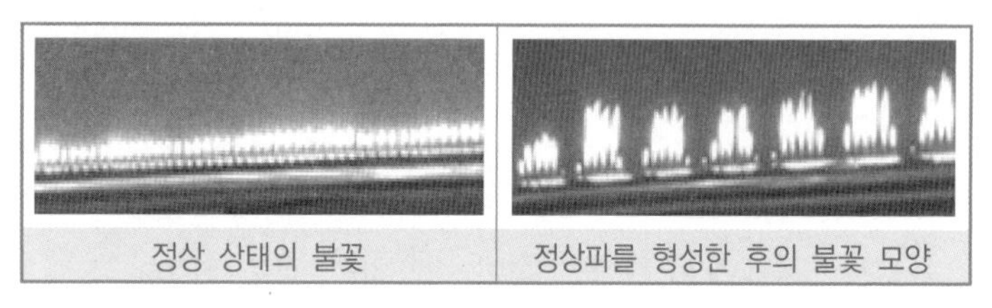

정상 상태의 불꽃 | 정상파를 형성한 후의 불꽃 모양

서양의 7음계

소리는 진동수에 따라 높낮이가 다르며 진동수가 큰 소리는 높은 소리가 나고 진동수가 작은 소리는 낮은 소리를 낸다. 이처럼 서로 다른 두 음 사이의 간격을 음정이라고 하는데, 이는 진동수의 비율로 표현된다. 서양의 7음계(도-레-미-파-솔-라-시)는 피타고라스가 만들었다. 그는 가장 잘 어울리는 음정이 두 음의 진동수가 가장 간단한 정수 비율을 이룰 때 아름다운 화음을 이룬다고 했다. 진동수 비율이 1:2, 2:3, 3:4 등의 비율을 맞춰주면 간단한 현악기를 제작할 수 있다.

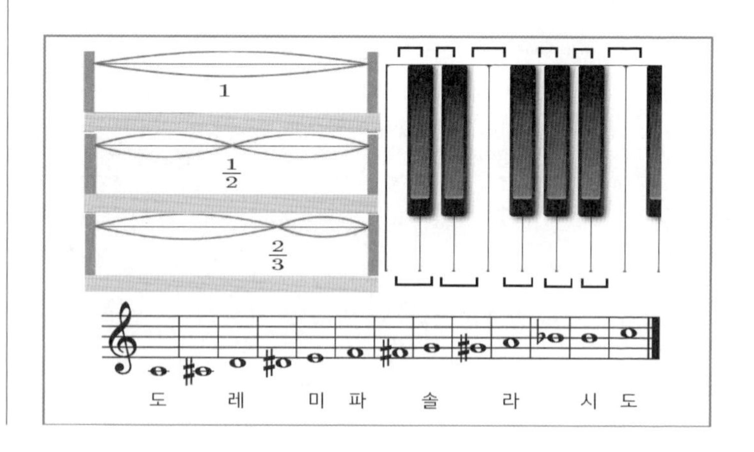

관의 길이와 소리

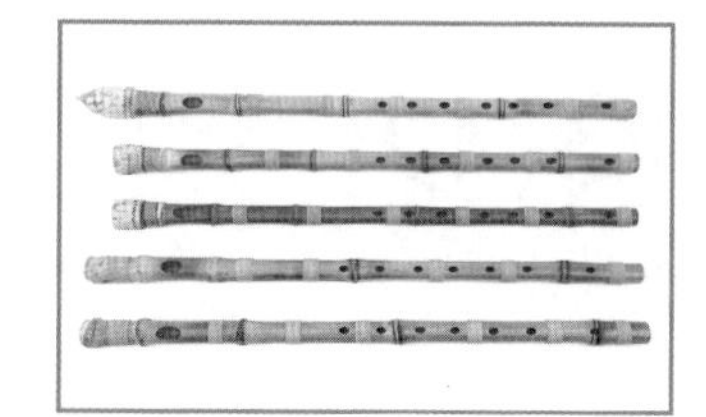

관의 길이가 긴 대금은 진동수가 작은 소리(저음)가 나고, 관의 길이가 짧은 소금은 진동수가 큰 높은 소리(고음)가 난다.

기주

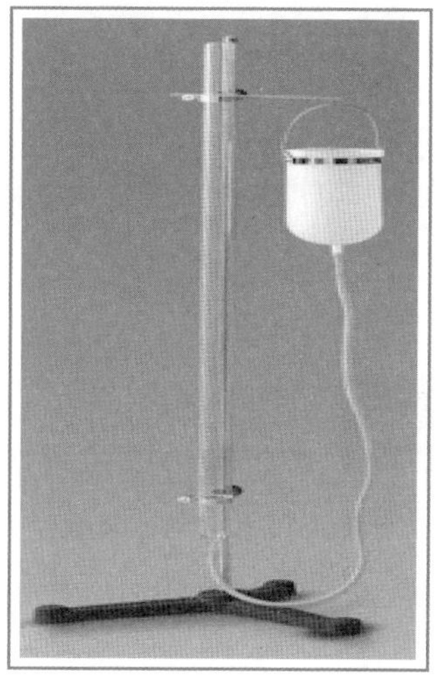

기주(氣柱)는 공기 기둥을 말하는 것으로, 공기 기둥의 한쪽을 진동시키면 파동이 진행하면서 반사파와 함께 정상파를 만들게 된다. 이때 기주의 길이에 따라 형성되는 정상파의 파장이 달라지는데 이러한 현상은 관악기에서도 똑같이 적용된다.

예를 들어 소금(小笒)의 경우 입구에 바람을 넣으면, 이 공기의 진동에 의해 소금 내부의 공기가 진동하게 되며, 이때 소금에 뚫린 구멍은 공기가 진동하는 길이를 조절한다. 즉, 바람을 넣는 입구에서부터 구멍이 뚫린 부분까지가 공기가 진동하는 길이가 된다. 구멍을 모두 막으면 기주의 길이가 길어지고, 기주의 길이가 길어지면 파장이 길어져 진동수가 작게 되면 결국 낮은 소리(저음)가 발생하고, 구멍을 많이 열어놓으면 기주의 길이가 짧아지고, 기주의 길이가 짧아지면 파장이 짧아지고 진동수가 커져 결국 높은 소리(고음)가 발생하게 된다.

정전기 유도

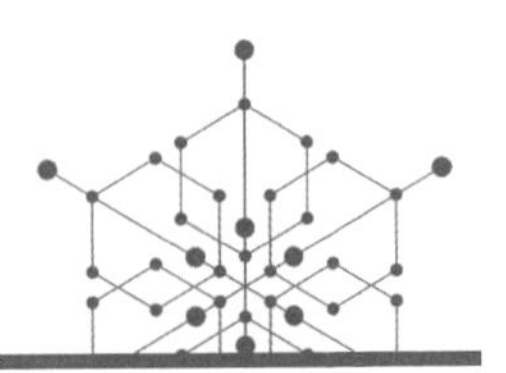

정의 정전기 유도(靜電氣誘導, electrostatic induction)는 도체에 대전체를 가까이 하면 전기력에 의한 자유전자의 이동에 의해 대전체와 가까운 쪽에는 대전체와 반대 종류의 전하가 유도되고 대전체와 먼 쪽에는 대전체와 같은 종류의 전하가 유도되는 현상이다.

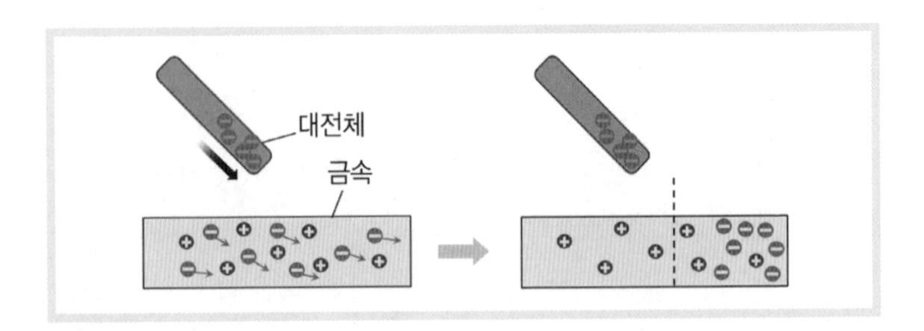

해설 정전기 유도 현상은 물체에 대전체를 가까이 하면 대전체와 가까운 쪽에는 대전체와 반대 종류의 전하가 모이고 먼 쪽에는 대전체와 같은 종류의 전하가 모이는 현상이다. 음(-)으로 대전된

에보나이트 막대를 가벼운 도체에 가까이 하면 서로 끌어당기는 현상을 볼 수 있다. 이것은 대전체의 음전하가 도체 속의 전자들을 먼 쪽으로 밀어내고 도체 속의 양전하는 가까이로 옮겨오는데, 이때 먼 쪽의 음전하와의 반발력보다 양전하와의 인력이 크게 되어 끌려오게 된다.

1. 도체에서 정전기 유도: 위 그림에서 도체에 대전체를 가까이 하면 대전체와 가까운 쪽에는 대전체와 반대 종류의 전하가 유도되고 대전체와 먼 쪽에는 대전체와 같은 종류의 전하가 유도되는 현상이다.
2. 부도체의 정전기 유도: 아래 그림에서 부도체(절연체) 내부에는 자유전자가 없기 때문에 도체와 같은 전자의 이동에 의해 정전기 유도 현상은 일어나지 않지만 원자 내부에서 전기력에 의한 분극되는 현상이 일어난다. 따라서 절연체에 대전체를 가까이 하면 절연체 양쪽 끝에 대전체와 같은 종류와 반대 종류의 전하가 배열되는데 이를 유전 분극이라고 한다.

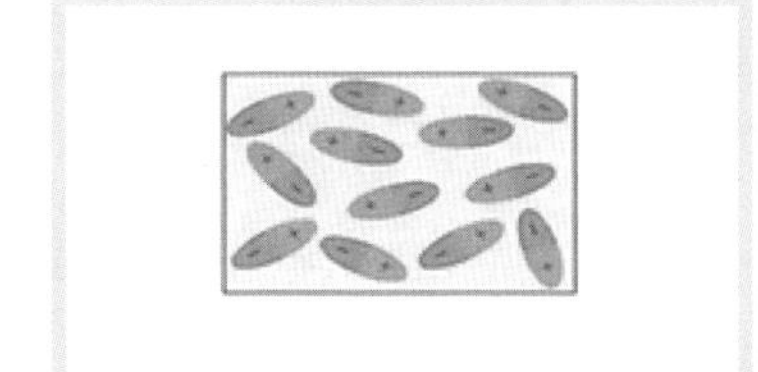

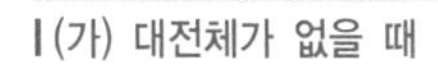
(가) 대전체가 없을 때

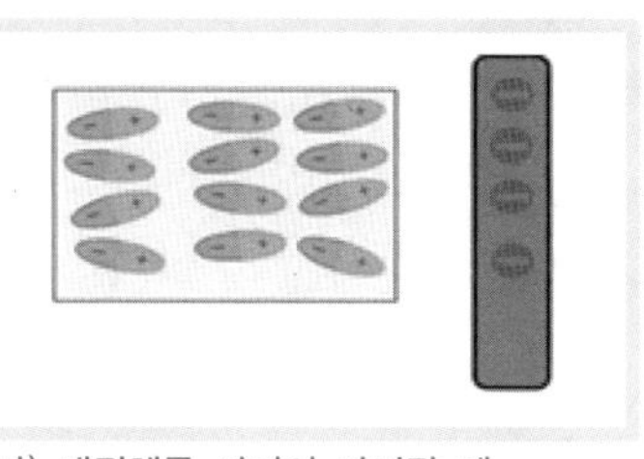
(나) 대전체를 가까이 가져갈 때

3. 대전 열: 물체를 마찰시킬 때 양전기와 음전기를 띠는 물질을 순서대로 나열한 것으로, 그 순서는 다음과 같다.
   (+)털가죽–유리–명주–나무–종이–에보나이트(-)
   ☞ '털유명나종에'로 외우자.

4. 검전기의 구조와 원리

금속판에 대전체를 가까이 가져가면 대전체의 전기력으로 인해 가까운 금속판은 다른 극, 먼 금속박은 같은 극이 유도된다. 이때 두 장의 얇은 금속박은 같은 전기가 유도되므로 서로 밀어내는 전기적 반발력 때문에 벌어지게 된다. 유도되는 전기량이 많을수록 밀어내는 전기력이 강하므로 금속박은 많이 벌어진다. 이 특징을 활용하여 (+)검전기나 (-)검전기를 만든 후 전기를 검사한다.

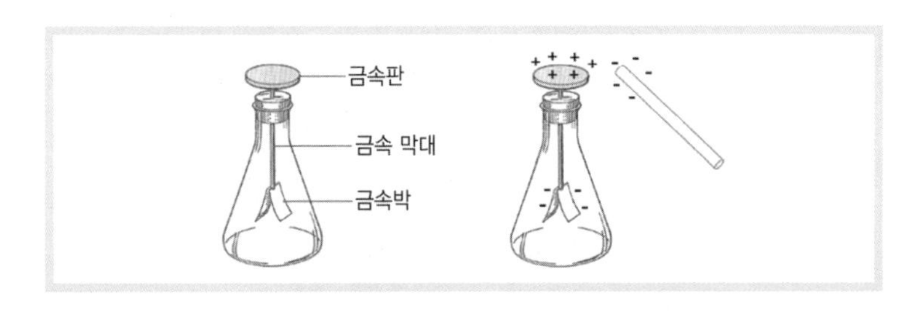

tip

아래 그림처럼 구리 막대 A, B 두개를 붙여 두고 (+)로 대전된 막대 (C)를 접근시키면 (-) 자유전자는 전기력 때문에 대전된 막대 쪽으로 끌려 이동하고 자유전자의 이동으로 구리 막대 A와 B는 전기적 균형이 깨져 구리 막대 양쪽으로 (+)와 (-) 전기를 유도해낸 것처럼 된다. 이 상태에서 접촉한 구리 막대를 떼어내면 정전기 유도 현상에 의해 (+)와 (-) 전기를 띤 금속 막대를 얻게 된다.

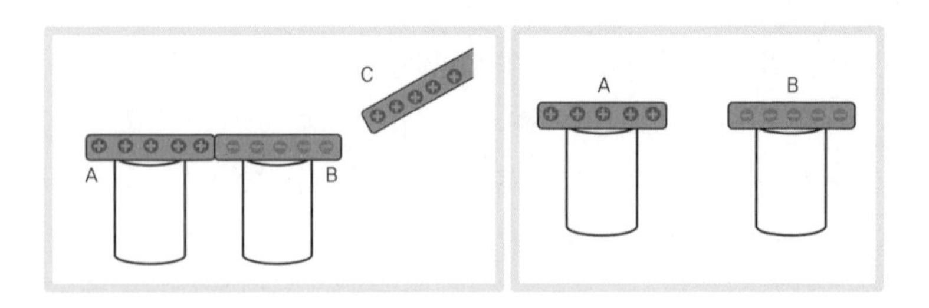

일상생활에서의 정전기 유도

피뢰침

피뢰침으로부터 빠져나온 전자가 하늘로 올라가 (+)전하를 띤 구름과 만나 전기적 성질을 잃게 한다. 번개나 천둥이 생기는 과정을 미리 접지시켜놓은 피뢰침으로 전하가 쌓이는 것을 방지하여 재난에 대비할 수 있다.

복사기의 원리(연필과 복사기)

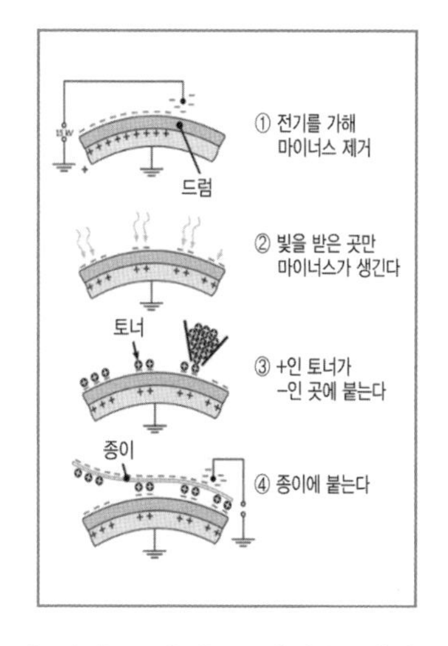

연필과 복사기 모두 흑연(탄소)을 종이에 붙여 글씨를 쓰거나 그림을 그릴 수 있다. 연필은 흑연 덩어리를 종이에 문지르는 물리적인 압력을 이용하는 반면, 복사기는 정전기 성질을 이용하여 종이에 붙게 한다.
드럼에 전기를 가해 정해진 구역을 (+)성질을 띠도록 만든다. 그 후 (+)성질을 가진 구역에 붙이기 위해 토너 가루(탄소 가루)에 전기를 가해 (-)성질을 띠게 하고, 복사를 시작하면 토너 가루는 (+)구역에만 달라붙고 (-)구역은 달라붙지 않는다. 이와 같이 정전기 현상과 화학적 코팅 작업을 통해 종이에 복사가 이루어진다.

생활에 불편한 정전기

정전기는 정지해 있는 전기로 흐르지 않기 때문에 위험하지는 않지만 우리 생활에 불편함을 유발시키는 전기다. 마찰시킨 빗에 머리카락이 달라붙거나 겨울날 외출 후 집에 돌아와 목도리나 스웨터를 벗을 때 정전기가 생기곤 한다. 정전기는 마찰로 인하여 생기는 전기 성분으로, 위험하진 않지만 찌릿한 느낌에 놀라거나 불쾌할 수 있다. 집안에서 겨울철 정전기를 예방하려면 습도를 높여주고, 스웨터 같은 정전기 유발이 쉬운 옷가지는 유연제 같은 정전기 예방 세제로 세탁한다.

케플러의 법칙

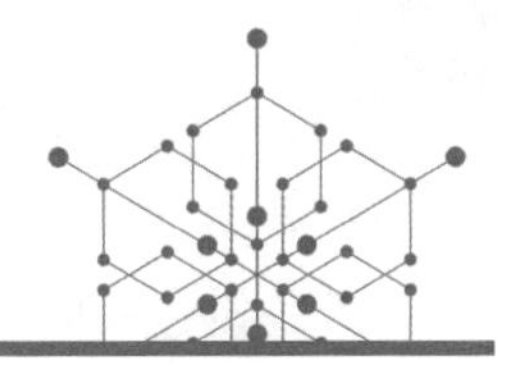

정의 케플러의 법칙(Kepler's laws)은 "모든 행성은 타원 운동을 한다"는 법칙으로, 타원 궤도의 법칙, 면적 속도 일정의 법칙, 조화의 법칙이 있다.

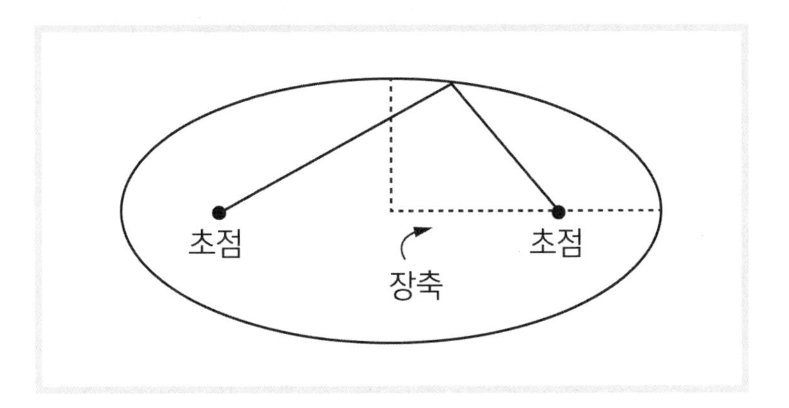

해설

1. 타원궤도의 법칙(케플러 제1법칙): 모든 행성은 태양을 한 초점으로 하는 타원 궤도를 그리면서 운동하며 타원이란 두 초점으로부터의 거리의 합이 같은 점들의 자취다.
2. 면적 속도 일정의 법칙(케플러 제2법칙): 아래 그림에서 태양과 지구를 연결하는 선분이 같은 시간 동안 그리는 면적은 항상 일정하므로 태양으로 가까울 때(근일점) 만유인력은 최대가 되며 공전 속도가 빠르다. 반면에 태양과 지구가 가장 멀리 있을 때(원일점) 만유인력은 최소가 되며 공전 속도가 느리다.

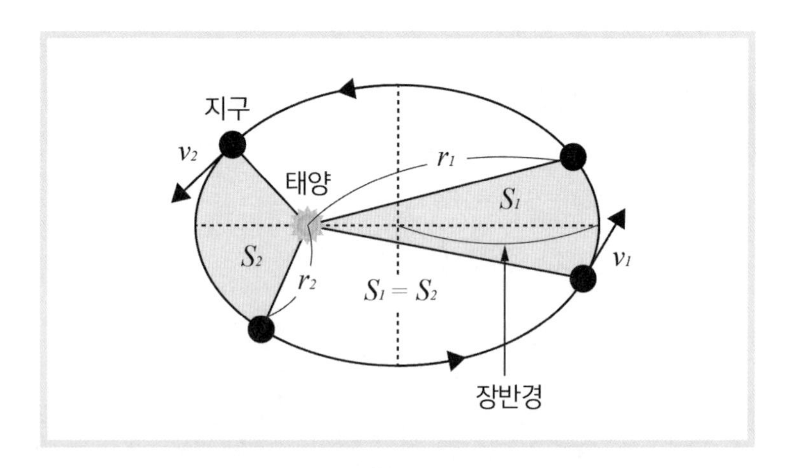

3. 조화의 법칙(케플러 제3법칙): 행성이 태양을 한 바퀴 도는 데 걸리는 시간의 제곱은 행성궤도 반경의 세제곱에 비례한다.
   - 1차 함수로 행성들의 기울기($\frac{T^2}{R^3}$)가 일정하며 $T^2 \propto R^3$(T는 주기, R은 장반경)에 비례한다.

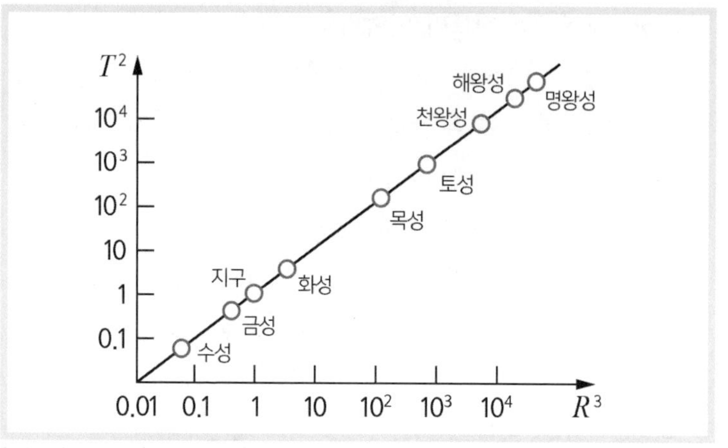

| 케플러 제3법칙(조화의 법칙)

✔ **만유인력 법칙을 이용하여 케플러 제3법칙을 유도해보자.**

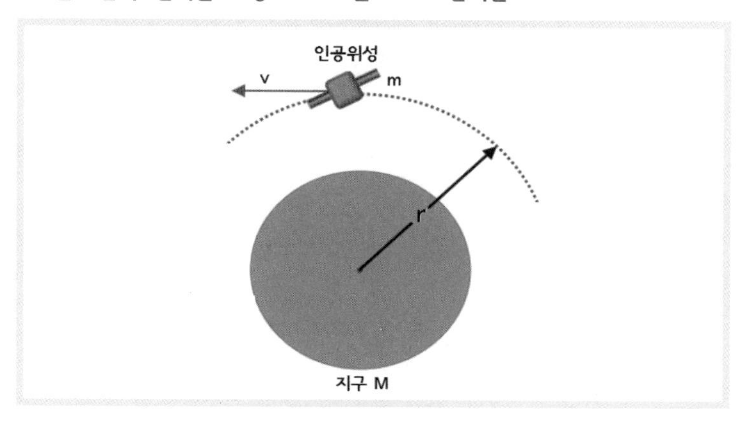

인공위성 질량 m인 행성이 질량이 M인 태양 주위를 등속원운동을 할 때 만유인력과 구심력이 같으므로 $\frac{GMm}{r^2} = \frac{mv^2}{r}$, $v = \frac{2\pi r}{T}$ 을 대입하여 풀어주면 $T^2 = \frac{4\pi^2}{GM} r^3$이다. 그러므로 T^2은 r^3에 비례한다.

생.각.거.리.

일상생활에서의 케플러 이야기

코페르니코스 이전에는 우주의 중심은 지구, 즉 태양, 달을 포함한 모든 천체는 지구를 중심으로 회전한다는 천동설이 지배했다. 이를 체계화한 프톨레마이오스는 플라톤이나 아리스토텔레스의 영향으로 기하학적으로 완전한 공 모양의 우주를 생각했고, 그 중심에는 지구가 있음을 주장했다. 그러나 목성의 순행과 역행, 금성의 모양 변화 등 행성 및 별들의 운동에 관해 정확한 기술이 어려웠기 때문에 기존의 불완전한 천동설을 유지시켰다.

천동설이 있고 나서 1,400여 년 후, 현재 케플러의 법칙의 근본인 지동설이 나타나기 시작했다. 코페르니쿠스는 태양이 중심이고 지구를 포함한 주위의 행성은 태양 주위를 돈다고 하는 지동설을 주장함으로써 지구과학의 새로운 혁명으로 자리 잡았다.

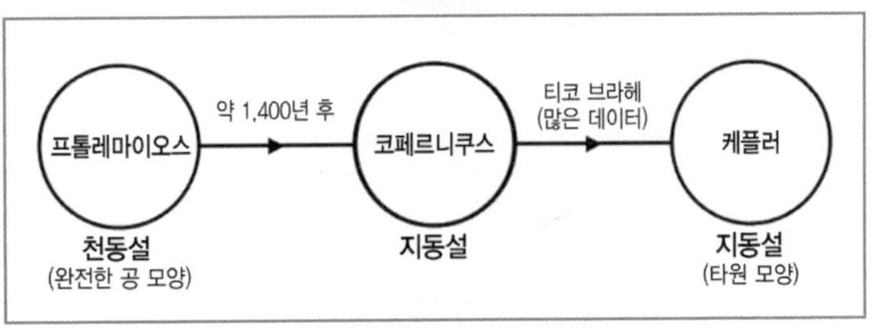

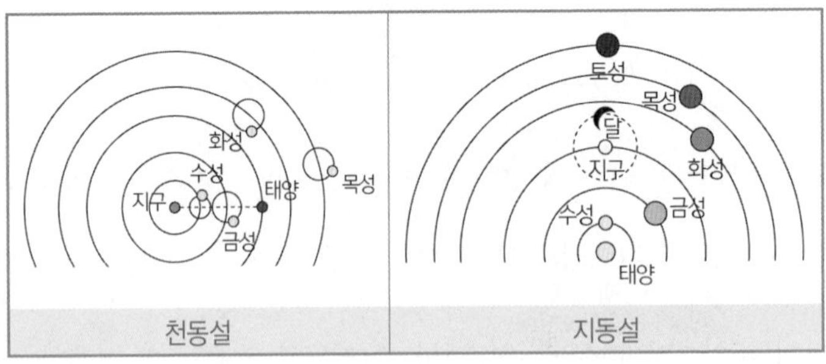

그 후 망원경의 발전으로 티코 브라헤는 많은 데이터를 관측했고, 그것을 토대로 절충 모형을 제시했으나 많은 사람들에게 인정받지 못했다. 그러나 케플러는 티코 브라헤의 데이터를 기반으로 천체의 운동이 완벽한 원운동이라는 고정관념을 깨고 행성은 타원운동을 한다는, 당시로선 생각할 수 없는 놀라운 이론을 주창했다. 그는 세 가지 법칙으로 행성의 운동을 기술했는데 그것이 지금의 케플러의 법칙이다. 단순히 데이터만 가지고 그런 이론을 생각해냈다는 것은 놀랍다.

포물선운동

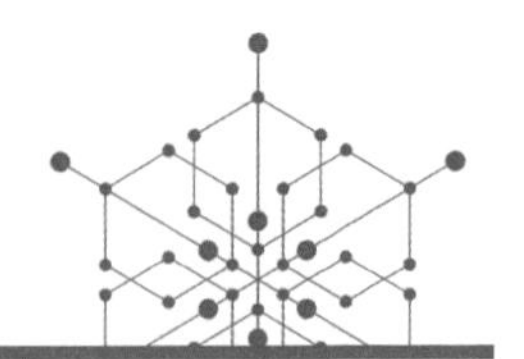

정의 포물선운동(抛物線運動, parabola motion)은 수평 방향은 등속도운동을 하고 연직 방향은 자유낙하운동을 하는 복합적 운동으로 수평 도달 거리를 계산할 수 있다.

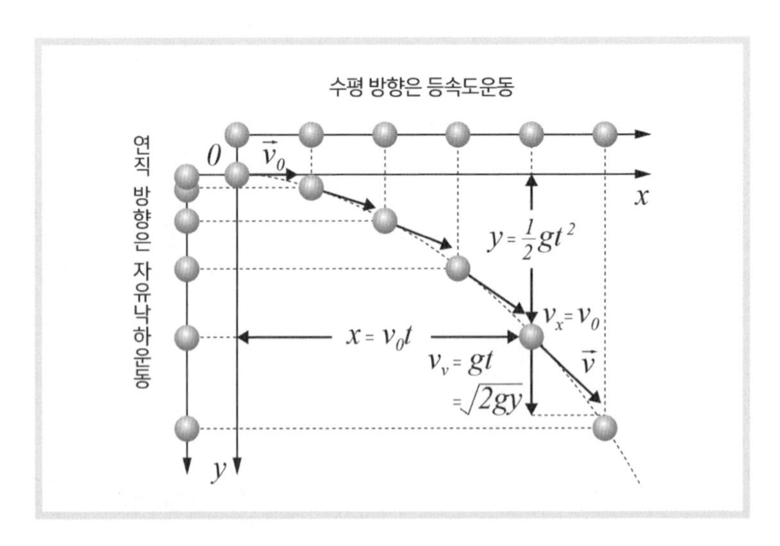

해설

포물선운동이 물체에 작용하는 힘과 운동

구 분	수평 방향(x 축)	연직 방향(y축)
힘	$F_x = 0$ (ma_x)	$F_y = mg$ ($=ma_y$)
가속도	$a_x = 0$ (등속운동)	$a_y = g$(등가속도운동)
초속도	$V_{0x} = v_0$	$v_{oy} = 0$(자유낙하)
운동 공식	$x = V_{0x}t = V_0t$	$V_y = gt$, $y = \frac{1}{2}gt^2$, $2gy = V_y^2$

시간 t초 후에 위치 x, y

등속운동 ⇨ $x = V_0t$, 자유낙하 ⇨ $y = \frac{1}{2}gt^2$

위 두 식에서 시간 t를 소거하면 운동경로 식이 나온다.

$y = \frac{1}{2}g(\frac{x}{v_0})^2 = \frac{g}{2v_0^2}x^2$ (수학적으로 $x^2 = 4py$의 포물선 방정식)

수평 도달 거리(R)는 $h = \frac{1}{2}gt^2$ 과 $t = \sqrt{\frac{2h}{g}}$ 를 연립하여 t를 소거하면

$R = V_0t = V_0\sqrt{\frac{2h}{g}}$

수평 도달 거리는 처음 속도와 높이에만 영향을 주고 있음을 알 수 있다.

✔ tip

다음 그림에서 수평 방향으로 던진 물체의 운동에서 x축은 등속운동으로 속력이 일정하고 y축은 중력 방향으로 자유낙하운동을 하여 결국 물체는 수평 방향의 등속운동과 연직 방향의 등가속도운동을 합성한 운동이다.

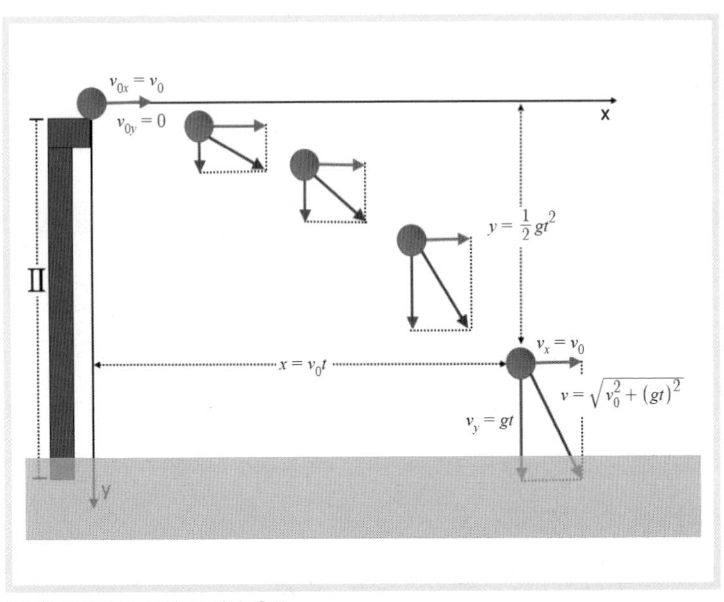

| 수평 방향으로 던진 물체의 운동

일상생활에서의 포물선운동

생.각.거.리.

1. 대포, 농구, 축구 등과 같이 물체를 특정 공간에 정확하게 던지거나 쏠 때 흔히 구 모형의 물체를 이용하는 운동이나 도구는 대부분 포물선 운동의 영향을 받는다. 그래서 포물선 궤도를 어떻게 그리는지에 따라 안정적인 농구 슛, 대포의 높은 명중률 등을 만들어낼 수 있다.

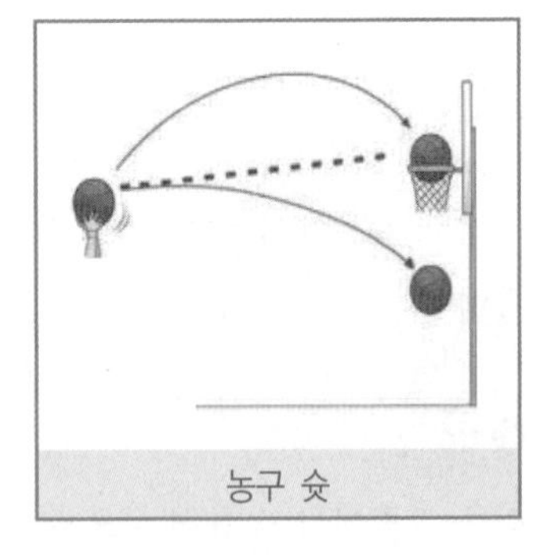
농구 슛

2. 투포환, 창던지기 등과 같이 물체를 멀리 던질 때 최대한 멀리 던지기 위해서는 포물선을 잘 이해할 필요가 있다. 효율적으로 멀리 뻗어 나가는 포물선을 그리는 것은 던지는 각도에 달려 있다. 각도가 너무 작거나 크면 비거리는 짧아진다. 따라서 포물선을 제대로 이해하고 적절한 각도로 던지는 것이 멀리 던지는 비결이다. (포물선의 적정 각도는 투포환은 약 37도, 창던지기는 28도라고 한다.)

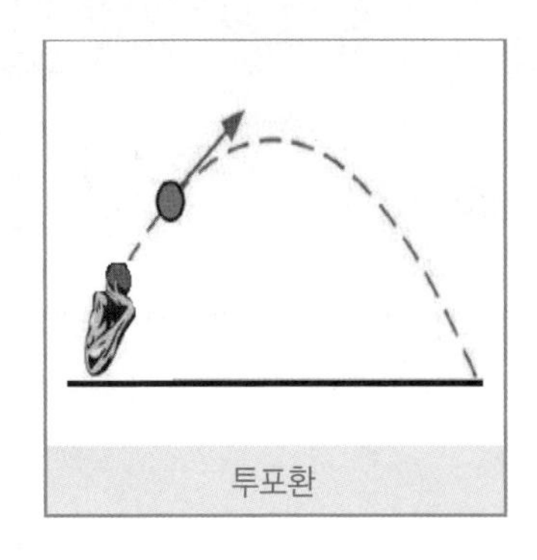
투포환

힘

정의 힘(force)은 물체의 모양이나 운동 상태 및 속도를 변화시키는 원인이 되며, 힘의 단위는 N(뉴턴)을 사용한다. 1N은 질량 1kg인 물체를 $1m/s^2$으로 가속시키는 힘을 말한다.

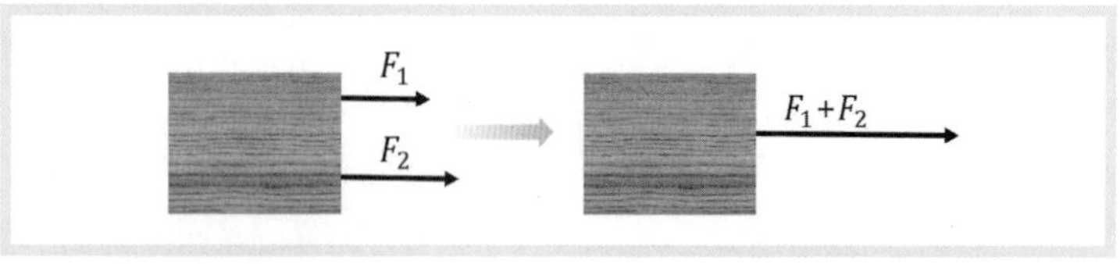

I 같은 방향의 두 힘

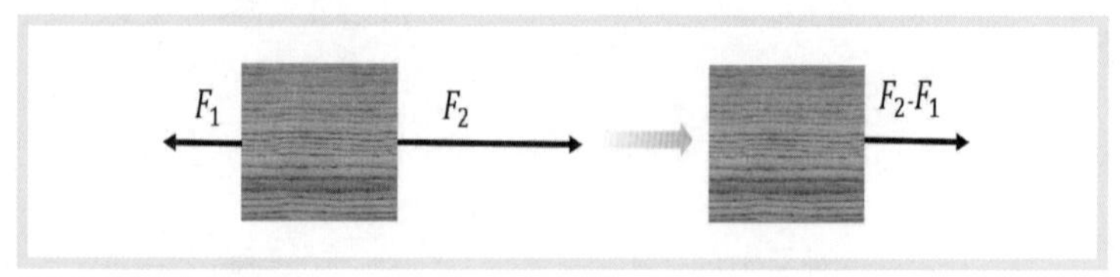

I 반대 방향의 두 힘

1. 힘은 작용점과 크기와 방향으로 표시되어야 하며 크기와 방향에 따라 힘의 합성이 가능하다. 한 물체에 여러 힘이 작용할 때 물체에 작용한 모든 힘을 합한 것을 합력이라고 하고 두 힘이 방향이 같은 경우 더해주고 두 힘의 방향이 반대이면 빼주면 된다.

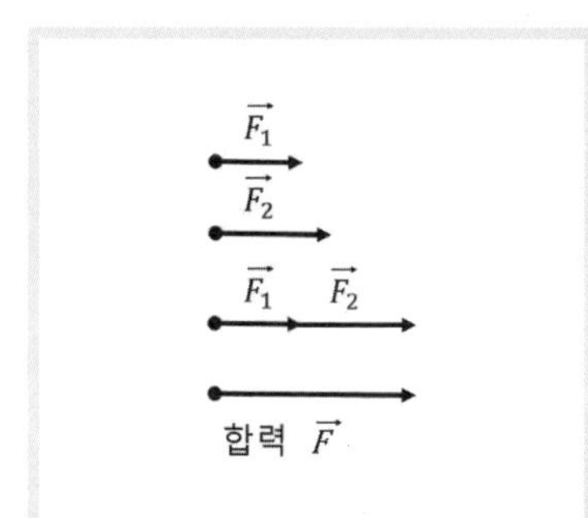

| 방향이 같은 힘의 합성

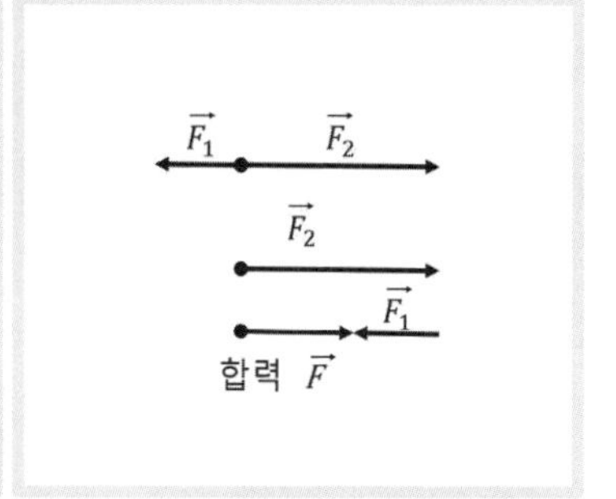

| 방향이 다른 힘의 합성

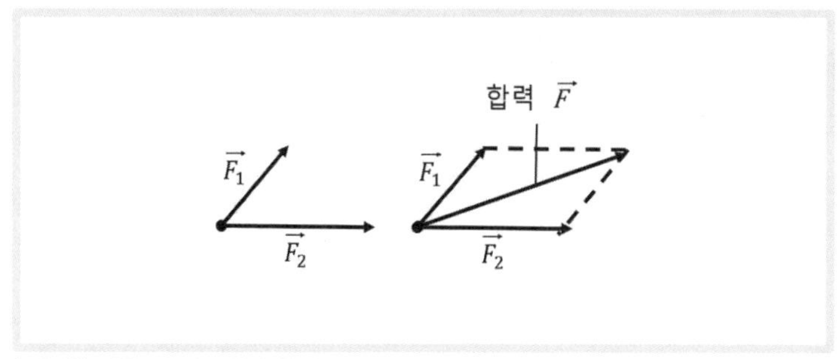

| 일정한 각을 이루는 힘의 합성

2. 힘의 분해: 하나의 힘을 그 힘과 같은 효과를 나타내는 둘 이상의 힘으로 나누는 것을 힘의 분해라 하며, 나누어진 힘을 그 힘의 성분이라고 하며, 힘의 분해는 직교 좌표로 분해하는 방법을 주로 사용한다.

3. 힘의 활용: 지속적인 상호작용은 속도, 운동량, 에너지 등을 변화시키며 시스템의 새로운 변화를 유발한다. 힘을 독단적, 시간적, 공간적으로 사용하는 경우 알아보자.

- 독단적으로 사용: F =ma = m$\frac{v-v_0}{t}$(F는 상호작용하는 힘, ma는 속도의 변화)
- 시간적으로 사용: FΔt = mv−mv$_0$ (운동량의 변화)
- 공간적으로 사용: FS = $\frac{1}{2}$mv^2-$\frac{1}{2}$mv$_0^2$ (운동에너지 변화)

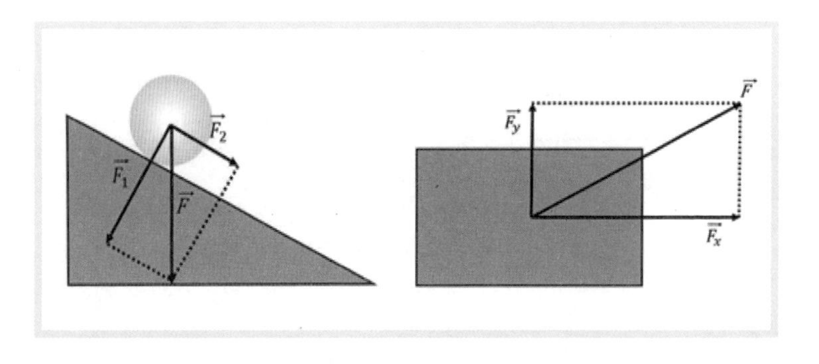

- 물리적으로 중력과 만유인력은 같지만 무게와 수직항력은 차이가 있다. 다만 공식이 mg로 같다는 뜻이다. 중요한 사항은 중력과 만유인력이 물리적으로 같다는 것이다.

mg = G$\frac{Mm}{R^2}$에서 질량 m으로 나누어주면 g=G$\frac{M}{R^2}$=9.8m/s^2

(m: 물체의 질량, M: 지구의 질량, G: 만유인력 상수, g: 중력가속도)

4. 힘의 평형

① 힘이 전혀 작용하지 않는 것과 같은 상태를 뜻하는 것으로, 이때 힘들의 벡터적인 합은 0이 된다. 힘의 크기가 같고 방향이

반대이고 동일 직선상에 있을 때 두 힘의 평형이라 하며 한 물체에 몇 개의 힘이 작용해도 그들이 평형을 이루고 있을 때에는 물체의 운동 상태는 변하지 않는다.

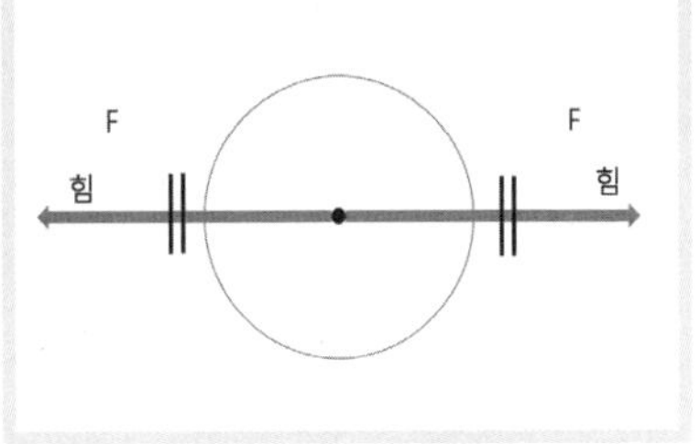

② 앞의 그림에서 한 물체에 영희와 철수가 같은 힘으로 힘의 방향이 반대이고 동일 직선상에 있을 때 두 힘의 평형이라고 하며 한 물체에 작용한다. 그러나 철수와 책상, 영희와 책상 사이에 작용하는 힘은 작용과 반작용(action and reaction)이다.

- 두 힘의 평형: 크기가 같고 방향이 반대인 두 힘이 같은 작용선상에서 어떤 물체에 작용할 때 두 힘은 서로 비겨 평형을 이룬다. $F_1 + F_2 = 0$, $F_1 = - F_2$ ☞ 여기서 음의 부호(-)는 방향이 정반대 방향임을 의미한다.
- 세 힘의 평형: 어떤 두 힘의 합력이 나머지 한 힘과 같은 작용선상에 있으면서 크기가 같고 방향이 반대이면 세 힘은 평형이 된다.

③ 여러 가지 힘의 평형: 물체의 한 점에 작용하는 힘들의 합력이 0일 때다. 이 힘들을 x, y 방향으로 분해하여 합력을 구해도 된다. 즉, 각 성분의 힘의 합력이 0일 때 평형이 된다.

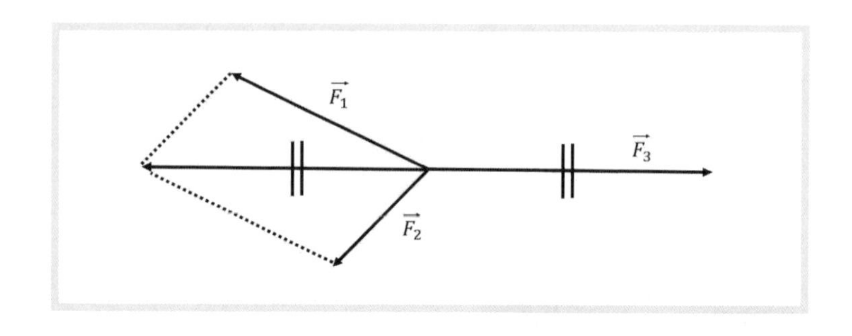

$$F_1 + F_2 + F_3 \cdots\cdots = 0$$

$$F_{1x} + F_{2x} + F_{3x} \cdots\cdots = 0$$

$$F_{1y} + F_{2y} + F_{3y} \cdots\cdots = 0$$

✔ 힘의 평형과 작용과 반작용의 공통점 및 차이점

평형과 작용과 반작용 모두 크기가 서로 같고 방향이 반대이고 동일 직선상에 있는데 어디서 차이점이 생길까? 가장 쉬운 답은 평형은 한 물체에서 두 힘이 작용하고 작용과 반작용은 두 힘이 두 물체에서 작용하는 차이점이 있다.

구분	작용과 반작용	힘의 평형
공통점	두 힘의 크기가 서로 같고 방향이 반대이고 동일 직선상에 있다.	
차이점		
	두 물체	한 물체

생.각.거.리.

일상생활에서의 힘

패러글라이딩(낙하산)의 원리

상공에서 빗방울이 떨어질 때 빗방울의 속도는 중력의 영향으로 증가하면 공기 저항도 증가하여 마침내 힘의 평형으로 등속운동을 하게 되는 것을 종단속도라고 한다.

- 아래 그림에서 낙하속도가 증가할수록 공기의 저항도 증가하여 마침내 등속운동을 하게 되며, 높은 상공에서 떨어지는 빗방울도 이와 같은 원리로 일정한 속도로 떨어진다. 이것은 공기의 저항 때문이다.

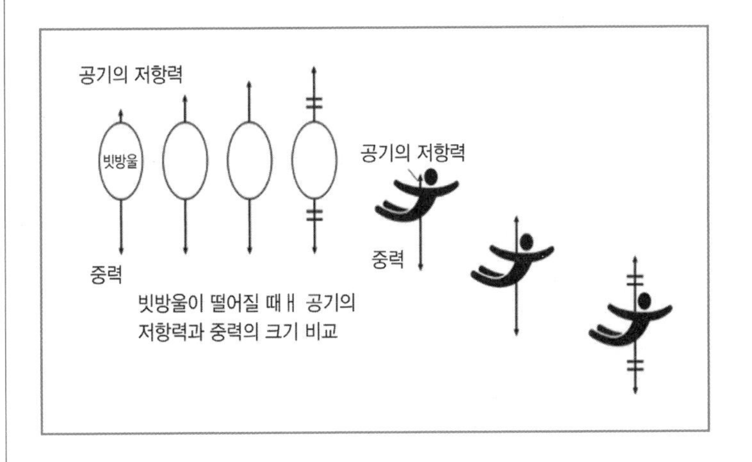

- 공기의 저항($F_{저항력}$)은 물체의 속도가 빠르지 않을 때에는 물체의 속도(v)에 비례하여 증가하므로 $F_{저} = kv$로 나타낼 수 있다. 이때 비례상수 k는 물체의 모양에 따라 달라진다.
- 공기 중에서 낙하하는 물체에 작용하는 알짜 힘(ma)은 중력(mg)에서 공기의 저항(kv)을 빼야 한다. 물체의 질량을 m, 가속도를 a라고 하면 $mg-F_{저}=ma$이다.

- 낙하속력이 점점 커져 공기의 저항과 물체에 작용하는 중력이 같아지면 물체는 등속운동을 한다. 이때의 속도를 종단속도 $V_{종}$라고 하면 $mg - kV_{종} = 0$이므로 $V_{종} = \frac{mg}{k}$ 로 나타낼 수 있다.

거중기

다산 정약용이 수원 화성을 쌓을 때 거중기 11대를 만들어 성을 축조했다. 거중기는 움직도르래의 원리를 이용하여 적은 힘으로 무거운 물체를 들어 올리는 기계로 성을 쌓는 데 매우 효율적이었다고 한다.

거중기 | 수원 화성

뜨는 힘(부력)

유체가 유체에 잠긴 물체를 중력과 반대 방향으로 밀어내는 힘으로 부력의 크기는 물체가 잠긴 부분의 부피에 해당하는 유체의 무게와 같다. 쉽게 표현하면 "물체의 무게 = 물체가 받는 부력"이 되어 평형을 이룬다.

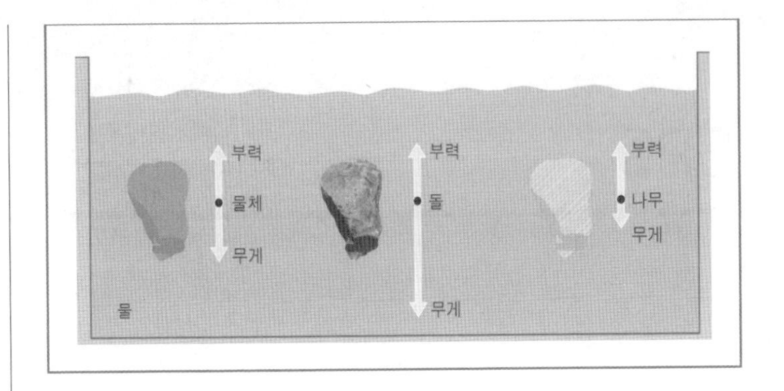

부력의 크기는 물체가 밀어낸 유체의 부피(V)×유체의 밀도(ρ)×중력가속도(g)다. 물체 주위의 유체가 물체에 작용하는 힘의 합력으로 부력의 방향은 중력의 방향에 반대 방향이다.

그림과 같이 정지해 있는 유체 내부의 압력은 유체 표면으로부터의 깊이에 따라 변하며 유체 표면으로부터의 깊이가 같은 곳은 압력이 모두 같게 된다. 깊이가 깊을수록 압력은 증가하는데 물체가 유체 안에 있을 때 아랫면에 작용하는 압력은 윗면에 작용하는 압력보다 크므로 부력은 항상 위로 작용한다. ☞ 부력(F)=Vρg('브로지'로 외우자) 중력가속도(g)=9.8m/s^2. ρ:는 [로]라고 읽는다.

흠

GPS

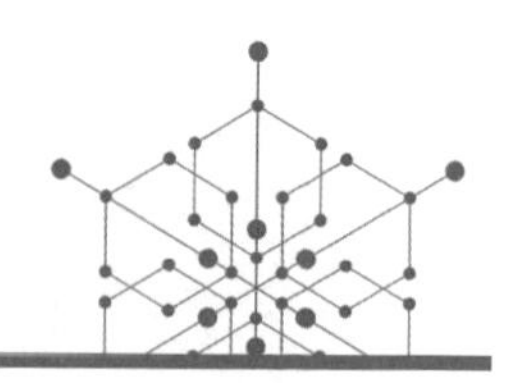

정의 GPS(global position system)는 인공위성에서 발사한 전파를 수신하여 위치를 파악하는 자동 위치 추적 시스템이다. 세계 어느 곳에 있든 자신의 위치를 정확하게 알 수 있는 시스템이다.

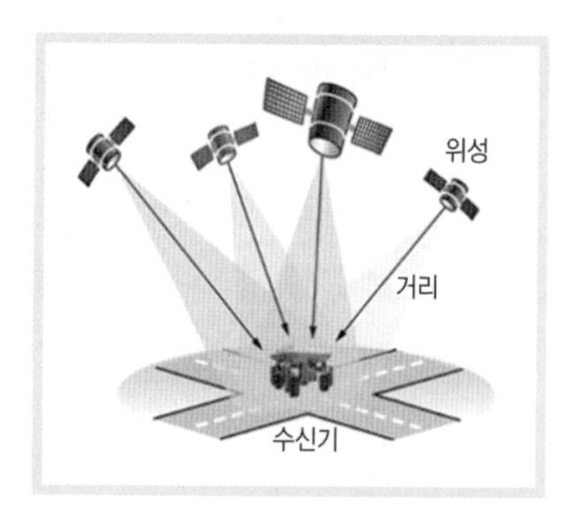

해설 GPS는 기본적으로 삼각 측량의 원리를 이용하여 알고 싶은 점을 사이에 두고 있는 두 변의 길이를 측정함으로써 미지의 점의 위치를 결정한다. 인공위성으로부터 수신기까지의 위치를 파악하는 위성을 이용한 자동 위치 추적 시스템이다.

GPS는 3개 이상의 인공위성으로부터 떨어진 거리를 알면 GPS 수신기의 위치가 결정된다.

1. GPS: 인공위성에서 발사하는 전파에는 전파를 발사하는 순간 인공위성의 위치와 시간 정보가 포함되어 있고, 전파를 발사하는 순간과 GPS 수신기로 전파를 수신하는 순간의 시간차로부터 인공위성까지 거리를 알아낸다. 옛날 사람들은 북극성이나 해, 달과 같은 천체를 관측한 후 관측 값과 관측한 시간에 따라 미리 계산된 표와 비교하여 자신의 위치를 파악하고 가고자 하는 방향을 수정했다.
2. 지구 궤도를 돌고 있는 인공위성은 깊은 산이나 바다 한가운데, 황량한 사막 등 어떤 곳에서든 3개 이상의 위성이 항상 보이게 배치되어 있으며, 전파 수신기만 있다면 날씨와 상관없이 정확한 위치 정보를 전달받을 수 있다.
   인공위성에서 수신기까지 전파가 이동하는 시간을 정밀하게 측정하고 인공위성에는 매우 정밀한 원자시계가 탑재되어 있다.

생. 각. 거. 리.

실생활에서의 GPS

내비게이션의 원리는 GPS를 이용하는 것이다. GPS는 위성을 통해서 현재 위치를 파악하여 위성의 신호를 수신한다. GPS 수신기는 위성과 직접 정보를 주고받는 장치가 아니라 라디오처럼 단순히 신호를 수신하는 장치다. 내비게이션이 정상적으로 작용하려면 최소한 3개 이상의 신호를 수신해야 한다. 내비게이션은 신호를 수신하고 있는 3~4개의 위성에서 동시에 발신된 신호의 시간차를 통해 위치를 계산한다.

일상생활에서의 GPS

특히 GPS는 현실세계와 가상세계를 환상적으로 이어주는 증강현실(AR)을 실현하는 데 이용되고 있으며 이는 영화 산업뿐만 아니라 미래 4차 산업혁명시대를 열 수 있는 중추 역할을 수행할 것으로 예측된다.

1. 가상현실과 증강현실

- 가상현실(virtual reality)의 정의: 가상현실은 본인과 배경 등 모든 환경이 현실이 아닌 가상의 상황에서 수행하는 것이다. 즉, 어떤 상황 속에서 그것을 이용하는 사용자가 마치 실제 세계와 상호작용하는 것처럼 만들어 준다. (예: VR 낙하산 훈련기)
- 가상현실을 설명하는 데 필요한 요소는 3차원의 공간성, 실시간의 상호작용, 몰입 등이다. 3차원의 공간성이란 사용자가 실재하는 물리적 공간에서 느낄 수 있는 상호작용과 최대한 유사한 경험을 할 수 있는 가상공간을 만들며 가상현실에 더욱 몰입할 수 있게 한다.

2. 증강현실(augmented reality)의 정의: 현실세계에 3차원 가상 이미지를 겹쳐서 영상으로 보여주는 기술을 현실세계에 가상세계를 합쳐서 영상으로 보여주기 때문에 혼합현실(mixed

reality)이라고도 불린다. 증강현실은 1990년 보잉사에서 비행기 조립 과정에 가상의 이미지를 첨가하면서 시작되었다. (예: 포켓몬고)

3. 가상현실(VR)과 증강현실(AR)의 차이점: 가상현실은 모든 환경이 현실이 아닌 가상의 이미지를 사용하는 반면 증강현실은 현실의 이미지에 3차원의 가상 이미지가 겹쳐서 영상을 보여 준다. 격투기 게임을 하는 경우를 예를 들어 설명해 보자.

구분	주체	공간	객체
실제현실	현실의 내가	현실의 공간	실제의 적
가상현실	나를 대신하는 아바타가	가상의 공간	가상의 적
증강현실	현실의 내가	현실의 공간	가상의 적

- 실제현실: 현실의 내가 현실의 공간에서 실제의 적과 격투기를 한다.
- 가상현실: 나를 대신하는 아바타가 가상의 공간에서 가상의 적과 격투기를 한다.
- 증강현실: 현실의 내가 현실의 공간에서 가상의 적과 격투기를 한다.

⇒ 증강현실은 가상현실에 비해 현실이라는 현실세계와 비슷하고 실제적인 감각이 뛰어나 빠져드는 몰입도가 훨씬 크다. 또 인터넷을 통한 지도 위치검색 등 GPS의 원리와 융합되면서 미래를 변화시킬 사물인터넷, 인공지능로봇, 자율주행자동차, 빅데이터 등과 함께 4차 산업혁명의 다양한 분야로 당당하게 자리 잡을 것이다.

4. GPS를 활용한 증강현실의 원리: 증강현실은 위치정보를 송수신하는 GPS, 기울기 센서, 위치정보 시스템, 증강현실 애플리케이션, 스마트폰이 필요하다.
   - 사용자가 증강현실 애플리케이션을 실행 ⇒ 스마트폰에 내장된 카메라로 특정거리를 비추면 GPS 수신기를 통해 현재의 위치에 대한 정보들이 스마트폰에 임시로 저장됨 ⇒ 이 GPS 정보를 인터넷을 통해 특정 위치정보 시스템에 전송 ⇒ 사용자로부터 GPS 정보를 수신한 위치정보 시스템은 해당지역 및 사물의 정보를 데이터베이스에서 검색한 후 그 결과를 다시 스마트 폰으로 전송 ⇒ 데이터를 수신한 스마트폰은 증강현실 애플리케이션을 통해 현 정보와 일치(matching)시킨 후 실시간 스마트폰 화면을 통해 보여줌 ⇒ 데이터의 송·수신 단계가 지속적으로 수행되기 때문에 스마트폰을 들고 거리를 지나가면 해당지역에 대한 상세한 정보가 순차적으로 화면에 나타난다.
   - 위치정보 시스템이 필요한 이유: 해당 위치 및 지역 건물의 상세 정보를 모두 스마트폰에 저장할 수 없기 때문에 사용자로부터 위치 등의 GPS 정보를 수신한 위치정보 시스템은 해당 지역 또는 사물의 상세 정보를 자신의 데이터베이스에서 검색한 후 그 결과를 다시 스마트폰으로 전송하게 된다.

① 현재 위치에 대한 관련 정보 저장

② 위치 관련 정보 전송

인터넷을 통한 정보 전송

③ 위치 정보 시스템

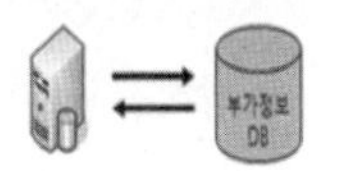

전송받은 전보를 데이터 베이스에서 검색한 후 결과를 스마트폰으로 전송

④ 부가 정보 전송

⑤ 부가정보 디스플레이

데이터를 수신한 스마트폰은 증강현실 애플리케이션을 통해 현 정보와 매칭한 후 받은 정보를 스마트폰에 실시간으로 보여줌

5. 증강현실의 미래와 발전 방향: 앞으로 우리의 미래는 실제 현실과 같은 가상현실을 목표로 진화할 것으로 보인다, 허상과 같은 실상, 거짓과 같은 실제 등과 같이 현실과 가상의 구별이 무의미하게 될 것 이다. 이러한 증강현실이 사물인터넷(IOT)과 융합하면 그 효과는 배가될 것이다. 예를 들어 옷을 구입할 때 매점까지 가지 않아도 증강현실을 이용하면 집에서 내가 사는 것처럼 살 수 있어 시간적·공간적 제약에서 어느 정도 해방될 것이다. 혹은 미래에는 로그인한 사용자들이 증강현실 속에서 결혼식도 할 수 있을 것이다. 또 영화산업에 가장 커다란 변화가 예상된다. 2차원 평면공간에 많은 관객들이 모여 영화를 보는 시대는 앞으로 점점 사라질 것이다. 미래에는 3차

원 입체 화면에 주인공과 공감하고 소통할 수 있는 방향으로 발전할 것이며, 특히 서로 다른 곳에서 로그인한 사용자들이 영화를 보며 다양하게 상호작용할 수 있으므로 영화관 같은 인접 산업을 파괴하며 성장할 것으로 보인다.

6. 증강현실의 부작용: 현실과 가상의 조화, 실제와 같은 가상을 추구하는 증강현실은 가상의 세계에 완전히 빠져들어 정상적인 생활을 하지 못하는 사람들을 증가 시킬 것이다. 증강현실은 가상현실보다 더 실제인적이기 때문에 중독증세가 더 심해질 것이다. 가상세계에서는 자신이 모든 것을 원하는 방향으로 실행할 수 있는 반면 현실세계에서의 무력함 또한 반작용으로 돌아올 수 있을 것이다.

자료 출처 및 참고문헌

물리

18쪽 사진: http://blog.naver.com/jjek79/110112682824

20쪽 그림: http://blog.naver.com/msy879/100125380931

76쪽 사진(원심분리기): http://blog.naver.com/hanilsme/105058450

76쪽 사진(선풍기): http://blog.naver.com/ecopc79422/220731569461

76쪽 사진(시계): http://sonmj97.blog.me/220700987235

156쪽 사진(로켓): http://blog.naver.com/switch0801/220011268747

254쪽 사진(거중기): http://blog.naver.com/moeblog/220557647812(출처: www.edunet.net)

추천사

정보 탐색의 아쉬움을 해결해주는 친절함

이종호
(한국과학저술인협회 회장)

한국인이 책을 너무 읽지 않는다는 것은 꽤 오래된 진단이지만 근래 들어 부쩍 더 심해진성습니다. 전철이나 버스에서 스마트폰으로 다들 카톡이나 게임을 하지 책을 읽는 사람은 거의 없습니다. 과학 분야 책은 말할 것도 없겠지요. 과학 분야의 골치 아픈 개념들을 굳이 책을 보고 이해할 필요가 뭐란 말인가, 필요할 때 인터넷에 단어만 입력하면 웬만한 자료는 간단히 얻을 수 있는데……다들 이런 생각입니다. 그러니 내로라하는 대형 서점들의 판매대도 갈수록 졸아들어 겨우 명맥만 유지하고 있는 것이겠지요.

이런 현실에서 과목명만 들어도 골치 아파 할 기술발명, 물리, 생명과학, 수학, 지구과학, 정보, 화학 등 과학 분야만 아울러 7권의 '친절한 과학사전' 편찬을 기획하고서 저술위원회 참여를 의뢰해왔을 때 다소 충격을 받았습니다. 이런 시도들이 무수히 실패로 끝나고 만 시장 상황에서 첩첩한 현실적 어려움을 어찌 이겨 내려는가, 하는 염려가 앞섰습니다.

그러나 그간의 실패는 독자의 눈높이에 제대로 맞추지 못한 탓도 다분한 것이어서 '친절한 과학사전'은 바로 그 점에서 그간의 아쉬움을 말끔히 씻어줄 것으로 기대됩니다. 또 우리 학생들이 인터넷에서 필요한 정보를 검색했을 때 질적으로 부실한 자료에 대한 실망감을 '친절한 과학사전'이 채워줄 것으로 믿습니다. 오랜 가뭄 끝의 단비 같은 사전이 출간된 기쁨을 독자 여러분과 함께 나눌 수 있기를 바랍니다.

추천사

제4차 산업혁명의 동반자 탄생

왕연중
(한국발명문화교육연구소 소장)

오랜만에 과학 및 발명의 길을 함께 갈 동반자를 만난 기분이었습니다. 생활을 함께할 동반자로도 손색이 없을 것 같았지요. 생활이 곧 과학이기 때문입니다.

40여 년을 과학 및 발명과 함께 살아온 저는 숱한 과학용어를 접했습니다. 특히 글을 쓰고 교육을 할 때는 좀 더 정확한 용어의 선택과 누구나 쉽게 이해할 수 있는 해설이 필요했습니다. 그때마다 자료가 부족하여 무척 힘들었지요. 문과 출신으로 이과 계통에서 일하다보니 더 힘들었고, 지금도 마찬가지입니다.

바로 이때 '친절한 과학사전' 편찬에 참여하여 감수까지 맡게 되었습니다. 원고를 읽는 순간 저자이기도 한 선생님들이 교육현장에서 학생들에게 과학을 가르치는 생생한 육성을 듣는 기분이었습니다. 신선한 충격이었지요.

40여 년을 과학 및 발명과 함께 살아왔지만 솔직히 기술발명을 제외한 다른 분야는 비전문가입니다. 따라서 그동안 느꼈던 과학 용어에 대한 갈증을 해소시켜주는 청량음료를 만난 기분이었습니다.

그동안 어렵게만 느껴졌던 과학용어가 일상용어처럼 느껴지는 계기를 마련할 것으로 믿으며, '제4차 산업혁명의 동반자 탄생'으로 결론을 맺습니다.

'친절한 과학사전'이 누구보다 선생님들과 학생들이 과학과 절친한 친구가 되는 역할을 하기를 기대합니다.

추천사

누구나 쉽게 과학을 이해하는 길잡이

강충인
(한국STEAM교육협회장)

일반적으로 과학이라고 하면 복잡하고 어려운 전문 분야라는 인식을 가지고 있습니다. 그러나 '친절한 과학사전'은 과학을 쉽게 이해하도록 만든 생활과학 이야기라고 할 수 있습니다. 과학은 생활 전반에 응용되어 편리하고 다양한 기능을 가진 가전제품을 비롯한 생활환경을 꾸며주고 있습니다.

지구가 어떻게 생겨나 어떻게 변화해오고 있는지를 다룬 것이 지구과학이고, 인간의 건강과 생명은 어떻게 구성되어 있고 관리해야 하는가는 생명과학에서 다루고 있습니다.

수학은 생활 속의 집 구조를 비롯하여 모든 형태나 구성요소를 풀어가는 방법입니다. 과학적으로 관찰하고 수학적으로 분석하여 새로운 것을 만들거나 기존의 불편함을 해결하는 발명으로 생활은 갈수록 편리해지고 있습니다.

수많은 물질의 변화를 찾아내는 화학은 물질의 성질에 따라 문제를 해결하는 방법입니다. 물리는 자연의 물리적 성질과 현상, 구조 등을 연구하고 물질들 사이의 관계와 법칙을 밝히는 분야로 인류의 미래를 위한 분야입니다. 4차 산업혁명시대에 정보는 경쟁력입니다. 교육은 생활 전반에 필요한 지식과 정보를 습득하는 필수 과정입니다.

'친절한 과학사전'은 학생들이 과학 지식과 정보를 쉽고 재미있게 배우는 정보 마당입니다. 누구나 쉽게 과학을 이해하는 길잡이이기도 합니다.

친절한 과학사전 - 물리

초판 1쇄 2017년 9월 28일 펴냄
초판 2쇄 2018년 12월 10일 펴냄

지은이 | 신우철
펴낸이 | 이태준
기획·편집 | 박상문, 김소현, 박효주, 김환표
디자인 | 최원영
관리 | 최수향
인쇄·제본 | 제일프린테크

펴낸곳 | 북카라반
출판등록 | 제17-332호 2002년 10월 18일
주소 | (04037) 서울시 마포구 양화로7길 4(서교동) 삼양 E&R빌딩 2층
전화 | 02-486-0385
팩스 | 02-474-1413
www.inmul.co.kr | cntbooks@gmail.com

ISBN 979-11-6005-041-7 04400
979-11-6005-035-6 (세트)

값 10,000원

북카라반은 도서출판 문화유람의 브랜드입니다.

이 도서의 국립중앙도서관 출판시도서목록(CIP)은 서지정보유통지원시스템 홈페이지(http://seoji.nl.go.kr)와 국가자료공동목록시스템(http://www.nl.go.kr/kolisnet)에서 이용하실 수 있습니다. (CIP제어번호 : CIP 2017023942)